高等职业教育"十四五"规划教材

黑龙江生物科技职业学院
高水平高职院校建设项目成果——项目化课程系列教材

细胞工程制药技术

刘　恒　主编

中国农业大学出版社
· 北京 ·

内 容 简 介

本教材为新形态教材，遵循“工学结合”思路，选取企业真实项目，以项目为引领、任务为驱动进行教材内容组织。包括六个项目：动物细胞培养室设计、表达促红细胞生成素的 CHO 工程细胞建立、CHO 细胞生产促红细胞生成素（贴壁细胞）、CHO 细胞生产抗 HER2 单克隆抗体（悬浮细胞）、植物细胞培养室设计、胡萝卜细胞生产胡萝卜素；十四个工作任务，主要内容为动植物细胞培养室设计、动物细胞工程细胞构建、无菌操作技术、动物细胞冻存与复苏、贴壁与悬浮细胞传代技术、动物细胞规模化培养、植物愈伤组织制备、植物细胞培养等。

本教材适合高等职业院校生物制药技术等相关专业使用，也可作为生物技术人员参考用书。

图书在版编目(CIP)数据

细胞工程制药技术/刘恒主编．—北京：中国农业大学出版社，2021.8(2025.8 重印)
ISBN 978-7-5655-2608-4

Ⅰ.①细… Ⅱ.①刘… Ⅲ.①生物制品—生产工艺—高等职业教育—教材
Ⅳ.①TQ464

中国版本图书馆 CIP 数据核字(2021)第 171045 号

书　　名　细胞工程制药技术
作　　者　刘　恒　主编

策划编辑	张　玉	**责任编辑**	田树君　许晓婧
封面设计	郑　川　中通世奥图文设计中心		
出版发行	中国农业大学出版社		
社　　址	北京市海淀区圆明园西路 2 号	**邮政编码**	100193
电　　话	发行部 010-62733489,1190	读者服务部	010-62732336
	编辑部 010-62732617,2618	出　版　部	010-62733440
网　　址	http://www.caupress.cn	**E-mail**	cbsszs@cau.edu.cn
经　　销	新华书店		
印　　刷	涿州市星河印刷有限公司		
版　　次	2021 年 9 月第 1 版　　2025 年 8 月第 2 次印刷		
规　　格	787×1092　　16 开本　　18.5 印张　　460 千字		
定　　价	55.00 元		

图书如有质量问题本社发行部负责调换

编审委员会

主　编：刘　恒（黑龙江生物科技职业学院）

参　编：王贵霞（黑龙江生物科技职业学院）

　　　　张雪亭（哈药集团技术中心）

主　审：张爱华（黑龙江生物科技职业学院）

序　言

目前，我国高等职业教育的院校数量和办学规模都有了长足的发展，高等职业教育应该也必须进入内涵建设阶段。从高职院校实施重点建设项目的进程来看，自21世纪初的教改项目，到2006年开始的国家示范性高职院校和骨干院校建设项目，到2015年启动的优质高职院校项目，再到2019年中国特色高水平高职院校建设，应该说，进入改革发展新阶段的高职院校已经具备了比较充足的内涵建设实力和一定的内涵建设水准。如果内涵建设水准是高水平高职院校的基础，那么一定数量的高水平专业应该是其基础之基础，而课程建设既是高水平专业建设的基础，也是高水平专业建设的重点和难点。对一所学校而言，先进的教学理念和创新的教改观念，只有落实到每一位老师，落实到每一门课程，落实到每一堂课的教学中，才能有效发挥对教学的积极促进作用。

《国务院关于加快发展现代职业教育的决定》(国发〔2014〕19号)明确提出，要推进人才培养模式创新，推行项目教学、案例教学、工作过程导向教学等新型教学模式。为尽快适应新的形势要求，提高广大教师教学水平，2015年1月，黑龙江生物科技职业学院聘请以教育部职业教育师资培训基地、国家示范性高职院校——宁波职业技术学院戴士弘教授为首的专家团队，开展了为期一年的教师职业教育教学能力培训。通过培训，全院专任教师高质量完成了主讲课程的项目化整体设计和单元设计，有81.39%的专任教师通过了专家组的测评，有效提升了教师的课程开发能力、教学设计能力、项目式教学实施能力和项目化教改研究能力，为提升课堂教学质量打下了坚实基础。2016年，学院明确将优质项目化课程建设作为教学工作重点，制定了《优质项目化课程建设实施方案》《骨干专业项目化课程体系改造实施方案》等推进制度，明确了项目化教材既是教材又是学材，既是指导书又是任务书，既承载知识又体现能力培养的总体编写思路。项目化教材要打破学科体系，以生产实际设计任务为驱动，按项目化要求安排教学内容：在内容的编排上，要遵循基于工作过程、行动导向教学的六步法原则；在实现教学目标上，要依据课程改革要求和工作实际需求对相关知识点予以整合，使教学过程与工作过程相关联；在考核评价上，要通过工作任务的完成体现学生对知识的掌握和技能的提升，由此对于项目教学过程和结果进行评价。

2019年1月，国务院颁发《国家职业教育改革实施方案》(国发〔2019〕4号)进一步提出，推动实施"三教"改革作为促进产教融合校企"双元"育人的重要抓手。经过多年的摸索，学院项目化课程建设思路进一步明确，提出立足职业岗位要求，把现实职业领域的生产、管理、经营、服务等实际工作内容和过程作为课程的核心，把典型的职业工作任务或工作项目作为课程的主体内容，并与1+X证书制度要求相衔接，若干个项目课程组成课程模块，进而有机构成与职业岗位实际业务密切对接的课程体系。从 2016 年起，学院先后 4 批遴选并确定了 51 门课程为优质项目化课程建设项目。由蔡长霞、翟秀梅、杨松岭等 11 名院级评审专家与课程负责人共同以“磨课”的方式，一门课程一门课程“说”设计、一个单元一个单元“抠”细节，经过广大教师的共同努力，共计建成 1 门国家级精品资源共享课、1 门国家级精品在线开放课程、18 门省级精品在线开放课程、2 门省级课程思政示范课。通过项目化课程建设，锻炼出一支德技精湛的教师队伍，打造出一批优质项目化课程，建成了一批内容形式精良的教材，形成了一套精准施教的有效教法，学院内涵建设水平迈上新的台阶，有力推动了学院高质量发展。

“白日不到处，青春恰自来。苔花如米小，也学牡丹开。”这首《苔》是清代诗人袁枚的一首小诗，从中人们可以领悟到生命有大有小，生活有苦有甜。作为默默耕耘在高职一线的教师，如无名的花，悄然地开着，不引人注目，也鲜有人喝彩。即使这样，他们仍然执着地盛开，毫无保留地把自己最美的瞬间绽放给这个世界。今天，看到学院项目化课程系列教材陆续问世，虽然他们只是一朵朵微小的苔花，却也定将会像牡丹那样，开得阳光灿烂，开得生机勃勃！花朵芬芳，因为凝聚了众人的汗水，我不敢专美，更不敢心中窃喜，我知道我们前面的路还很长 ，但我坚信，有种子，花总要开的，我更坚信，繁花似锦就在前面。

2020 年是极不平凡的一年，突如其来的新冠肺炎疫情对我们的教学虽然造成了极大冲击，但也极大激发了我们为教育事业发展奋进的力量。我希望全院教师不忘初心，牢记使命，把全部的精力用于课程改革和课程建设中去，专注课堂、专注学生，继往开来，努力开发出更多、更好的项目化教材和教学资源并应用到教学中去，争创中国特色高水平高职院校和全国百所乡村振兴人才培养优质院校！

黑龙江生物科技职业学院党委书记　李东阳

2020 年 12 月于哈尔滨

前 言

细胞工程制药技术是细胞工程技术与细胞培养技术在制药工业方面的应用。细胞制药已经是生物制药领域热点之一,体现了强劲的发展潜力,细胞工程制药技术是生物制药领域核心技术之一。本教材对接企业标准,纳入了近年来细胞工程制药方面的新技术、新知识和新技能,紧扣产业发展脉搏,与发展同步。

党的二十大报告指出“加强教材建设与管理”,体现了国家对教材建设的高度重视。本教材为新形态教材,采用项目一任务式教材的设计结构,便于结合理实一体化课程使用。教材遵循“工学结合”思路,邀请企业一线专家参与教材建设,开发切合产业需求的教材。依据项目化教学法,选取企业真实项目,以项目为引领、任务为驱动进行教材内容组织,依据“教师主导、学生主体”和“能力本位”的教学理念,进行教材内容设计,并融入思政育人、劳动育人和创新思维培养。本教材包括六个项目:动物细胞培养室设计、表达促红细胞生成素的CHO工程细胞建立、CHO细胞生产促红细胞生成素(贴壁细胞)、CHO细胞生产抗HER2单克隆抗体(悬浮细胞)、植物细胞培养室设计、胡萝卜细胞生产胡萝卜素;十四个工作任务,主要为动物细胞培养室设计、CHO细胞电穿孔转染、工程细胞筛选等。每个教学任务分为学习情境描述、学习目标、任务书、获取信息、工作计划、工作实施、工作反思、标准操作规程、学习情境相关知识点、知识与技能总结、知识拓展、考一考十二个模块。本教材主要供高职高专院校生物制药技术、生物技术、生物工程等相关专业学生使用,也可作为动物细胞工程制药技术研究、生产和管理人员的岗位培训教材。

参与编写本教材的人员既有细胞工程制药技术教学经验丰富的教师,也有多年从事细胞工程制药工作的企业一线研发人员。其中,刘恒(高级工程师)负责教材整体结构设计,编写指导思想确定,细胞工程制药技术概述和项目一、项目二、项目三、项目五的编写工作;张雪亭(高级工程师)负责项目四的编写工作;王贵霞负责项目六的编写工作。

本书在编辑和出版过程中,得到了中国农业大学出版社、贝朗新创(北京)生物科技有限公司的大力支持。省级名师张爱华教授审阅了全部书稿,并对本书提出了许多建设性意见。在此,作者谨向他们致以诚挚的感谢。

由于作者的经验和水平有限,书中难免会有疏漏与不足之处,敬请广大读者与同仁批评指正。

编 者

2025年8月

目　录

第二部分　植物细胞工程制药

细胞工程制药技术概述

一、细胞工程制药

(一)细胞工程制药定义

细胞工程制药是细胞工程技术在制药工业方面的应用。所谓细胞工程,就是以细胞为单位,按人们的意志,应用细胞生物学、分子生物学等理论和技术,有目的地进行精心设计,精心操作,使细胞的某些遗传特性发生改变,达到改良或产生新品种的目的,以及使细胞增加或重新获得产生某种特定产物的能力,从而在离体条件下进行大量培养、增殖,并提取出对人类有用的产品的一门应用科学和技术。它主要由上游工程(包括细胞培养、细胞遗传操作和细胞保藏)和下游工程(将已转化的细胞应用到生产实践中用以生产生物产品的过程)两部分构成。当前细胞工程所涉及的主要技术领域包括细胞融合技术、细胞器特别是细胞核移植技术、染色体改造技术、转基因动植物技术和细胞大量培养技术等方面。

二维码 0-1
细胞制药技术概述

(二)细胞工程制药技术种类

1. 动物细胞工程制药技术

动物细胞工程制药所涉及的主要技术领域包括细胞融合技术、细胞核移植技术、动物细胞反应器、染色体改造、基因转移、转基因动物技术和细胞大规模培养技术等方面。

最基本的有细胞融合技术、基因转移技术和细胞大规模培养技术。

2. 植物细胞工程制药技术

植物细胞工程制药所涉及的主要技术领域包括植物细胞融合技术、植物原生质体培养技术、转基因技术、植物组织和细胞培养技术、植物细胞种质保存技术等。

最基本的有转基因技术、植物组织和细胞培养技术、植物细胞种质保存技术。

二、动物细胞培养

(一)动物细胞培养的概念

动物细胞培养是指将动物活体体内取出的组织用机械或消化的方法分散成单细胞悬

液，然后放在类似于体内生存环境的体外环境中，进行孵育培养，使其生存、生长并维持其结构与功能的方法。动物细胞培养的对象为单个细胞或细胞群，这些细胞不再形成组织。

(二)动物细胞培养发展史

1. 动物细胞培养技术的创立

1907 年，实验胚胎学家 Harrison(哈里森)在无菌条件下，将蛙胚髓管部的小片组织接种于蛙的淋巴液中，共同保持在一个盖玻片上，然后翻转盖玻片，使组织小片和淋巴液悬挂在盖玻片的表面，再将这块玻片密封在一凹载玻板上。一定时间后，更换淋巴液。Harrison 用这种方法，将蛙胚髓管部的小片组织在体外培养了数周之久。Harrison 的实验开创了动物组织和细胞培养的先河(图 0-1)。

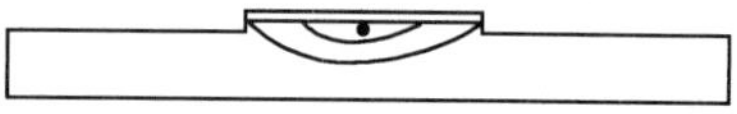

图 0-1　单玻片悬滴培养法

(引自：薛庆善，体外培养的原理与技术，2001)

在动物组织和细胞培养的先驱者中，法国学者 A. Carrel(卡雷尔)功不可没。A. Carrel 把外科手术的无菌操作观念带到了组织培养实验中，在进行实验时特别注意无菌操作。A. Carrel 的第二个重要贡献是将培养组织包埋技术、营养供应以及传代培养等许多重要的培养条件和方法引入组织培养过程中，从而使多种动物组织培养获得成功。

2. 动物细胞培养技术的发展

(1)培养器材的发展　1923 年，A. Carrel 设计出了培养空间较大且换液传代方便的卡氏瓶。在卡氏瓶原理的启发下，出现了试管培养，继而又出现了多种类型的培养瓶、培养皿和多孔培养板的培养(图 0-2)。

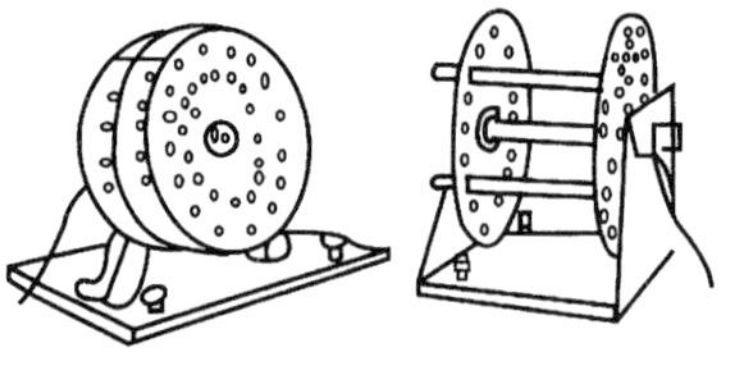

图 0-2　旋转管培养法中的旋转装置

(引自：陈瑞铭，动物组织培养技术及其应用，1991)

(2)培养方法的发展　在培养器材更新的同时，培养方法的改进也十分迅速。

1933—1934 年，Gey(盖)和 Lewis(路易斯)建立了旋转管培养的方法。培养物可交替地接触培养液和气体环境，既利于细胞或组织成长，也扩大了培养面积，增加了培养细胞的数量。

1951 年，Pomerat(波米拉)建立了灌流小室培养法。培养时，将细胞接种于一个由上下两个盖玻片(分别构成上壁与下壁)与一金属圈(构成侧壁)密封围成的小室内，保持在一定条件下培养。在小室的侧面分别有液体流入和流出的开口，供新鲜培养液流入小室和旧培养液排出，使细胞生活在不断更新的培养液中。

1957 年，Dulbecco(杜尔贝科)等采用胰蛋白酶消化处理来分离细胞的方法和应用液体培养基的方法，建立了单层细胞培养法。单层细胞培养法的出现对细胞培养的发展起了很大的推动作用。此后单层细胞培养法便成了细胞培养普遍应用的方法。

(3)培养液的发展　早期的细胞培养采用天然培养基(胎汁、血浆和血清)。

1951 年,Eagle 开发了能促进动物细胞体外培养的人工合成培养基。人工合成培养基的出现又促进了细胞培养技术的发展和应用。

随着单克隆抗体制备、细胞生长因子和细胞分泌产物的研究,又开发了无血清细胞培养基技术。

随着科学技术的发展,用于动物细胞培养的各种物质条件都已进入商品化、规范化和系列化的时代。培养器皿、培养设备、培养基、特殊添加剂、操作器械等物品都有专业化生产厂家,可以通过商业部门得到供应,一次性用品在细胞培养工作中的使用也越来越普遍。

(三)动物细胞培养的优缺点

动物细胞培养不仅是一种技术,还是一门科学,现已广泛应用于现代医学和生物科学研究之中。细胞培养技术最大的优点在于被培养的细胞能够方便地施加实验因素并观测实验结果,是非常好的实验对象。

细胞培养具有以下一系列优点。

1. 可简化细胞的生长环境以实现对细胞功能的研究

生物体内任何一个细胞无论是其生存环境还是其发挥功能的条件都是非常复杂和不易研究的,要想弄清楚某一种细胞的生存条件和生物学功能,一个有效的方法就是将所研究的对象孤立出来单独进行分析。细胞培养技术使得在细胞存活的基础上独立研究细胞生命活动、逐项研究细胞生存条件和细胞功能成为可能。

2. 能够方便地控制实验因素

在细胞培养的条件下,细胞生存的理化环境如 pH、温度、CO_2、张力等都是可以人为控制的,并且可能做到很精确以及保持其相对的恒定。研究某种实验因素对细胞的生物学作用,只需在培养液中有针对性地加入或者删除这种成分即可。

3. 易于观测实验结果

利用细胞培养技术研究细胞的生命活动规律,可以很方便地采用各种实验技术和方法来观察、检测和记录。例如,通过倒置相差显微镜等直接观察活的细胞;应用缩时电影技术、摄像或者通过闭路电视长时间连续记录和观察被培养细胞的体外生长情况,可以直观地揭示培养细胞的生命活动规律以及所施加因素的反应;利用同位素标记、放射免疫等方法检测细胞内的物质合成和代谢变化等。

4. 可为多种学科的研究提供基础

从低等动物细胞到高等动物细胞以至人类细胞,从胚胎细胞到成体细胞,从正常组织细胞到肿瘤组织细胞皆可用于培养,为多种学科的实验研究提供广泛的实验材料。

5. 可同时提供大量均一性较好的细胞群,降低实验成本

取自一般的组织样本,其构成的细胞类型多样,即使是来源于同一组织,也不可能做到均一性。但是,体外培养一定代数的细胞,所得到的细胞系或细胞株则可达到细胞类型单一、细胞周期同步均匀、生物学性状基本相同以及对实验因素反应一致。由于细胞培养可提供大量均一性较好的实验样本,有时可比体内试验成本更低。例如,一个需要 100 只鼠才能得出结论的实验可能用 100 片盖玻片或几个多孔培养板就可获得具有相同统计学意义的结果。

6. 能够进行大规模生物产品的生产

通过大规模细胞培养设备实现生物产品的大规模生产。目前,利用动物细胞大规模培

养技术所生产的生物产品包括酶、单克隆抗体、多种疫苗以及胰岛素、干扰素等基因工程产品。

动物细胞培养虽然具有很多优点，但是也有以下不足之处。

1. 体外培养的动物细胞对营养的要求较高

动物细胞培养液中往往需要多种氨基酸、维生素、辅酶、核酸、嘌呤、嘧啶、激素和生长因子等，在很多情况下还需加入10%的胎牛或新生牛血清。

2. 动物细胞生长缓慢，对环境条件要求严格

动物细胞培养不仅需要严格的防污染措施，还要用空气、氧、二氧化碳和氮的混合气体进行供氧和调节pH。

3. 体外培养的细胞与体内生长的细胞存在或多或少的差异

组织和细胞离体之后，独立生存在体外的培养环境中，缺乏在体内时的血液供应和神经体液调节作用，其生物学行为与体内生长时相比会发生某些变化。即使当前模拟体内技术发展很快，但终究是一种人工条件，始终不如真正的体内生存条件完美。因此，在利用培养细胞作研究对象时，切不要与体内细胞等同起来，对实验结果作出轻易判断。

4. 细胞培养存在一定的不稳定性

体外培养的细胞，尤其是反复传代、长期培养的，有可能发生染色体非二倍体改变等情况。

(四)动物细胞培养的应用

动物细胞培养技术几乎已应用到生物、医学研究的各个领域。这门技术创立至今，已在多个学科领域甚至生产实践中发挥了巨大的作用。

1. 在生物学领域基础研究中的应用

离体培养的动物细胞具有培养条件可人为控制且便于观察检测的特点，因而可广泛应用于生物学领域的基础研究中。

(1)在细胞生物学上的应用　动物细胞培养可用于研究动物的正常或病理细胞的形态、结构、生长发育、细胞营养、代谢以及病变等微观过程。如神经细胞的增殖、突起生长、相互识别、刺激传递等机理就是通过进行各种神经细胞的培养才研究清楚的。

(2)在遗传学上的应用　除可用培养的动物细胞进行染色体分析外，还可结合细胞融合技术建立细胞遗传学，进行遗传分析和杂交育种。

(3)在胚胎学上的应用　通过体外培养卵母细胞，进行体外授精、胚胎分割和移植已发展成了一种较成熟的技术并应用于家畜的繁殖生产及通过试管婴儿使部分患不孕症的妇女受孕。

(4)在病毒学上的应用　培养细胞为病毒的增殖提供了场所。细胞是分离病毒的最好和最方便的基质，利用细胞培养可准确进行病毒定性和定量的研究。另外，在病毒学研究中，用培养的动物细胞代替试验动物做斑点分析，不仅方法简便、准确、费用低，而且重复性好。

(5)在药理学领域的应用　在进行药品、食品添加剂等对机体的毒性实验及其产生不良影响的安全性研究中，不能用人体试验，用动物试验成本也很高，而细胞培养技术为其提供了最简易而又可靠的方法并对研究毒性机制提供了良好的实验对象。

2. 在临床医学上的应用

(1)用于遗传疾病和先天畸形的产前诊断　目前，人们已经能够用羊膜穿刺技术获得脱

落于羊水中的胎儿细胞，经培养后进行染色体分析或甲胎蛋白检测即可诊断出胎儿是否患有遗传性疾病或先天畸形。

(2)用于癌症的早期诊断和预防　我国的科学工作者通过培养淋巴细胞，并对其染色体进行对比分析检测出易患癌症的患者，以便及早进行预防和治疗。

(3)用于临床治疗　目前已有将正常骨髓细胞经大量培养后植入患造血障碍症患者体内进行治疗的报道。另外，动物细胞培养生产的生物大分子制品也可用于治疗某些疾病，如利用动物细胞培养生产的重组人促红细胞生成素(rHuEPO)在临床上可用于治疗肾衰性贫血、癌症患者化疗后贫血。

(4)用于药物效应的检测　近年来，随着细胞培养技术的发展，体外培养的细胞已成为测试药物效应的常用对象。利用体外培养的动物细胞测试药物效应，不仅比动物实验经济，而且加药后药物与细胞直接接触，获得实验结果更迅速。同时，如果检测的药物具有组织特异性时，可选用相应的细胞，如检测治疗肝病的药物可选用肝细胞，检测抗癌药物可选用癌细胞。

3. 在动物育种上的应用

目前，由于细胞培养技术、细胞融合技术、细胞杂交技术以及转基因技术的创建与相互结合，人们能够在细胞水平操作并改变动物的基因，进行遗传物质的重组。这样就可以按照人类的需要大幅度地改变生物的遗传组成，从而使新品种的培育在实验室中即可完成，可大大缩短育种进程，且使育种工作更加经济有效。胚胎干细胞的研究成果和克隆羊多莉的问世可以说已为动物遗传育种开辟了一条新途径。

4. 在生物制品生产上的应用

1953年，Salk用细胞培养的脊髓灰质炎病毒制备出灭活疫苗，从而开创了疫苗研制与生产的新领域，同时开创了细胞培养在疫苗、抗体、诊断类抗原等生物制品生产领域的应用。另外，利用动物细胞培养技术生产大分子生物制品始于20世纪60年代，当时是为了满足生产口蹄疫疫苗的需要。后来随着动物细胞培养技术的逐渐成熟和转基因技术的发展与应用，人们发现利用动物细胞培养技术来生产大分子药用蛋白比原核细胞表达系统更有优越性。重组DNA技术修饰过的动物细胞能够正常地加工、折叠、糖基化、转运、组装和分泌由插入的外源基因所编码的蛋白质，而细菌系统的表达产物则常以没有活性的包涵体形式存在。

目前，用动物细胞可生产的生物制品有各类疫苗、干扰素、激素、酶、生长因子、病毒杀虫剂、单克隆抗体(简称单抗)等，从全球市场来看其销售额增长迅猛。如单抗在全球1999年的销售额仅为12亿美元，2002年已经达到40亿美元，2004年全球销售额大约为103亿美元，2011年单抗的市场总量已经达到628亿美元，2015年大约为980亿美元。未来，全球单克隆抗体药物依旧会保持较高的增长率。我国的单抗从无到有，并且在我国医药市场发挥着越来越重要的作用。目前我国单抗市场规模每年以50%以上的速度递增。

三、植物细胞培养

(一)植物细胞培养的概念

植物细胞培养是在离体条件下将易分散的植物组织或植物的愈伤组织置于液体培养基中，将组织振荡分散成游离的悬浮细胞，通过继代培养使细胞增殖来获得大量细胞群体的方法。小规模的植物细胞培养可在培养瓶中进行，大规模的需要利用生物反应器生产。

(二)植物细胞培养发展史

植物组织细胞培养的发展过程大致分为以下 3 个阶段。

1. 植物组织细胞培养的创立阶段

1838—1839 年，德国科学家 Schwann 和 Schleide 发表了细胞学说，认为细胞是生物体的基本构成单位，并认为在与生物体内相同的生理条件下，每个细胞都能独立生存和发展。这奠定了组织培养的理论基础。

1943 年，White 正式提出植物细胞全能性理论，认为每个植物细胞具有母株植物的全套遗传信息，具有发育成完整植株的能力。

2. 植物组织细胞培养的发展阶段

1954 年，Muir 首次进行了植物细胞的悬浮培养，成功地由经过无菌处理的冠瘿组织的悬浮培养物中分离得到单细胞，并通过看护培养使细胞生长分裂，从而创立了单细胞培养的看护培养技术。

1956 年，Miller 等在鲱鱼精子中发现了具有强力促进植物细胞分裂和出芽作用的腺嘌呤衍生物——激动素(KT)。其后，其他的分裂素，如玉米素(ZT)、6-苄基腺嘌呤(6-BA)等陆续被发现。从此，生长素与分裂素在植物细胞培养中被广泛使用，对植物组织培养和细胞培养的发展起着极大的推动作用。

1958 年，英国科学家 Steward 等用胡萝卜根的愈伤组织细胞进行悬浮培养，成功诱导出胚状体并分化为完整的小植株，不但使细胞全能性理论得到证实，而且为组织细胞培养技术奠定了基础。

1962 年，Murashinge 和 Skoog 在烟草培养中筛选出至今仍被广泛使用的 MS 培养基。

3. 植物细胞培养的应用研究阶段

1953 年，Muir 发明了摇床振荡的液体培养技术，即细胞悬浮培养技术，这一技术以后发展成为植物次生代谢产物大规模发酵生产和人工种子的生产。

1956 年，Routier 和 Nickell 首次提出一份将植物细胞培养当作一个工业合成天然产物途径的专利报告后，于 1959 年开发出一个较大规模(20 L)的植物细胞培养系统。

1983 年，日本三井石油化学工业公司使用 750 L 植物细胞反应器进行紫草细胞培养工业化生产紫草宁，从而使植物细胞培养技术由试验进入生产阶段。此后，黄连细胞培养生产小檗碱、人参细胞培养生产人参皂苷、银杏细胞培养生产银杏黄酮和银杏内脂、红豆杉细胞培养生产紫杉醇等相继取得成功，迄今为止，已经从 400 多种植物中分离出细胞，并通过细胞培养，获得 600 多种人们所需的化合物。

(三)植物细胞培养的优缺点

植物细胞培养技术具有以下一系列优点。

(1)在完全人工控制的条件下一年四季不断进行生产，不受地区、季节、土壤及有害生物的影响。

(2)代谢产物的生产完全在人工控制条件下进行，可以通过改变培养条件和选择优良培养体系得到超整株植物产量的代谢产物。例如，通过新疆紫草的细胞培养获得了比原植株含量高 8 倍的紫草素。

(3)在无菌条件下完成的,能排除病菌及虫害对药用植物的侵扰。

(4)减少大量用于种植原料的农田,以便进行粮食作物的生产。

(5)有利于研究植物的代谢途径,还可以利用基因工程手段探索或创造新的合成路线,得到新的有价值的物质。

(6)对有效成分的合成路线进行遗传操作,既可以提高所需的次生代谢产物含量,也可以进行特定的生物转化反应,大规模生产我们所需的有效次生代谢产物。

(7)有利于细胞筛选、生物转化、寻找新的有效成分。

(8)作为解决资源问题较为有效的途径而成为当代生物技术的重要发展领域。

植物细胞培养虽然具有很多优点,但是也有以下不足之处。

(1)细胞个体较大(较微生物细胞大得多),有纤维细胞壁,细胞抗剪切力差。

(2)细胞生长速度较慢,容易被微生物污染,培养时需添加抗生素。

(3)细胞培养过程中易聚集成团,较难进行悬浮培养。

(4)培养时需供氧,但培养液黏度较大,不能耐受强力通风搅拌。

(5)植物细胞具有群体效应及解除抑制性。

(6)细胞培养产物滞留于细胞内,产量低。

(7)悬浮培养中要求有一定的细胞浓度,否则不生长。

(四)植物细胞培养的应用

目前,植物细胞培养已经在工农业中广泛应用。植物细胞培养在工业上的应用主要体现在两方面:一方面是对那些能产生重要次级(生)代谢产物(如生物碱、类黄酮、香豆素、蒽醌、萜类、蛋白质、多肽等)的细胞系进行大规模培养,实现这些产物的工业化生产;另一方面是利用植物细胞进行生物转化,即通过植物细胞内生成和积累的各种酶的催化作用,将外源底物转化为药物、食品添加剂等具有较高应用价值的产物。植物细胞培养在农业上主要应用于植物育种、种质保存、植物脱毒和植株的大规模快速繁殖等方面。

1. 在植物育种方面的应用

植物组织细胞培养已广泛应用于植物育种,在单倍体育种、胚培养、体细胞杂交、细胞突变体诱变与筛选以及遗传转化等方面均取得显著成就。

(1)单倍体育种　在常规杂交育种的基础上,通过花药(花粉)培养,进行单倍体育种。自 Guha 和 Maheshwari (1964)获得世界上第一株花粉单倍体植株以来,目前世界上已有约 300 种植物成功地获得了花粉植株。通过花药(花粉)培养获得单倍体植株,然后通过秋水仙素处理使其染色体加倍,可以迅速使后代基因型纯合,加速育种进程。通过花药培养,1974 年我国科学家育成了世界上第一个作物新品种——烟草品种单育 1 号,之后又育成水稻中花 8 号、小麦京花 1 号等一批优良品种,在生产上大面积推广种植。

(2)胚培养　胚培养早在 20 世纪 40 年代就开始用于克服植物远缘杂交中存在的杂交不亲和性,采用幼胚(或胚胎、胚珠等)离体培养使自然条件下早期的幼胚发育成熟,获得杂种后代。目前已在 50 余个科属中获得成功。

(3)体细胞杂交　体细胞杂交是打破物种间生殖隔离,实现其有益基因的交流,改良植物品种,以致创造植物新品种的有效途径。通过体细胞杂交,目前已育成细胞质雄性不育烟草、细胞质雄性不育水稻、马铃薯栽培种与其野生种的杂种、番茄栽培种与其野生种的杂种、甘薯栽培种与其野生种的杂种、马铃薯与番茄的杂种、甘蓝与白菜的杂种以及柑橘类杂种等一批新品种和育种新材料。

(4)人工种子　人工种子一词是美国学者 Murashige 1978 年在第四届植物组织及细胞培养会议上提出的。植物人工种子研制包括体细胞胚诱导、体细胞胚胎发生的同步控制、体细胞胚大规模培养、人工种皮的研究、人工种子的包埋、人工种子的储存和干燥等。由于体细胞胚质量、人工种皮的营养供给及通气、抵抗污染等技术问题,人工种子的研究仍只处于实验室阶段。

(5)细胞突变体的诱变与筛选　在培养过程中,培养物的细胞处于不断分裂的状态,易受培养条件和外界压力(如射线、化学物质等)的影响而发生变异。大量研究表明,细胞水平的诱变,其突变频率远远高于个体或器官水平的诱变,而且在较小的空间内一次可处理大量材料;如果是通过体细胞胚胎发生途径再生植株,还能克服个体或器官水平诱变所存在的嵌合体现象,获得同质突变体。目前,利用体细胞无性系变异和细胞诱变已获得一批抗病虫、抗除草剂、耐寒、耐盐、优良品质等突变体。例如,在培养基中加入不同浓度的 NaCl,通过胁迫诱变可筛选抗盐突变体。还可以向培养基中加入病原体的毒蛋白,以诱变和筛选抗病突变体。为了改善作物品质,可以进行抗赖氨酸类似物的诱变与筛选,即在培养基中加入不同浓度的赖氨酸类似物,可以获得抗赖氨酸类似物突变体。这种突变体中的赖氨酸、蛋氨酸、亮氨酸和异亮氨酸的水平升高。

(6)遗传转化　遗传转化(即基因工程)通过将外源遗传物质(DNA)导入培养细胞或原生质体,可以获得抗逆、高产及优质的转基因植株,能解决植物育种中用常规杂交方法所不能解决的问题,并能与常规育种方法相结合,建立高效育种技术体系。基因工程是改良植物抗病虫性、抗逆性及品质等新的重要手段。目前通过这种方法已获得抗虫棉等一批新品种,并已在生产上大面积推广应用。

2. 在植物脱毒方面的应用

植物脱毒和离体快繁是目前植物细胞组织培养应用最多、最有效的一个方面。许多植物,特别是无性繁殖的植物受到多种病毒的侵染,造成严重的品种退化,产量降低,品质变劣。早在 1943 年,White 就发现植物生长点附近的病毒浓度很低甚至无病毒,利用茎尖分生组织培养可脱去病毒,获得脱毒植株。目前,利用这种方法生产脱毒种苗,已在马铃薯、甘薯、草莓、大蒜、苹果、香蕉等多种主要作物上大规模应用。

3. 在离体快繁方面的应用

传统的植物繁殖是在田间或在温室中进行有性繁殖或无性繁殖,效率低,时间长,不利于优良品种和新品种的大规模推广应用。由于植物离体繁殖快速,而且材料来源单一,遗传背景均一,不受季节和地区等限制,重复性好,离体快繁比常规方法快数万倍至百万倍,目前世界上已建成许多年产百万苗木的组织培养工厂,已成为一个新兴产业,组培苗市场已国际化。这种离体快繁方法已经在观赏植物、园艺植物、经济林木、无性繁殖作物等方面广泛应用。

4. 在植物种质资源保存方面的应用

植物种质资源一方面不断大量增加,另一方面一些珍贵、濒危植物资源又日趋枯竭,造成田间保存耗资巨大,而且导致有益基因的不断丧失。利用植物细胞继代培养或者冷冻保存的方法进行种质保存,不仅简单方便,而且可以使植物的遗传特性得以长期稳定地保存,对于稀有植物品种、优良植物品种和新型植物品种的种质保存具有重要的意义。同时,离体保存的材料不受各种病虫害侵染,而且不受季节的限制,所以利于种质资源的地区间及国际间的交换。目前，我国已在很多地方建立了植物种质资源离体保存设施。

5. 在植物次生代谢物生产上的应用

细胞悬浮培养和单细胞培养的成功，使植物细胞像微生物那样在大容积的发酵罐中进行发酵培养以及将植物细胞作为一个生物反应器为人类大规模生产有用物质成为可能。一方面利用植物细胞的某种特定功能可以生产植物次生代谢物或利用转基因植物外源基因特性生产目的产品；另一方面可利用植物细胞特有的生化代谢特性进行生物转化。植物是各种天然产物的主要来源，大多数都可以通过各种生化分离技术直接从植物中提取分离这些物质。与提取分离法相比较，植物细胞培养生产次级代谢物具有提高产率、提高产品质量、缩短周期等显著特点，而且不占用耕地，不受地理环境和气候条件等的影响。因此，发展植物细胞培养技术，生产各种植物来源的有重要应用价值的天然产物，对于农业产品的工业化生产具有深远的意义。

除了在工农业方面的应用，植物细胞培养还推动了植物遗传、生理、生化和病理学方面的研究，已成为科学研究中的常规方法。例如，利用花药和花粉培养获得的单倍体和纯合二倍体植株，是研究基因性质作用等的理想材料；单细胞培养研究植物的光合代谢是非常理想的。

近 20 多年来，植物细胞培养技术及其在工农业等领域的应用发展迅速，已经取得不少令人瞩目的成果。随着科技的发展，植物细胞培养及其应用技术将进一步发展到前所未有的水平，并取得巨大的经济效益和社会效益，为人类的健康长寿和经济、社会的发展做出更大的贡献。

四、遗传特性改造

仅仅对细胞进行培养还不够，要使培养的细胞能为人类服务，就要对其进行一定的改造，这就涉及细胞的遗传操作。可以说，遗传操作是整个细胞工程中最为重要也是最具挑战性的一环。实验技术的发展使精确、高效的遗传操作变得更加方便。将外源 DNA 导入靶细胞的方法不断完善，除了以前经常使用的质粒载体、病毒载体、转座因子和 APC（酵母人工染色体）等途径外，通过脂质体介导、裸 DNA、“基因枪”、超声波法和电注射法等非病毒方式转换细胞的方法也开始被广泛使用；细胞融合方法已被不断地改进，融合率增大；细胞诱变也取得了较大的进展，诱变方式不断增加。这些理论和技术的发展都为更好地改造细胞创造了条件。

第一部分　动物细胞工程制药

质量源于设计，细节关乎成败。

项目一　动物细胞培养室设计

【项目情境】

动物细胞与人类细胞接近，采用动物工程细胞与其他材料(如大肠杆菌)生产的蛋白类药物相比更接近天然药物，具有更好的药物特性，因此动物工程细胞制药成为生物制药领域的新增长点，国内领先医药公司纷纷投入这一领域。目前，国内某大型医药上市公司委托某技术开发公司开发某抗体类药物已经完成前期工程细胞构建，准备自建动物细胞培养实验室，进行该抗体药物项目的工艺开发。该细胞培养室功能区全部采用洁净室建设标准，并符合GMP(良好药品生产规范)要求。培养室需要配备50 L反应器和300 L反应器。首先需要技术人员配合工程人员进行动物细胞培养室设计，技术人员需要掌握细胞培养室的功能区域组成、技术要求、规模、需要配备的设备及合理布局知识。

【学习目标】

1. 能力目标

(1)通过完成动物细胞培养室设计任务，学生能运用动物细胞培养室相关知识，完成动物细胞培养室简单设计。

(2)通过完成动物细胞培养室设计前的任务分析，信息搜集、评价和利用，学生能初步具有信息素养。

2. 知识目标

(1)了解动物细胞培养室整体要求。

(2)描述动物细胞培养室的基本分区。

(3)解释分区布置原则。

(4)描述各分区的基本设备。

(5)掌握各分区独特要求。

(6)掌握人员与物料进出无菌室要求。

(7)描述动物细胞培养室安全信息。

3. 素质目标

(1)初步建立无菌意识、安全意识、环保意识、成本意识和创新思维。

(2)初步建立责任意识、规范意识。

(3)乐学、善思、笃行。

【项目任务】

帮助某大型医药上市公司完成动物细胞培养室初步设计任务。

任务　动物细胞培养室设计

【任务情境描述】

帮助某大型医药上市公司设计动物细胞培养室，培养室需要配备 50 L 反应器和 300 L 反应器。

【学习目标】

同项目学习目标。

【任务书】

根据动物细胞培养室建设的相关要求及培养室需要配备 50L 反应器和 300L 反应器的要求，完成动物细胞培养室建设设计，包括实验室建设标准、功能区划分、面积与布局、各功能区仪器设备配置及功能匹配设计。设计注意考虑安全与环保。

【获取信息】

由于细胞培养的严格无菌要求，细胞培养室的环境设计应能严格控制微生物进入。同时制药企业的动物细胞培养室应满足制药 GMP 的要求，厂房核心区域应为洁净室。

动物细胞培养室应具备进行无菌操作、培养、准备、清洗、消毒灭菌和储存 6 个方面的功能。动物细胞培养室的 6 个区域需要单独设置，分别置于相连的各个房间。设计原则一般是无菌操作区与清洗、消毒灭菌区分别位于两端，无菌操作区设在室内较少走动的内侧，而准备、储存和培养区位于此两区之间，仪器设备安装排列合理，便于清洁。为了传递物料，应设置专门传递通道。对于生产企业动物细胞培养室应设置专门物料进出通道；其他小型动物细胞培养室应有传递窗(图 1-1)。

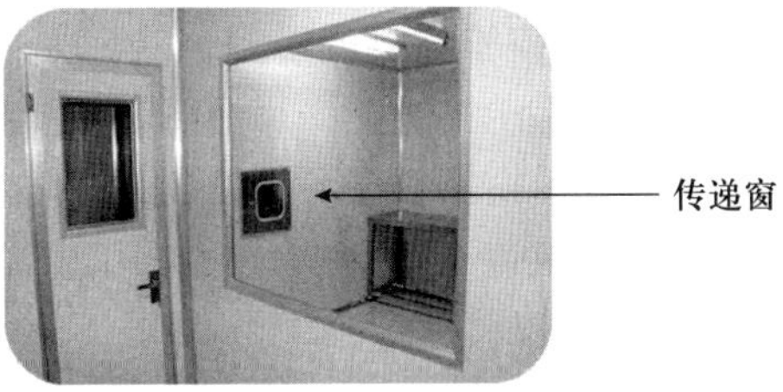

图 1-1　洁净室(无菌室)

(一)无菌操作区

无菌操作区是只限于细胞传代及其他无菌操作的区域，需要与外界隔离，不能穿行或受其他干扰。接种工作要在空气经过灭菌的环境里进行，小规模的无菌环境可利用超净工作台，大规模的需建无菌操作室(图 1-2)，内置层流设备。无菌室除了超净台外，还应配置倒置显微镜，恒温水浴锅等设备。

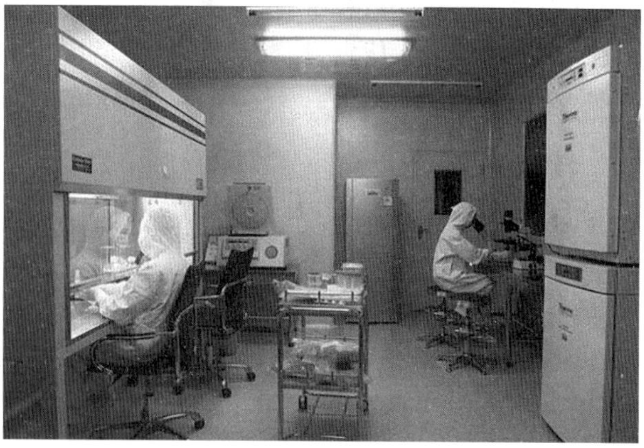

图 1-2　无菌操作室

无菌室主要用于接种操作，所以也称接种室。根据节约原则，可在 B 级洁净室内设置 A 级的层流区域。对于小规模的无菌室应单独设置缓冲间，缓冲间内应该设有水槽、鞋帽架、柜子和紫外线灯，备有消毒服装、鞋、帽、口罩、盆、手持喷雾器等。工业生产的无菌操作室最好做在套间内间，外间可放置恒温培养箱及必需的小型仪器。无菌操作间则专用于无菌操作，其大小要适当，且其顶部不宜过高以保证紫外线的灭菌效果；房间满足无菌室标准及 GMP 标准要求。洁净室内配备空气消毒用紫外线灯，消毒紫外线对人有害，应避免照射。紫外线照射产生臭氧，关闭紫外线灯后需等待 20 min 再进入。

无菌操作区常用的设备和用具有 1～2 台超净工作台，配有酒精灯、镊子、剪刀、不锈钢器具、75%酒精棉球、记号笔、碳素笔、记录本、标签纸、废物筐等。

(二)培养区

培养区为细胞提供适宜培养条件，可根据功能划分为多个培养间。培养区对无菌的要求不像接种区那样严格，但仍需清洁、无尘，因此也应设在干扰少而非来往穿行的区域。小规模的培养在恒温培养箱中进行，大规模的培养需在可控制温度的培养室中进行。为了控制培养温度，培养室最好设在阳光不能直接照射的地方。培养室外应有一预备间或走廊。培养区应配有摇床、生化培养箱、二氧化碳培养箱、自动细胞计数仪、生化分析仪(细胞培养用)，工业生产需生物反应器应配备单独培养间。

(三)储存区

储存区用于存放无菌培养液、试剂、培养瓶和样品，要求取放物品方便，环境也需要清洁、无尘。对于工业生产，储存区应建单独的 2～8℃冷库，储存需要低温放置的新配制的培养基等，冷库应紧邻准备区。还应单独配备种子室，配备冰箱、超低温冰箱和液氮容器及安全设备(护目镜、防冻手套等)，种子室应临近无菌操作室，方便种子复苏操作。

(四)准备区

准备区用于配制培养液和有关培养用的液体等。应有冰箱、试剂柜、器械柜、实验台和上下水道等，配备的主要仪器设备有水纯化装置、天平、微波炉、搅拌器、pH 计、培养基分装器、移液管、烧杯、量筒、容量瓶等。还应有层流设备，细菌过滤设备，需要过滤灭菌的溶液，应在层流下过滤除菌。

(五)清洗区

清洗区用于洗刷所有细胞培养器皿等,在实验室的一侧应设置专用的洗涤水池,用来清洗玻璃器皿,备有各种瓶刷、去污粉、肥皂、洗衣粉等。清洗区应配有柜子、加热器、酸缸、洗刷器皿用的盆、桶等,有条件可配置玻璃器皿清洗机,此外还应配置落水架、干燥箱、超声波清洗器等。清洗区地面应耐湿,设置地漏并排水良好。应能提供自来水、纯化水、注射用水。此外,需要准备专门容器,存放酸液等有毒有害废液,废液需要无害化处理或交由专门的废液处理公司进行处理。

(六)消毒灭菌区

直接或间接与细胞接触的物品均需消毒灭菌处理。消毒灭菌区主要用于培养液的灭菌和各种器具的消毒灭菌,应备有高压蒸汽灭菌设备、干热灭菌设备、电热干燥箱、消毒柜、灭火设备等。

清洗和消毒灭菌区应与其他区分开。

【工作计划】

计划表　动物细胞培养室设计方案

步骤	工作内容	负责人
1		
2		
3		
4		
5		

【工作实施】

请完成引导问题及相关实训操作。

- ❖ 引导问题 1:动物细胞培养室建设标准是什么?
- ❖ 引导问题 2:动物细胞培养室分成几个功能区?每个区应有哪些设备?
- ❖ 引导问题 3:应如何满足培养室需要配备 50 L 反应器和 300 L 反应器的要求?
- ❖ 引导问题 4:动物细胞培养室各功能区有什么特殊要求?
- ❖ 引导问题 5:动物细胞培养室的布局应遵循什么原则?
- ❖ 引导问题 6:如何绘制细胞培养室平面图?(建议 CAD 制图)
- ❖ 引导问题 7:动物细胞培养室有何安全要求?
- ❖ 引导问题 8:动物细胞培养室有何环保要求?

【工作反思】

【案例】

动物细胞培养室设计

动物细胞培养室（图 1-3）按无菌室标准建设，共分成 9 个室，即无菌操作室、培养室一、培养室二、培养室三、培养液配置室、清洗室、消毒灭菌室、种子室、储存室。设置专门物料进出通道。

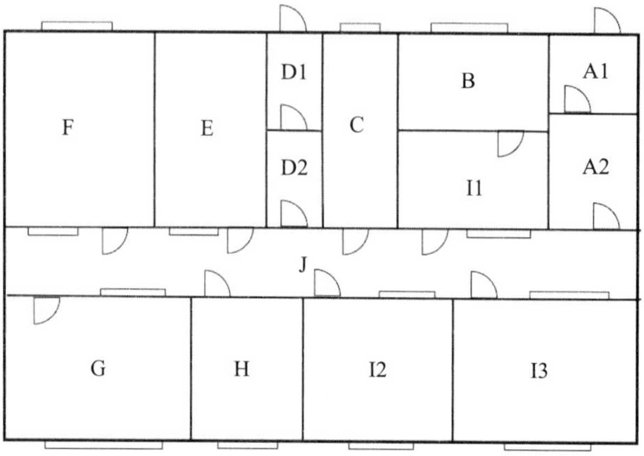

图 1-3　细胞培养室布局图

A1、A2—缓冲间；B—无菌操作室；C—种子室；D1、D2—物料进出通道；
E—储存室；F—培养液配置室；G—清洗室；H—消毒灭菌室；
I1—培养室一；I2—培养室二；I3—培养室三；J—工艺走廊

整个无菌区为长方形，一条走廊将无菌区分成左右两部分。各室分布为：左侧依次为培养室三、培养室二、消毒灭菌室、清洗室；右侧依次为缓冲间、无菌操作室和培养室一（并排）、种子室、物料进出通道、储存室、培养液配置室。走廊两侧门错开设置。

（一）无菌操作室

无菌操作室与培养室一为套间，无菌操作室在里间。无菌操作室设计面积为 2.5 m×4.0 m。配置层流设备、实验台、倒置显微镜、冰箱等必备设备。

（二）培养室

培养室分为三个室。培养室一位于无菌操作室外间，设计面积为 2.5 m×4.0 m。放置离心机、二氧化碳培养箱、恒温摇床、自动细胞计数仪、生化分析仪（细胞培养用）。培养室二设计面积为 4.0 m×4.0 m，放置生化培养箱、恒温摇床，用于细胞扩增培养。培养室三设计面积为 4.0 m×5.0 m，放置 100 L 生物反应器、冷柜，需要提供蒸汽和注射用水。

（三）储存室

储存室设计面积为 5.0 m×3.0 m，里侧建设单独的 2～8℃冷库，设计面积为 3.0 m×3.0 m，冷库外区域放置低温冰柜，储物柜。

（四）种子室

种子室设计面积为 5.0 m×2.0 m，配备冰箱、超低温冰箱和液氮容器及安全设备（护目镜、防冻手套等)。在种子室与无菌操作室之间设置传递窗。

(五)培养液配置室

培养液配置室设计面积为 5.0 m×4.0 m。应有冰箱、试剂柜、器械柜、实验台和上下水道等,配备的主要仪器设备有水纯化装置、天平、微波炉、搅拌器、pH 计、培养基分装器、移液管、烧杯、量筒、容量瓶等。还应有层流设备,细菌过滤设备。

(六)清洗室

清洗室设计面积为 4.0 m×5.0 m。在实验室的一侧应设置专用的洗涤水池,应能提供自来水、纯化水、注射用水,备有各种瓶刷、去污粉、肥皂、洗衣粉等。清洗室应配有柜子、加热器、酸缸、洗刷器皿用的盆、桶等,此外还应配置玻璃器皿清洗机、落水架、干燥箱、超声波清洗器等。清洗室地面应耐湿,设置地漏并排水良好。此外,需要准备专门容器,存放酸液等有毒有害废液。

(七)消毒灭菌室

消毒灭菌室设计面积为 4.0 m×3.0 m。配置高压蒸汽灭菌设备、干热灭菌设备、电热干燥箱、灭火设备等。

(八)物料进出通道与缓冲间

物料进出通道设计面积为 5.0 m×1.5 m,缓冲间设计面积为 5 m×2.5 m。

【学习情境相关知识点】

一、动物细胞培养室的规章制度

动物细胞培养室的实验对象是离体组织和体外细胞,容易被污染。为提高实验效果,保证实验质量和实验室安全,所有进入动物细胞培养室的人员都必须遵守培养室相关的规章制度,接受培养室管理人员的管理。

(一)人员进出管理

细胞培养室主要由相关人员使用,原则上不对外开放,其他人员如确需使用细胞培养室,必须预先征得细胞培养室负责人同意,并在内部人员带领下,严格按照人员进出管理制度执行。

(1)进出细胞培养室需要严格登记。如有不符合实验室工作和生物安全要求的人员或样本,实验室负责人和细胞室工作人员有权责令整改。

(2)使用人员需参加专门的细胞培养室使用规范培训(无菌技术培训)并通过考核后,方可获准进入细胞实验室进行实验。严禁未经许可擅自进入细胞培养室或使用相关设备。

(3)为维持所有实验室、准备室压差值正常,以维持工作环境安全性,请进出时随手将门关紧,不同区域之间的门不可同时开启,以避免发生污染。

(4)进入细胞培养室后须洗手、换鞋、手消毒或戴手套后消毒、戴医用帽,并穿上工作服或穿两层无菌服(内层无帽、外层为衣帽连体)。进出培养室的常用物品必须经传递窗进出,不得通过缓冲间进出。各小组的物品务必放入各自分配的置物柜中,细胞培养室内的他人物品未经允许不得使用。

(二)物品进出管理

(1)所有未经高压或甲醛熏蒸灭菌的物品均不允许带入细胞培养室内。缓冲间内可短期存放实验废弃物(专用垃圾袋),但必须定时清理。室内常规用品不准随意拿出室外,所有物品不得挪作他用。

(2)所有进入细胞培养室的物品需通过传递窗或专门传递通道,经紫外线灯照射20 min,并用酒精进行表面消毒。严禁将可能含有污染物或病原菌的实验物品带入细胞培养室。细胞培养室内仅放置少量实验必需耗材即可,不得整箱搬入,以防出现洁净室内物品堆积状况。细胞培养室内储物柜的物品放置可由相关管理人员安排,并做标记。

(三)动物细胞培养室安全规范

除了大多数日常工作场所共有的一些安全风险例如电击和火灾之外,细胞培养实验室由于要操作和处理人或动物细胞和组织以及一些有毒、有腐蚀性或者有致突变性的溶剂和试剂,因而还具有一些特殊的危险。其中,最常见的危险包括:注射器针头或者其他污染锐器刺伤、液体泼溅到皮肤和黏膜上、经口吞入毒物以及吸入感染性挥发气体。任何生物安全程序的基本目的都是减少或避免实验室工作人员和外部环境与潜在危害性生物物质的接触。细胞培养实验室中最重要的安全要素是严格遵守标准微生物学准则和技术。

具体要求:

(1)细胞培养室属于一封闭环境,进入培养室后需仔细检查通风,发现通风异常、室温较高和有异味要及时报告,不可勉强进行工作,以免造成生命危险。

(2)细胞培养室原则上只允许三种来源的细胞样品进行实验。第一种:商品化的细胞样品。第二种:由合作单位或国内国外研究组提供的细胞样品(已有文献发表)。第三种:其他类型细胞或组织样品必须通过各级主管领导签字一致同意,方可进入细胞培养室,并在一独立的细胞培养箱内进行培养。

(3)培养箱内要保证洁净无菌,不得放入已污染或疑似污染的培养物及培养细胞。开门要用酒精擦拭双手,培养瓶置入时要用酒精擦拭瓶盖,培养箱内所有培养物均需注明日期、人名及培养物名称,不得放置来历不明的培养物。发现培养物污染要及时报告,并采取相应措施处理。

(4)使用培养箱、冰箱等后一定要把门关好。每次工作结束后登记仪器使用情况,发现仪器异常或损坏,除了登记外还应及时向负责人汇报,以便及时处理。

(5)生物安全柜内不得使用明火。

(6)如实验需要明火,如酒精灯,应注意以下几点:

①熄灭灯焰时要将盖子由火焰的侧面盖上。

②酒精灯不用时切记盖子一定要盖上,只有在欲点火时盖子才应打开。

③酒精灯的玻璃部分有任何的裂痕时都不可继续使用,应立即更换。

④酒精灯在长时间不用时也应将灯内的酒精倒出,储存在密闭的玻璃容器中。

(7)必须始终穿戴适当的个人防护设备。手套污染时应更换,将用过的手套与其他污染的废弃物一起处置。

(8)操作可能具有危害的物质后以及离开培养室前应洗手。

(9)在培养室内不得进食、饮水、吸烟、处理隐形眼镜、涂抹化妆品或者存放供人食用的食物。

(10)遵守所在机构关于锐器(即针头、手术刀、吸管和破裂的玻璃器皿)安全操作的准则。

(11)小心操作,尽量避免形成气体挥发或泼溅。

(12)实验开始前、结束后以及可能具有传染性的物质发生泼溅时,应立即使用适当的去污剂对所有工作台面进行去污。无论培养室设备是否被污染,均应定期进行清洁。

(13)在对可能具有传染性的物质进行处置前应先去除污染。

(14)发生事故可能导致感染性物质暴露时,应向相应人员(例如,培养室主管、安全员)报告。

(15)离开培养室前,要做到关水、关电(实验仪器以及电灯)、关门,并及时做好记录(仪器使用情况,公共耗材使用量),垃圾需当日处理,不允许在细胞培养室过夜。

二、安全设备

细胞培养室的安全设备包括初级屏障,例如,生物安全柜(图 1-4)、密闭容器及其他用于消除或尽量减少危险品接触的工程控制设备,以及常与初级屏障配合使用的个人防护设备(PPE)。生物安全柜(即细胞培养通风橱)是最重要的安全设备,可以限制多种微生物操作产生的感染性泼溅或气体挥发,并可防止培养的细胞受到污染。

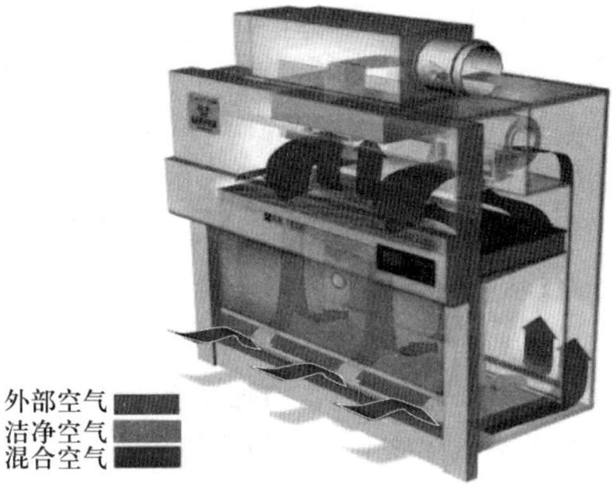

图 1-4 生物安全柜气流原理

三、个人防护设备(PPE)

个人防护设备(PPE)在人员与危险品之间形成一道直接的屏障,包括用于个人防护的物品,例如,手套、实验室工作服和隔离衣、鞋套、靴子、呼吸器、面罩、防护镜或护目镜。个人防护设备常与生物安全柜及其他可限制所操作物质或材料的装置配合使用。建议参阅所在机构的指南,在实验室中采用合适的个人防护设备。

【知识与技能总结】

【知识拓展】

一、动物细胞培养室的环境要求

动物细胞培养是一种无菌技术，要求工作环境和条件必须保证无微生物和不受其他有害因素的影响。为防止微生物污染和有害因素的影响，动物细胞培养室要求环境清洁，空气清新、干燥、无尘。动物细胞培养室的共同特点是房间要宽敞、明亮，地面要便于清洁、防滑，墙壁的质地光滑坚硬，仪器设备布局合理，方便操作，避免交叉干扰，陈设简洁，便于清扫。

(一)洁净度和粉尘

洁净度是指洁净空气中空气含尘(包括微生物)量多少的程度。

粉尘是指悬浮在空气中的固体微粒，习惯上称尘、灰尘、尘埃、烟尘、粉末等。国际标准化组织规定，粒径小于 75 μm 的固体悬浮物定义为粉尘。

空气洁净度等级是洁净空间单位体积空气中，以大于或等于被考虑粒径的粒子最大浓度限值进行划分的等级标准，国家药品监督管理局发布的“中国标准”明确规定了洁净度的 4 个等级，既 A、B、C、D 四个级别，分别对应旧版的 100 级、万级、十万级、三十万级。洁净度等级应在空态、静态和动态情况下进行测试，使用尘埃粒子测试仪来测定。

无菌无毒的操作环境和培养环境是保证细胞在体外培养成功的首要条件。细胞培养对无菌环境要求很高，在细胞操作时，一般需要在 A 级空气质量条件下进行。在体外培养的细胞缺乏对微生物和有毒物的防御能力，一旦被微生物或有毒物质污染，或者自身代谢物质积累，可导致细胞中毒死亡。

空调净化系统是细胞培养室达到 GMP 要求主要设备之一，空气通过空调净化系统的过滤、冷却、加热等达到一定温度、湿度、洁净度，并送到所需的地方。

层流是流体的一种流动状态。当流速很高，流体分层流动，互不混合，称为层流，或称为片流；当流速逐渐增加，流体的流线开始出现波浪状的摆动，摆动的频率、振幅随流速的增加而增加，称为过渡流；当流速增加到很大时，流线不再清楚可辨，流场中有许多小漩涡，称为湍流，又称为紊流、乱流、扰流。

超净工作台、层流罩和洁净室都利用了层流理论，其工作原理是用鼓风机将空气以一定的风速通过高效过滤器后，形成均流层，匀速通过工作区，形成无尘无菌的高洁净度工作环境。

(二)温度和湿度

通常细胞培养室温度控制在 18～26℃，相对湿度控制在 45%～65%。

二、生物安全性等级

美国生物安全性法规和建议包含在由美国疾病预防控制中心(CDC)和国立卫生研究院

(NIH)制定、美国卫生和福利部颁布的《微生物和生物医学实验室生物安全》文件中。该文件规定了四个逐级升高的控制等级，依次称为生物安全1级至4级，介绍了按照操作某一制剂时对应的危险等级应遵守的微生物学准则、应使用的安全设备以及应采取的设施安全措施。

生物安全1级(BSL-1)

BSL-1为适合大多数研究和临床实验室的基础防护等级，适用于不会导致健康正常人发生疾病的物质。

生物安全2级(BSL-2)

BSL-2适用于经口吞入或者经皮肤、黏膜接触会导致人发生不同严重程度疾病的中度危险性物质。大多数细胞培养实验室至少应达到BSL-2等级，但是确切要求取决于所用细胞系以及开展的工作类型。

生物安全3级(BSL-3)

BSL-3适用于已知可能会通过气体挥发传播的本地或外来性物质以及可导致严重、甚至致命感染的物质。

生物安全4级(BSL-4)

BSL-4适用于具有高度个体风险、可通过感染性气体挥发导致威胁生命的不治之症的外来性物质。应将此类物质控制在高防范等级的实验室内。

有关生物安全等级指导原则的更多信息，请参阅《微生物和生物医学实验室生物安全》。

三、安全数据表(SDS)

安全数据表(SDS)，又被称为材料安全数据表(MSDS)，是一种包含某物质各种属性信息的表格。SDS中包括诸如熔点、沸点和闪点等物理数据、有关该物质毒性、反应性、健康影响、储存和处置的信息，以及应对泼溅的推荐防护设备和措施。

【考一考】

❖ 第一关：用心思考，正确填写

1. 动物细胞培养实验室的6个区为________、________、________、________、________、________。

2. 进入细胞培养室后须________、________、________、戴医用帽，并穿上工作服或穿两层无菌服(内层无帽、外层为衣帽连体)。

3. 细胞培养室属于一封闭环境，进入培养室后需仔细检查________，发现________、室温较高和有________要及时报告，不可勉强进行工作，以免造成生命危险。

❖ 第二关：学以致用，解决问题

1. 公司新进一批细胞培养用的血清制品，需要储存在细胞培养室的低温冷柜中。请说明将该血清放于低温冷柜的过程。

2. 一位归国华侨且在国际享有威望的某著名细胞学家心系家乡发展，要选择一家优质企业提供技术支持,开发某细胞表达生物药物,明天华侨将来你公司考察,公司安排你负责进入细胞培养室参观的全程接待,请安排你的计划。

❖ **第三关:挑战极限,超越自我**

你认为你设计的细胞培养室还有哪些不足和可以改进的地方,请结合智能化设计理念针对某一区域或某一方面进行重新设计。

一丝不苟把事做，严谨细致印心中。

项目二　表达促红细胞生成素的CHO工程细胞建立

【项目情境】

经过公司科研信息部门对市场有潜力的生物药物品种的调研，企业董事会最终决定将促红细胞生成素(EPO)作为科研立项品种，你部门接到构建表达促红细胞生成素的CHO工程细胞的任务，通过基因查询检索等研究，你部门已经完成EPO基因的委托合成及与表达载体连接工作，同时决定使用本公司现有的背景明确的CHO空细胞作为宿主。接下来需要完成重组质粒的细胞转染及工程细胞筛选工作。

【学习目标】

1. 能力目标

(1)通过完成CHO细胞电穿孔转染任务，学生能运用电穿孔转染相关知识，根据SOP，完成各种细胞的电穿孔转染操作。

(2)通过完成CHO工程细胞筛选任务，学生能运用G418筛选系统、高表达的单克隆细胞株筛选相关知识，根据SOP，完成各种工程细胞筛选工作。

(3)通过完成CHO细胞电穿孔转染、工程细胞筛选前的任务分析，信息搜集、评价和利用，学生能初步具有信息素养。

2. 知识目标

(1)了解电穿孔转染的基本原理。

(2)掌握电穿孔转染的方法。

(3)说明电穿孔转染的影响因素。

(4)解释基因工程细胞、原代细胞、传代细胞、有限细胞系、无限细胞系、细胞株的概念。

(5)了解常用工程细胞、表达载体、转染方法。

(6)了解各种筛选系统。

(7)说明G418加压筛选方法。

(8)掌握高表达的单克隆细胞株筛选方法。
(9)了解重组工程细胞筛选方法。
(10)了解细胞库概念,掌握细胞库建库及检定方法。
3. 素质目标
(1)初步建立无菌意识、安全意识、环保意识和创新思维。
(2)初步建立责任意识、规范意识。
(3)严谨细致、争创一流。
(4)乐学、善思、笃行。

【项目任务】

通过电转染和工程细胞筛选完成表达促红细胞生成素的 CHO 工程细胞的建立。

任务一　CHO 细胞电穿孔转染

【任务情境描述】

公司科研立项品种促红细胞生成素(EPO)的空细胞已经复苏完毕,室主任要求开始电转染工作。

【学习目标】

1. 能力目标
(1)通过完成 CHO 细胞电穿孔转染任务,学生能运用电穿孔转染相关知识,根据 SOP,完成各种细胞的电穿孔转染操作。
(2)通过完成 CHO 细胞电穿孔转染前的任务分析,信息搜集、评价和利用,学生能初步具有信息素养。
2. 知识目标
(1)了解电穿孔转染的基本原理。
(2)掌握电穿孔转染的方法。
(3)说明电穿孔转染的影响因素。
(4)解释基因工程细胞、原代细胞、传代细胞、有限细胞系、无限细胞系、细胞株的概念。
(5)了解常用工程细胞、表达载体、转染方法。
3. 素质目标
(1)初步建立无菌意识、安全意识、环保意识和创新思维。
(2)初步建立责任意识、规范意识。
(3)形成严谨细致的作风。
(4)乐学、善思、笃行。

【任务书】

根据电转染工作的SOP，结合电转染相关信息，完成电转染工作，包括明确电转适合的条件、电转流程、操作方法并开展实训工作。注意操作的安全与废物/液环保处理。

【获取信息】

一、电穿孔转染的简介

电穿孔转染，又称电转染或电转，作为物理方法的一种，出现于20世纪80年代。这种方法不仅能够将DNA、RNA转染，还能将抗体、酶及其他生物活性分子转入细菌、酵母、动物细胞和植物细胞。它是一种高效、简便的基因转移系统，具有其他转移方法无可比拟的优越性，如操作简便、快捷，可重复性强，臻染率高，适用谱广等。尤其对目前一般认为难转染的悬浮培养细胞也能获得较高的转染。

二、电穿孔转染的基本原理及过程

电穿孔法是通过电场作用于细胞几微秒到几毫秒之后，在细胞膜上暂时形成小孔或开口，把大分子如DNA等导入细胞并最终进入胞核的技术。其过程简述如下：首先在电击过程中，细胞膜上出现穿孔，质粒在电泳力的作用下与细胞膜接触，并与细胞膜上电穿孔的区域形成一种可转移的复合物。再次电击后，质粒脱离复合物并扩散至胞质内，开始瞬转；同时小部分质粒进入核内与染色体整合，开始稳转。一旦DNA扩散进入细胞，细胞膜上的小孔可自动重新闭合（图2-1）。

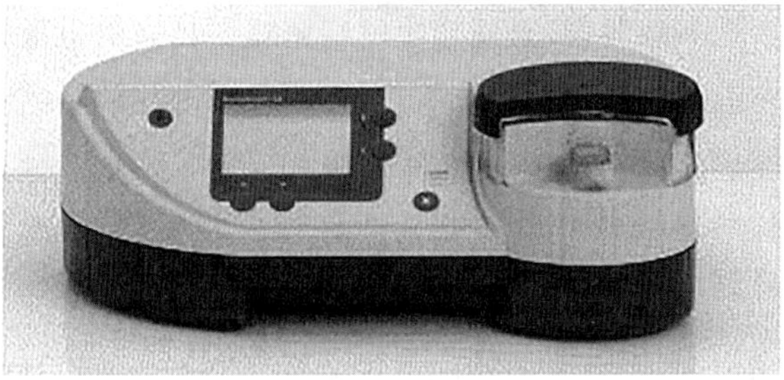

图2-1　电转染仪

三、电穿孔转染条件的选择

电转染有效率高、费时少、成本低等特点，故被广泛采用。但是电击过量所造成的细胞死亡或是电击不足所造成的转染失败，成为该项技术应用的一大难题。所以我们在进行电转染实验之前，首先得对转染相关参数进行优化，以使转染效率最大化。影响电转染效率的因素有：脉冲波形、电场强度、脉冲时间、脉冲次数、细胞因素、质粒因素、温度、缓冲液以及培养液。

下面将详细讨论这八个因素对电转染效率的影响。

（一）脉冲波形

脉冲波形主要分为两种：方波脉冲、指数递减波脉冲。

方波脉冲：电压瞬间升至预设电压，保持电压放电，然后瞬间终止放电。一般哺乳动物细胞电转染时选择方波脉冲，有较高的转染效率和细胞存活率。

指数递减波脉冲：先对电容充电，然后让电容完全放电，其电压变化呈指数递减。一般这种波形的脉冲电转染适用于细菌、酵母菌、昆虫细胞。

(二)电场强度

电场强度 E 与电压 V 有以下关系：$V=E\times d$，在电穿孔实验中，d 为两电极之间的距离，是一个定值，故本文所指的电场强度的选择即电压的选择。对于动物细胞来说，电场强度遵循低电场长时程的原则。电场强度的大小对 DNA 摄入量的影响主要有：在阈电场强度以下无 DNA 摄入；适中的场强下 DNA 的摄入呈电场依赖型，随场强的升高而增大；高场强下，DNA 的摄入进入平台期，与电场的大小无关。电场强度的大小对细胞存活率的影响主要有：在阈电场强度以下存活率无变化；在适中的场强下，存活率呈电场依赖型，随场强的升高而下降；存活率在高场强下降为 0。因此，要保证较高的转染效率，必须综合考虑 DNA 摄入量以及存活率两个方面。不同的细胞系具有不同的最佳场强值，其确定方式除了实验直接测定比较不同场强下(对悬浮细胞来说，取 1～3 倍的阈电场强度，对贴壁细胞来说可升至 5 倍)转染率的高低之外，还可以采取较为简便的间接法。文献显示存活率在 50%左右的电场参数为较理想的参数，故可通过间接测定存活率来确定最佳场强值。

在优化电场强度时应该考虑 2 个因素：

1. 电击杯电极间距

一般而言电场强度为 1～2 kV/cm 为佳，实验室中大多采用 1.25 kV/cm。因此如果电极距离为 2 mm，那么电压应该为：$1.25\times0.2=0.25$ kV=250 V。

2. 细胞直径

一般而言，直径越小的细胞需要越高的电压，而直径越大的细胞需要越小的电压。

(三)脉冲时程

时间常数为电容与电阻的乘积，是设定的电压呈指数衰减到 37%的时间。电脉冲的时间长短对电转染效率有较大的影响，太长、太短都会使转染效率下降。最佳时间的确定主要取决于细胞的大小，细胞越大，穿透胞膜所需的脉冲时程越长。电转染真核细胞的脉冲时程一般控制在 ms 级(不小于 1 ms)。电脉冲之前，DNA 和细胞随机分布于电极之间；电脉冲早期，DNA 和细胞向阳极运动；电脉冲后期 DNA 分子撞向细胞阴极面或末端，并且插入细胞外膜或者进一步进入细胞膜间隙，随后在孵育期间，DNA 通过内膜渗透进入胞质。因此电压脉冲有双重效应，即驱使 DNA 快速向阳极运动以及向受体细胞表面渗透。电脉冲的时间太短，则不能使 DNA 分子有效进入细胞；而电脉冲时间过长，细胞局部过热可导致不可恢复的损伤，同时电泳所引起的细胞内外的物质进出(如 Na^+/K^+ 浓度差的破坏)都可引起细胞存活率下降，转染效率的提高被抵消。真核细胞基因转染一般遵循低电场长时程的原则。长时程(一般指 20～60 ms)可使细胞上的穿孔更大，开放时间更长。此外，适当地延长时程也能降低电穿孔的阈电场值，加大电场依赖性吸收的斜率，提高平台期电场值的放大作用。

(四)脉冲次数

脉冲次数的选择一般为 1～10 次，实验证明对于大多数细胞系较理想的脉冲次数为 3～4 次。第 1 次脉冲后，外加的电场开始在细胞膜上穿孔，第 2 次脉冲后，DNA 在电泳力以及细胞膜蛋白运输的共同作用下转入细胞，当然脉冲也同样触发电渗透、扩散、内吞等运输方式。理论上，2 次脉冲足以使 DNA 转入绝大多数细胞，再增加脉冲次数，虽仍有助于提高转染效率，但如果次数多于 5 次，导致细胞损伤直至死亡的负面效应便抵消了对转染效率的提升。两次脉冲之间一般有 1 min 的间隔时间(稍长也不影响结果),在这段时间内,电穿孔的细胞可再生一些必需的细胞膜成分,以恢复部分功能,同时,细胞在这段恢复时期发生旋转(布朗运动),基本解除胞膜的同一位置被多次电击的危险。

(五)细胞因素

用于电转的细胞一般选取处于对数生长期的细胞(15 代以内,传代后 2 d)。因为处于对数生长期的细胞分裂旺盛,表面结构致密度比稳定期的细胞差,电转后,细胞膜的恢复能力强,而且处于有丝分裂期的细胞更容易接受外源的 DNA。因此,处于对数期的细胞转染率和存活率都比衰老的细胞好。当细胞生长到 A_{600} 为 0.72~0.78 时,可获得更高的转染率,故收集细胞的时间十分重要。细胞悬液的密度一般为 1×10^6 个/mL,当细胞生长密度$>3\times10^6$ 个/mL($A_{600}>0.85$)时,转染效率会骤然下降。原因除了细胞老化之外,细胞过密会使相邻细胞相互作用增大,甚至使细胞相互融合,从而导致电场的局部微扰,使电场环境无法均一化。细胞体积越大对电击越敏感,所需的电场强度也就越小。

(六)质粒因素

从质粒的浓度看,建议细胞密度为 1×10^6 个/mL 时,DNA 用量在 2~5 μg/mL 转染率最高。转染率在一定范围内随质粒浓度的上升呈线性增高,但到达一个峰值后,随 DNA 用量增加而转染率逐渐下降。其原因可能为细胞吸纳 DNA 有一个饱和度,过量便会产生毒性,使存活率降低,不利于转染率的提高。从质粒的大小、构象、序列看,一般来说,转染率随着质粒的碱基对数的增多而上升,同时,线状的 DNA 比环状 DNA 的转染效率更高,而且更容易进入核内整合到染色体上,得到稳定表达。所以在电转前一般选择合适的限制性内切酶,将质粒线性化,以期得到较高的转染率。此外,如 CMV、SV40 等病毒启动子有助于基因在真核细胞内的高效表达。从质粒的纯度看,用高纯度的 DNA 才能提高电转的效率,且应注意以下几点:首先,DNA/RNA 应该超纯($A_{260}/A_{280}>1.8$),其次,应不含内毒素,同时质粒应溶于双蒸水而不是 TE 缓冲溶液,因为当 DNA 样品中存在 EDTA 或缓冲盐类时,转染率会急剧下降。

(七)温度

一般情况下,电转的过程是在室温下进行,但在电击前后可对细胞进行冰浴处理。电击前冰浴的时间对转染率影响不大,但低温环境能够防止 DNA 被外源性 DNA 酶降解,并限制在电击中因焦耳作用而产生的不良反应,因此,实验一般选择电击前冰浴 5 min。电击后冰浴,会影响 DNA 摄入,因为电击后冰浴可增强细胞收缩,细胞膜上的电穿孔封闭较慢,延长外源性 DNA 摄入时间,从而提高其摄入量。在室温环境下,虽然细胞膜上的孔封闭速度快,但在随后 2 h,质粒还可通过电内化进入细胞,因此摄入量不一定比 4℃环境下低。而且,室温下细胞在 5 min 内即闭孔,在 4℃的环境下穿孔状态可保持 4 h,穿孔封闭缓慢降低了存活率,同时细胞在低温下更容易受到损伤,因此,综合考虑摄入量和存活率,大部分文献倾向于电击后细胞仍在室温或 37℃下保存。在 4℃环境下转染,应使电压是室温转染的 2 倍。表 2-1 给出在 2 mm 电极距离的电击杯中的相关转染参数。

表 2-1　2 mm 电极距离的电击杯中的相关转染参数

细胞直径/μm	室温下电压/V	4℃下电压/V
10	250	500
15	175	350
20	125	250
30	90	180
40	65	130
50	50	100

(八)缓冲液及培养液

1. 电转培养液选择

细胞受电击后产生孔洞使细胞质与电转缓冲液直接接触,因此细胞对渗透压和缓冲液离子组成十分敏感。从渗透压来说,低渗缓冲液比等渗或高渗缓冲液更利于获得较高转染率,因为低渗的环境可降低电导并限制焦耳作用,利于质粒的转染。对于不同的细胞系也可将等渗和低渗的缓冲液按不同的比例混合使用。最佳的混合物是使细胞在达到最大程度肿胀(达到最大细胞直径)的同时,细胞裂解死亡率又小于10%。从组成来说,常用的电转缓冲液分3类:第1类为细胞培养液,如RPMI-1640,DMEM,DMEM/F12等;第2类为磷酸缓冲液,如K-PBS,HBS,HeBS,PBS等;第3类为Cytomix缓冲液,Cytomix配方如下:120 mmol/L KCl,0.15 mmol/L $CaCl_2$,10 mmol/L K_2HPO_4(pH=7.6),25 mmol/L HEPES(pH=7.6),2 mmol/L EGTA(pH=7.6),5 mmol/L $MgCl_2$,2 mmol/L ATP,5 mmol/L 谷胱甘肽。相比之下,Cytomix的转染率最高,特别是对难以转染的半贴壁细胞和悬浮细胞,而且死亡率较低。Cytomix缓冲液组成与细胞内离子成分非常相似。有助于细胞保持其通透性。与常用的电转缓冲液PBS和完全培养液相比,Cytomix缓冲液中Ca^{2+}、Mg^{2+}、Na^+浓度低,用EGTA代替EDTA,pH、K^+浓度高。该缓冲液最大程度上模拟了真核细胞内离子环境,同时Cytomix中的ATP和谷氨酰胺可阻止细胞质成分渗漏,加强细胞膜抗氧化作用,有利于电穿孔的重新闭合。

2. 电转后培养液的选择

细胞在电击后十分脆弱,其培养液的选择应注重提高细胞的存活率,一般选择低渗的RPMI-1640+10%FBS。除此之外,可参考加入50 mmol/L 海藻糖+1.25%DMSO,因为海藻糖具有稳定DNA、蛋白质以及细胞膜的作用,并提高电转后细胞特别是淋巴细胞的存活率。此外,有文献显示凋亡是细胞电击后死亡的主要原因,电击后的培养液还可加入Caspase抑制剂和SCF、GM-CSF等细胞因子。

【工作计划】

1. 工作方案

计划表 1　CHO 细胞电转染工作方案

步骤	工　作　内　容	负责人
1		

续表

步骤	工　作　内　容	负责人
2		
3		
4		
5		
6		

2. 材料设备清单

计划表 2　主要试剂、材料、设备清单

序号	名称	型号与规格	单位	数量	备注
1					
2					
3					
4					
5					
6					
7					
8					
9					
10					
11					
12					

【工作实施】

请完成引导问题及相关实训操作。

❖ 引导问题 1：电转染实验时，DNA 方面应注意什么？

小提示：使用高纯度、无菌和无污染的 DNA 进行电转染实验。质粒 DNA 要求无内毒素，OD 值为 1.8～2.0。不建议使用微型核酸制备试剂盒准备 DNA，因为它可能含有高水平的内毒素。不要使用仅用乙醇沉淀法纯化的 DNA。乙醇沉淀法中残留的盐会引起电流改变并对电转染产生负面影响。建议制备的 DNA 浓度范围为 2～5 mg/mL。使用浓度较高的 DNA 可能会导致与细胞不均匀混合。而核酸浓度较低则可能稀释电转染混合物。

❖ 引导问题 2：电转染实验时的细胞密度是多少？

小提示：确定每种细胞类型的最佳细胞密度，以使电转染效率最大化。在含电转试剂的终体系中，电转染时的细胞密度一般在$(1\sim10)\times10^6$ 个/mL 范围内。对于悬浮细胞，最好是接近 10×10^6 个/mL 的高细胞密度。对于贴壁细胞，建议的细胞密度为$(1\sim5)\times10^6$ 个/mL。

❖ 引导问题 3：电转染后细胞孵育时间是多少？

小提示：每种细胞类型电转染后有最佳孵育时间。对于质粒的电转染，最佳孵育时间一般为 12～48 h，具体最佳时间需根据实验目的、质粒性质和表达蛋白的半衰期进行调整。

❖ 引导问题 4：为什么电转后的培养基不含青霉素/链霉素一类的抗生素？什么时候加抗生素？

小提示：强电场的应用会削弱细胞膜结构，导致膜孔的形成，抗生素也会由此进入细胞内部。后续产生的毒性代谢中间产物很可能介导细胞死亡的发生。此外，链霉素会与真核细胞核糖体相结合，进而直接干扰蛋白翻译过程。如果细胞需要培养于含抗生素的条件下，可在电转操作数小时之后再加入抗生素。电转完成后，请等待 4～6 h 再向细胞中加入抗生素。请确保细胞膜的完整性彻底恢复。

❖ 引导问题 5：你采用的脉冲电压、脉冲时程、脉冲数是多少？

❖ 引导问题 6：电转染过程有什么安全要求？

❖ 引导问题 7：电转染过程有什么环保要求？

❖ 引导问题 8：电转染过程有什么其他注意事项？

【工作反思】

____

____

____

____

【标准操作规程】

CHO 细胞电转染

一、操作用品

1. 材料和试剂

CHO 细胞、线性化的 EPO 重组质粒、胰蛋白酶、电转液、PBS、培养基、移液吸头、乙醇。

2. 器材和设备

细胞电转仪、培养板、超净工作台、二氧化碳培养箱、移液器、75 cm^2 细胞培养瓶、离心机。

二、操作步骤

（1）电穿孔前 1～2 d，将细胞转移至装有新鲜培养基的 75 cm^2 细胞培养瓶，至转化前细胞汇合度 70%～80%。

（2）加培养基（不含抗生素）到 24 孔板中，每孔 500 μL，放于 37℃ 培养箱预热。（注：使用其他孔数培养板或者 100 μL 吸头时，加入培养基和质粒及细胞的数量见表 2-2）

（3）将培养细胞取出，悬浮细胞直接取部分培养的细胞计数，确定细胞密度；12 mL PBS 缓慢冲洗细胞，吸出 PBS，用 3 mL 胰酶蛋白酶消化细胞，加入 10 mL 含血清的培养基，中和胰酶。取部分细胞悬液进行细胞计数，确定细胞密度。

（4）将悬浮细胞转到离心管，室温下 1 000 r/min 离心 5 min，弃掉上清。

（5）向细胞中加入 2 mL PBS 冲洗细胞，室温下 1 000 r/min 离心 5 min，弃掉上清。

（6）用电转液重新悬浮细胞沉淀，最终使细胞密度为 2.0×10^7 个/mL。轻轻吹打细胞，

使其形成单细胞悬液。(注:细胞悬液在室温时间不能超过 15 min,否则将导致细胞活性和转染效率降低)

(7)将线性化的 EPO 重组质粒加入 1.5 mL 离心管中,再加入细胞悬液,轻轻混匀,在冰上放置 5 min。加入预热等体积细胞,DNA 和接种体积见表 2-2。

(8)用吸头吸细胞混合液,移入电转杯/电极管中,并置于电转仪中,必须无气泡。

(9)在仪器上设置脉冲电压、脉冲宽度、脉冲数。

(10)按下触摸屏上的开始键。

(11)电穿孔完成后,将脉冲好的样品立即转移至准备好的装有预热培养基的培养板(37℃培养箱预热)中。将培养板放到培养箱培养。

(12)关闭仪器电源并清洗电转杯/电极管(清水—蒸馏水—乙醇—干燥),进行清场操作。

(13)正常培养 4 h,待细胞贴壁后,给细胞换新鲜的完全培养基,以去除上层的死细胞。

(14)培养 24 h 后,即可进行细胞转染效率的检测或是进行细胞实验处理。

(15)对于稳定转染,在非选择培养液中培养细胞 48 h(大约 2 代),然后转入含有抗生素的培养液中。

(16) 对于短暂表达,培养细胞 50～60 h 后,收集细胞进行短暂表达分析。

表 2-2　培养板培养基与 DNA 加入量

平板规格	DNA/μg	平板培养基的体积
96 孔	0.4～0.6	100 μL
48 孔	1.0～1.5	250 μL
24 孔	2.0～3.0	500 μL
12 孔	4.0～6.0	1.0 mL

【学习情境相关知识点】

一、基因工程细胞

基因工程细胞是用基因工程技术对宿主细胞的遗传物质进行修饰改造或重组,获得具有稳定遗传的独特性状的细胞系。

二、宿主细胞选择原则

(1)容易获得较高浓度的细胞;

(2)安全,不致病;

(3)遗传背景清楚,容易进行 DNA 重组操作及遗传改造;

(4)产物的产量高(表达水平和稳定性)、生物活性高;

(5)产物容易提取纯化;

(6)容易进行代谢调控;

(7)易培养(生长速度、营养需求、氧耗量等),培养成本低。

三、常用概念

原代细胞：是指从机体取出后立即培养的细胞。有人把培养的第 1 代细胞与传 10 代以内的细胞统称为原代细胞培养。原代细胞不仅广泛应用于分子生物学、细胞生物学和生物医学基础研究，如蛋白质组学、基因组学、细胞株（系）研究，DNA、RNA 和遗传学研究等，还可应用于当今热门的生物医药产业如药物筛选、药物代谢和毒理研究、癌症药物的研究等。

传代细胞：适应在体外培养条件下持续传代培养的细胞称为传代细胞。

细胞系：指原代细胞培养物经首次传代成功后所繁殖的细胞体。也指可长期连续传代的培养细胞。

有限细胞系：正常细胞经过多次传代后，一般可连续培养 30～50 代，就会逐渐失去增殖能力，也就是说它们只能生长有限的时间，经过若干传代培养后将老化死亡，把这类细胞称为有限细胞系。

无限细胞系（又称连续细胞系）：当细胞经过自然或人为的因素转化为异倍体后，能变为无限细胞系，没有分裂次数的限制。

转化细胞系：通过某个转化过程形成的，失去正常细胞的特点。由于染色体的断裂变成异倍体，获得无限增殖的能力。转化细胞为永生性细胞，无限细胞系（连续细胞系）具有无限生命力，倍增时间短，对培养条件和生长因子等要求低，更适于大规模工业化生产。

细胞株：通过选择法或克隆形成法从原代培养物或细胞系中获得具有特殊性质或标志物的培养物称为细胞株。它是由单细胞增殖形成的细胞群。

四、药物生产应用的主要细胞系

用于药物生产的主要细胞系有：非洲绿猴肾成纤维细胞（COS）、中国仓鼠卵巢细胞（CHO）、小仓鼠肾细胞（BHK）、人胚胎肾细胞（HEK-239）、C127 细胞、非洲绿猴肾上皮细胞（Vero）、WI-38 细胞等。

用于基因瞬时表达：COS、HEK-239 等。

用于基因稳定表达：CHO、BHK 和 Vero 等。

对于工业生产，必须选用基因稳定表达的细胞系。

二维码 2-1
基因工程常用受体细胞

（一）CHO 细胞系

至今为止，用于医疗用品（药物、抗体、诊断试剂）大规模生产的高等哺乳动物受体细胞主要还是中国仓鼠卵巢细胞（CHO）。

CHO 细胞属于成纤维贴壁细胞，既有贴壁细胞的所有特点，又因为其为成纤维细胞，表达外源蛋白，很少分泌内源蛋白，有利于下游的蛋白分离纯化。当前被广泛用于构建工程细胞的是一株缺乏二氢叶酸还原酶的营养缺陷突变株 CHO-DHFR。

CHO-k1 是 CHO 衍生而来的一种细胞，广泛地运用于各种实验中，它的培养条件简单，贴壁强度适中，比较容易转染。

CHO 细胞作为使用最广泛的表达宿主，具有以下优势：

(1)遗传背景清楚，生理代谢稳定。

(2)与人的亲缘关系接近，外源蛋白修饰准确。

(3)基因转移和载体表达系统完善。

(4)耐受剪切力,便于大规模培养。

(5)被美国 FDA 确认为安全的基因工程受体细胞。

(6)由于 CHO 细胞的永生性及其他多种优点,超过 70%的重组蛋白是用 CHO 细胞生产。

(二)BHK 细胞

BHK 细胞是指幼年叙利亚地鼠肾细胞(Baby Hamster Syrian Kidney),1961 年建株。原始的细胞株是成纤维细胞,具贴壁依赖性。1963 年获得单细胞克隆细胞。后经无数次传代后细胞可悬浮生长,过去常用于增殖病毒,包括多瘤病毒、口蹄疫病毒和狂犬病病毒等并制作疫苗,现在也已被用于工程细胞的构建。最常用的是 BHK21 的一个亚克隆细胞,即克隆 13 或 C13。1999 年 FDA 批准 Novo Nordisk 的重组凝血因子Ⅶa(NovoSeven)上市,用于治疗血友病。

(三)Vero 细胞

Vero 细胞是非洲绿猴肾细胞,该细胞是世界卫生组织和我国生物制品规程认可的生产疫苗的细胞系。它能支持多种病毒的增殖,包括乙型脑炎、脊髓灰质炎、狂犬病等病毒,已被准许用于生产人用病毒疫苗。与用作疫苗生产的其他细胞基质相比,Vero 细胞的来源方便,易于培养,生物安全性高,对多种病毒的感染敏感、病毒增殖滴度高,是很多病毒理想的基质。

(四)HEK293

HEK293 细胞比较容易转染,是一个很常用的表达研究外源基因的细胞株,多用于瞬时转染表达重组蛋白。

相比 CHO 细胞而言,生长更快,生长密度更高,转染率和外源蛋白表达量较高,遗传背景清楚,生理代谢稳定。

贴壁培养、微载体培养、无血清悬浮培养 3 种方式均可用于 HEK293 细胞的大规模培养。

在无 Ca^{2+} 或含 Ca^{2+} 培养基中可同样生长,也可生长在血清浓度较低的培养基中。

具有很高的质粒转染率并能保持外源基因的高稳定性。

(五)WI-38 细胞

WI-38 细胞是美国 Wistar 解剖和生物学研究所,在 1961 年从女性高加索人的正常肺组织中获得的一株二倍体细胞系。该细胞是成纤维细胞,能产生胶原。

培养基用 BME 加 10%小牛血清,pH 控制在 7.2,细胞的倍增时间为 24 h,有限寿命 50 代。

该细胞是最早被认为安全的传代细胞,在 20 世纪 60 年代被广泛应用于制备疫苗。

(六)COS 细胞

COS 是源于非洲绿猴肾成纤维细胞并经 SV40 病毒基因转化的细胞系。最常用的 COS 细胞系是 COS-1 和 COS-7。

COS 细胞是进行源基因瞬时表达时用途最广的宿主,其重组载体易于组建,便于使用而且对插入 DNA 的量或者采用基因组 DNA 序列的情况都没有什么限制,便于通过检测表达情况来确证 cDNA 的阳性克隆,也利于快速分析引入克隆化 cDNA 序列中的突变。

五、基因工程细胞构建

在生产中采用更多的、更有前景的是采用基因工程手段构建的各种工程细胞。目前应用最多的是 CHO 细胞。用重组 DNA 术改造的 CHO 细胞生产干扰素 IFN、白细胞介素 IL、促红细胞生成素 EPO、单克隆抗体以及蛋白类药品已成为国际医药市场上的热销产品。

二维码 2-2
基因工程细胞的表达载体

(一)表达载体

外源基因在动物细胞中高效表达，首先要将其构建在高效表达载体内，表达载体两类：

a. 病毒载体：牛痘病毒、腺病毒、反转录病毒和杆状病毒等。

b. 质粒载体：质粒是细菌、酵母菌和放线菌等生物中染色体或拟核以外的 DNA 分子，存在于细胞质中(但酵母除外，酵母的质粒存在于细胞核中)，质粒具有自主复制能力，使其在子代细胞中也能保持恒定的拷贝数，并表达所携带的遗传信息，它是闭合环状的双链 DNA 分子。

1. 病毒载体

目前常用的病毒载体包括逆转录病毒载体、腺病毒载体、腺相关病毒载体、疱疹病毒载体、痘苗病毒载体，慢病毒载体等，但是这些载体均存在不足之处，严重影响了基因治疗的有效性及安全性。

在基因治疗中广泛应用的逆转录病毒载体存在的主要问题，是无法高效转导非分裂期细胞。腺病毒载体转基因效率高，体外实验通常接近 100%的转导效率；可转导不同类型的人组织细胞，不受靶细胞是否为分裂细胞所限；容易制得高滴度病毒载体，但腺病毒进入细胞内并不整合到宿主细胞基因组，仅瞬间表达不能实现目的基因稳定的长期表达。

慢病毒载体可以将外源基因有效地整合到宿主染色体上，从而达到持久性表达目的序列的效果。对于一些较难转染的细胞，使用慢病毒载体，能大大提高目的基因的转导效率，且目的基因整合到宿主细胞基因组的概率大大增加，能够比较方便快捷地实现目的基因的长期、稳定表达。所以，在体外实验及体内实验的研究中，慢病毒已经成为表达外源基因的常用载体形式之一，并且正在获得越来越广泛的应用。但慢病毒重组病毒的滴度还不够高，建立稳定的 HIV 载体包装细胞十分困难，安全性上仍有一定顾虑。

2. 质粒载体

质粒基本结构：

(1)具有允许载体在细菌内扩增的质粒序列，包括起始位点和抗生素标记基因序列；

(2)具有基因表达的调控元件，包括 TATA 框，CAAT 框和增强子，终止序列、3’端切割序列和 polyA 序列；

(3)具有选择标记，一类是仅适用于密切相关的突变细胞株，另一类是显性作用基因，如新霉素抗性基因(*neo*)；

(4)具有选择性增加拷贝数的扩增系统，常用的是二氢叶酸还原酶系统，谷氨酰胺合成酶系统和腺苷脱氨酶系统。

人工构建的质粒载体分类：

(1)高拷贝数的质粒载体　如 ColE1、pMB1 派生质粒，具有高拷贝数的特点。适合大量增殖克隆基因，或需要大量表达的基因产物。

(2)低拷贝数的质粒载体　如由 pSC101 派生来的载体，特点是分子量小的拷贝数。它有特殊的用途：当有些被克隆的基因的表达产物过多时会严重影响寄主菌的正常代谢活动，导致寄主菌的死亡时，就需要低拷贝的载体。

(3)失控的质粒载体　这是一类温度敏感型复制控制质粒。如 pBEU1、pBEU2。温度低拷贝数很少，温度增加拷贝数快速增加。这一类载体有利于进行工业化生产目标产物。

(4)插入失活型克隆载体　载体的克隆位点位于其某一个选择性标记基因内部。如 pDF41、pDF42。

(5)正选择的质粒载体　直接选择转化后的细胞。只有带有选择标记基因的转化菌细胞才能在选择培养基上生长，如 pUR2、pTR262 等。目前通用的绝大部分质粒载体都是正选择载体。

(6)穿梭质粒　指一类具有两种不同复制起点和选择标记，因而可以在两种不同类群宿主中存活和复制的质粒载体。

常用的穿梭质粒载体有 3 种：

大肠杆菌-枯草杆菌穿梭质粒载体

大肠杆菌-酿酒酵母穿梭质粒载体

大肠杆菌-动物细胞穿梭质粒载体

穿梭质粒的优点：可以利用大肠杆菌进行基因克隆、表达，也可以利用其他细胞系统进行表达。

(二)基因载体的导入

转染(transfection)：是真核细胞主动或被动导入外源 DNA 片段而获得新的表型的过程。

常规转染技术可分为两大类，一类是瞬时转染，一类是稳定转染(永久转染)。前者外源 DNA/RNA 不整合到宿主染色体中，因此一个宿主细胞中可存在多个拷贝数，产生高水平的表达，但通常只持续几天，多用于启动子和其他调控元件的分析。一般来说，超螺旋质粒 DNA 转染效率较高，在转染后 24～72 h 内(依赖于各种不同的构建)分析结果，常常用到一些报告系统如荧光蛋白，β-半乳糖苷酶等来帮助检测。后者也称稳定转染，外源 DNA 既可以整合到宿主染色体中，也可能作为一种游离体存在。尽管线性 DNA 比超螺旋 DNA 转入量低但整合率高。外源 DNA 整合到染色体中概率很小，大约 $1/10^4$ 转染细胞能整合，通常需要通过一些选择性标记，如氨基糖苷磷酸转移酶(APH，新霉素抗性基因)，潮霉素 B 磷酸转移酶(HPH)，胸苷激酶(TK)等反复筛选，得到稳定转染的同源细胞系。

二维码 2-3 载体导入细胞的方法

1. 化学转染方法

(1)DEAE-葡聚糖法　是最早应用哺乳动物细胞转染试剂之一，DEAE-葡聚糖是阳离子多聚物，它与带负电的核酸结合后接近细胞膜而被摄取，用 DEAE-葡聚糖转染成功地应用于瞬时表达的研究，但用于稳定转染却不是十分可靠。

(2)磷酸钙法　是磷酸钙共沉淀转染法，因为试剂易取得，价格便宜而被广泛用于瞬时转染和稳定转染的研究，先将 DNA 和氯化钙混合，然后加入到 PBS 中慢慢形成 DNA 磷酸钙沉淀，最后把含有沉淀的混悬液加到培养的细胞上，通过细胞胞膜的内吞作用摄入 DNA。磷酸钙似乎还通过抑制血清中和细胞内的核酸酶活性而保护外源 DNA 免受降解。

磷酸钙法注意事项：

①缓冲液的 pH 对转染效果有很大影响，控制 pH 在 6.96 时转染效果好，细胞存活率高。

②未纯化的质粒转染效率低，细胞成活率很低。

③转染后培养 4～6 h 进行甘油休克，时间为 3 min。

(3)人工脂质体法　采用阳离子脂质体，具有较高的转染效率，不但可以转染其他化学方法不易转染的细胞系，而且能转染从寡核苷酸到人工酵母染色体不同长度的 DNA 及 RNA 和蛋白质(图 2-2)。此外，脂质体体外转染同时适用于瞬时表达和稳定表达，与以往不同的是脂质体还可以介导 DNA 和 RNA 转入动物和人的体内用于基因治疗。脂质体转染试剂是一种适合于把质粒或其他形式的核酸，以及核酸蛋白复合物转染到培养的真核细胞中的高效阳离子脂质体转染试剂。它可以和带负电荷的核酸结合后形成复合物，当复合物接近细胞膜时被内吞成为内体进入细胞质，随后 DNA 复合物被释放进入细胞核内，至于 DNA 是如何穿过核膜的，其机理目前还不十分清楚。转染步骤：

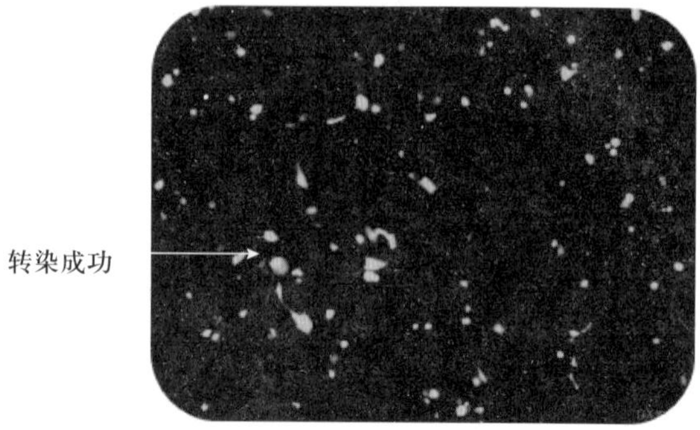

图 2-2　倒置荧光显微镜下的脂质体转染检查

①细胞培养：取 6 cm 细胞皿，向每孔中加入 2 mL 含(1～2)×10^5 个细胞培养液，37℃ 5%CO_2 培养密度至 40%～60%，密度过大，转染后不利筛选细胞。

②转染液制备：在 EP 管中制备以下两液(为转染每一个孔细胞所用的量)。

A 液：用不含血清培养基稀释 1 μg 质粒 DNA。

B 液：用不含血清培养基稀释 2 μL 脂质体。

分别将 A 液与 B 液轻弹混匀，静置 5 min。

③吸取 B 液加入至 A 液中，轻弹混匀。室温中置 10～15 min。

④转染准备：用 1 mL 不含血清培养液漂洗两次，再加入 4 mL 不含血清培养液。

⑤转染：把 A/B 复合物缓缓加入培养液中，摇匀，37℃温箱置 6～24 h，吸除无血清转染液，换入正常培养液继续培养。

⑥瞬时转染后，可在 48～72 h 细胞长满之后，提取细胞蛋白或者 RNA，验证敲减或过表达效率。

2. 物理转染方法

(1)显微注射　显微注射虽然费力，却是非常有效的将核酸导入细胞或细胞核的方法。这种方法常用来制备转基因动物，但却不适用于需要大量转染细胞的研究(图 2-3)。

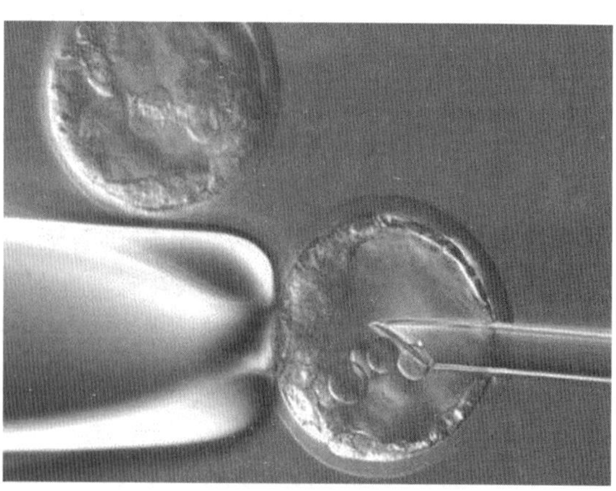

图 2-3　显微注射

(2)基因枪　基因枪依靠携带了核酸的高速粒子而将核酸导入细胞内，是目前国际上最先进的基因导入技术。

(3)电穿孔　也叫电转染，是通过高强度的电场作用，瞬时提高细胞膜的通透性，从而吸收周围介质中的外源分子。这种技术可以将核苷酸、DNA 与 RNA、蛋白、糖类、染料及病毒颗粒等导入原核和真核细胞内。电穿孔是种功能强大的，将核酸、蛋白及其他分子导入多种细胞的高效技术。导入的效率与脉冲的强度和持续时间有关系。

【知识与技能总结】

【知识拓展】

一、动物细胞融合技术

动物细胞融合技术也称动物体细胞杂交技术，是指两个或者两个以上的动物细胞在外力作用下，合并为一个多核细胞，产生能够同时表达两者有益性状新杂种细胞的技术。融合后的新细胞称为杂交细胞。

(一)诱发细胞融合的方法

人工的细胞融合开始于 20 世纪 50 年代，20 世纪 60～70 年代作为一门新兴的技术，发展非常快，应用范围也极为广泛，除了同种类细胞间可以融合，种间远缘细胞也能融合，细胞与组织不同，不排斥异类、异种细胞，动物细胞如此，植物细胞也是如此。

目前，诱导细胞融合的方法有 3 种：病毒诱导、聚乙二醇(PEG)诱导和电激诱导。

二维码 2-4 诱发细胞融合的方法

1. 病毒诱导细胞融合

病毒类融合剂是研究的最早的促融剂，某些不同种属的动物细胞在特定病毒、病毒外壳或者病毒碎片的作用下，可以发生融合作用。如仙台病毒、流感病毒、新城疫鸡瘟病毒、疱疹病毒等。但由于毒性大，应用上受到很大限制。

当两种不同的动物细胞混合物中存在大量病毒时，病毒或其组分会在细胞间起粘连作用而使细胞聚集成团，细胞膜上的蛋白质和脂质双分子层产生重排、进而结合成一个整体。

病毒所诱导的融合是随机的，无法人为控制，同时融合率较低。

仙台病毒促融机制：

当病毒位于两个细胞间时，病毒表面 spike 上神经氨酸酶降解细胞膜上的糖蛋白，使细胞膜局部聚集在病毒周围，在高 pH 和 Ca^{2+} 条件下局部细胞膜发生融合。

2. PEG 诱导细胞融合

当两种不同的动物细胞混合物中存在 PEG 时，就会产生细胞聚集作用。在除去 PEG 的过程中，即产生细胞融合现象。

所用的 PEG 分子量在 1 000～4 000 之间，一般浓度为 40%～50%，在 37℃下作用 2～3 min，其促融效果最佳。

机制：利用 PEG 介导的动物细胞融合，其实验原理到目前为止还没有完全定论。学者们一般认为，PEG 改变各类细胞的膜结构，使两细胞相互接触部位的膜脂双层中磷脂分子发生疏散，进而使其结构发生重排，再加上膜脂双层的相互亲和以及彼此间表面张力的作用，引起相邻的重排质膜在修复时相互合并在一起，使两细胞的胞质沟通，从而造成相互接触的细胞之间发生融合。

PEG 诱导融合的特点：其优点是融合成本低，不需特殊设备；融合产生的异核率高；融合过程不受物种限制。缺点是融合过程烦琐，PEG 可能对细胞有毒害，所以要控制融合时间。

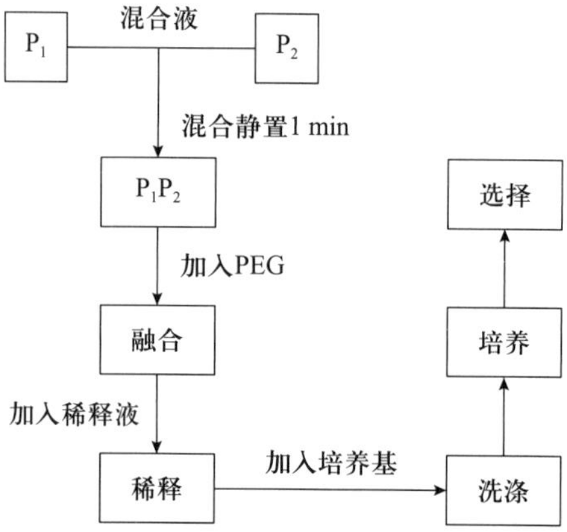

图 2-4　聚乙二醇法的步骤图示

取一定数量（10^7～10^8 个/mL）的两种亲本细胞，充分混合；离心，取下层细胞悬液 0.1 mL；逐滴加入 0.4 mL、37℃、40%的 PEG 溶液，37℃静置 120 s；缓慢加入 5～10 mL 稀释液，摇晃 4～5 次，离心，除去上清液；每 0.1 mL 细胞悬液加入 25 mL 完全培养基，以每孔 0.1 mL 分装于 96 孔培养板上；37℃、5%二氧化碳培养箱中培养。

注意事项：

（1）PEG 融合的关键是作用时间，控制恰当的时间。

（2）PEG 规格和纯度与融合效率有关。

（3）融合与细胞密度有关。

（4）融合液中加入少量 $CaCl_2$，即维持一定电导率，对细胞也有保护作用。

3. 电激诱导细胞融合

原理：在直流电脉冲的诱导下，原生质体质膜表面电荷发生改变，从而使原生质体黏合并发生质膜瞬间破裂，进而连接闭合形成融合体。

将两种细胞混合物经过 10～100 V/cm 的低强度非均匀交变电场作用时，细胞之间就会发生紧密接触，形成稳定的串珠状偶极子排列。在此基础上再对细胞实施瞬间高强度电脉冲就会发生膜击穿，不同细胞间通过膜脂质分子重排就能实现融合，形成一个双核或者多核的细胞。

一般来说，击穿电压为 0.5～10 kV/cm，作用时间为 30～50 μs。

融合参数：主要包括交流电压、交变电场的振幅频率、交变电场的处理时间；直流高频电压、脉冲宽度、脉冲次数等。

电融合优点：

(1)融合率高，达 70%～80%，甚至 100%。

$$融合率=\frac{整合组多核细胞的核数-对照组多核细胞的核数}{对照组的全部细胞数}\times 100\%$$

(2)电场诱导融合不损伤细胞。

(3)可在显微镜下定向诱导细胞融合。

(4)可直接挑选杂种细胞。

(二)融合细胞的筛选

1. 名词解释

(1)亲本：融合之前的细胞。

(2)同核体：同源细胞融合体，它们的基因型和表现型完全一样。

(3)异核体：异源细胞的融合体，它们含有双亲细胞核和细胞质物质。

(4)多核体：含有双亲不同比例核物质的融合体。

(5)异胞质体：具有不同胞质来源的杂合细胞。

(6)核质体：有细胞核而带有少量细胞质的亚原生质体。

2. 杂种细胞的筛选原理

将融合后的细胞混合物于选择性培养基上培养，终止那些同型多核细胞、异型多核细胞以及未能发生融合的亲本细胞的生长繁殖，而仅仅允许异型双核细胞繁殖。

(1)同型多核融合细胞—无法合成 DNA，而失去繁殖能力。

(2)异型多核融合细胞—细胞核不能进行再次分裂，也失去繁殖能力。

3. 筛选系统

(1)抗药性选择系统

利用生物细胞对于药物敏感性的差异程度，来筛选杂种细胞的方法，称为抗药性选择系统。

一种亲本细胞 M 对药物 A 敏感、对药物 B 不敏感。

另一种亲本细胞 N 对药物 B 敏感、对药物 A 不敏感。

M+N 融合后的杂合细胞 P 同时对药物 A、B 均不敏感。

那么，在同时含有药物 A、药物 B 的选择性培养基中，亲本细胞 M 不能生长，亲本细胞 N 也不能生长，只有杂合细胞 P 才能在选择性培养基中存活。这样，经过反复分离和继代移植，就可以筛选出杂种细胞。

二维码 2-5
融合细胞的筛选系统

(2)营养互补选择系统

生物细胞在缺乏某种营养成分时就不能生长，这种细胞称为营养缺陷型细胞。

A 亲本细胞为色氨酸缺陷型。

B 亲本细胞为苏氨酸缺陷型。

A+B 融合后的杂合细胞 C 则为非缺陷型。

在同时不含色氨酸+苏氨酸的选择性培养基中。A、B 亲本细胞均不能正常生长而只有 A+B 融合后的杂合细胞 C 才能存活。

(3)HAT 选择系统

HAT 选择系统——基于酶缺陷型细胞和药物抗性所建立的杂种筛选。

HAT 是含一定浓度次黄嘌呤(Hypoxanthine,H)、氨基蝶呤(Aminopterin,A)及胸腺嘧啶核苷(Thymidine,T)的一种选择性培养基,其中三种成分与细胞 DNA 合成有关。

DNA 合成途径有两种:主要途径由氨基酸和其他小分子化合物合成核苷酸,进而合成 DNA,叶酸是必不可少的媒介,参与嘌呤和嘧啶甲基合成,氨基蝶呤抑制二氢叶酸还原酶活性,阻断二氢叶酸到四氢叶酸合成。进而阻断 DNA 合成。补救途径利用游离嘌呤和嘧啶来合成 DNA,此时需两种酶:胸腺嘧啶核苷激酶和次黄嘌呤磷酸核苷转移酶,前者催化胸腺嘧啶核苷产生脱氧胸苷酸,后者催化次黄嘌呤产生肌苷。

让我们来看一个 HAT 选择系统的例子:

①骨髓瘤细胞能够在体外长期分裂繁殖,HPRT 型骨髓瘤细胞——属于次黄嘌呤-鸟嘌呤核苷酸转移酶缺陷型细胞,其嘌呤只能通过全合成途径进行合成。当培养基中含有氨基蝶呤(A)时,骨髓瘤细胞就无法正常生长。

TK 型骨髓瘤细胞——属于胸腺嘧啶核苷激酶缺陷型细胞,其嘧啶只能通过全合成途径进行合成。

②淋巴细胞——同时含有合成 DNA 的两条途径,但是不能够在体外长期分裂繁殖。在人工培养基中的存活时间只有 1~2 d。

③骨髓瘤细胞+淋巴细胞=杂交瘤细胞——既具有了骨髓瘤细胞能够在体外长期分裂繁殖的特性,又能够通过两条途径合成 DNA,因此在带有选择性的 HAT 培养基中,只有杂交瘤细胞才能正常存活。

(三)融合细胞克隆化

目的:获得遗传稳定的细胞系。

方法:有限稀释法、软琼脂培养法、显微操作法、应用荧光激活分选仪等。

二、活体电穿孔法

活体电穿孔法(in vivo electroporation) 是将外源基因通过电场作用,导入动物目标组织或器官。由于这种方法能有效导入外源基因,可在多种组织器官上应用,并且效率较高。

(一)活体电穿孔法的原理

在直流电场作用的瞬间,细胞膜表面产生疏水或亲水的微小通道 105~115 μm ,这种通道能维持几毫秒到几秒,然后自行恢复。在此期间生物大分子如 DNA 可通过这种微小的通道进入细胞。近年来,活体电穿孔法用于转基因研究的报道不断增多,在基因治疗方面的优势也日趋显著,是一种很好的活体基因导入方法。

(二)活体电穿孔法的特点

活体电穿孔法基因导入和表达效率较高,它的特点主要在以下几个方面:

首先，靶器官的选择面广，理论上任何组织和器官都可以作为活体电穿孔的靶器官。

在用于基因治疗方面，要考虑到靶器官组织生理特性。如果所选择的局部组织细胞不能把所转移基因的表达产物分泌到外周血液循环中，则在某种意义上说已失去了基因导入的价值，这在基因治疗中是关键性的问题。当使用组织特异性表达载体时，研究人员应根据所构建的表达载体来选择基因转移和表达的靶器官组织。例如，鱼精蛋白21启动子可指导外源基因在精母细胞中特异性表达，以小鼠的睾丸作为靶器官将含有鱼精蛋白21启动子的表达载体导入，获得外源基因的表达量远远高于该基因在肝脏和骨骼肌中的表达。

其次，对导入的外源基因片段的大小没有限制，从几 kb 或十几 kb 的表达载体，到100～200 kb 的 *YAC*、*BAC* 基因组，都有成功导入并获得表达的报道。

此外，活体电穿孔法操作简单快速，电穿孔的时间只有几秒，而且 DNA 片段不需要特殊的纯化操作。

由于应用不同的表达载体，Muramatsu 在小鼠肝脏进行电穿孔 7 d 后则检测不到外源基因的表达，而 Heller 21 d 后还可以检测到外源基因的表达。如果选择代谢和酶活动旺盛的组织器官如肝脏，则表达持续时间会较短，表达时间在 1 个月以内，但以骨骼肌为靶组织，表达可持续 15 个月。

(三)活体电穿孔法与其他活体基因导入方法的比较

到目前为止，非病毒载体的活体基因导入方法有直接注射法、脂质体法、基因枪法、电穿孔法等。每一种方法都有其各自的特殊性，因此很难将这几种方法进行简单的比较。

直接注射法：可将外源基因直接注射到靶位点或血管中，但此种方法不适合以肌肉作为靶器官，它的外源基因表达效率极低，仅为电穿孔法的 1%。

脂质体法：活体基因转移法中脂质体法更适宜较大面积组织的基因导入，但无法避免 DNA 浓度变低，在出血的情况下会使本来不高的 DNA 浓度更加降低，往往造成基因导入效率低。

基因枪法：适合于 DNA 较易接触到的质地较坚韧的组织如皮肤，而视网膜、胚胎和禽类的胚盘等组织会由于机械刺激和出血造成器质性损伤或发育停滞，因而不能用基因枪法完成。DNA 包裹的金属颗粒从基因枪发出到达组织表面大多只几百微米的距离，较深层的组织不易操作，表达效率也较低。

Muramatsu 报道在材料一致的情况下，电穿孔法的基因导入和表达效率明显高于其他方法，而且电穿孔法适合多种组织的操作。

(四)活体电穿孔法在基因治疗方面的应用

原来在基因治疗中利用活体电穿孔法将抗体或化疗药物导入肿瘤中，促进抗体和化疗药物的运送来进行治疗，现在则以特异的外源基因替代了抗体的应用，简化操作步骤同时降低了费用。

首先，在皮肤瘤和脑瘤的治疗中，电穿孔法可有效地将药物基因导入治疗部位。电穿孔法导入人单核细胞趋化物蛋白基因到大鼠脑瘤后，该蛋白在肿瘤的局部表达，同时在基因导入的部位可观察到巨噬细胞和白细胞的聚集。

同时有科学家从另一角度研究电穿孔法对治疗肿瘤方面的作用，利用高电场强度的陡脉冲促使肿瘤细胞发生不可逆性电击穿而最终死亡，这种方法很适于局部组织肿瘤的治疗。

此外，活体电穿孔法还可以参与癌症的治疗，通过活体电穿孔法将基因导入机体后，导入组织可成为分泌抗体等物质的临时分泌器官，以抵抗癌细胞的侵蚀或代偿以及由癌细胞侵蚀造成的机体多种生理机能的丧失。

除了可以利用活体电穿孔法对肿瘤进行局部治疗外，还可以治疗机体的内分泌系统和免疫系统的疾病。可在机体局部以活体电穿孔法导入编码分泌型蛋白的基因，这种重组的治疗蛋白可以随着血液循环分布到全身各种组织和细胞进行治疗。如在活体电穿孔法骨骼肌导入 EPO 基因后，可通过红细胞比容值检测到 EPO 基因表达产物的增加。Yasui 等在小鼠体内检测到活体电穿孔法导入的胃泌素基因的表达产物和人的单克隆抗体。

在不远的将来，研究人员可以选择机体的一种组织的某个位置作为活体电穿孔法的靶位点，将治疗基因从该位点导入进而表达，因此又可以把这个特殊的组织当作机体的一个人造的内分泌或免疫组织，对病人进行相应的治疗。活体电穿孔法可对系统疾病产生作用并且安全有效。将不同类型的耐药基因同时导入造血细胞，以扩大耐药范围和进行体内选择是基因治疗的重要策略，这类载体基因片段大多较长，进行传统基因导入有一定的难度。有报道显示，可以用活体电穿孔法将醛脱氢酶基因和多药耐药基因共转移并在 PA317 细胞中获得高效表达，转导率达 98 %，测定药物蛋白表达较常规方法增高 4 倍。此外电穿孔法有很高的经皮促渗作用，可进行很多经皮给药的治疗。

【考一考】

❖ 第一关：用心思考，正确填写

1. 电转染实验时，DNA 要求________高、使用 DNA 的浓度范围为________μg/mL。

2. 电转染实验时，细胞密度要求________ 个/mL。

3. 通过选择法或克隆形成法从原代培养物或细胞系中获得具有特殊性质或标志物的培养物称为________。它是由单细胞增殖形成的细胞群。

4. ________ 指原代细胞培养物经首次传代成功后所繁殖的细胞体，也指可长期连续传代的培养细胞。

5. 外源基因在动物细胞中高效表达，首先要将其构建在高效表达载体内，表达载体两类：________、________。

6. 基因载体的导入的化学转染法有________、________、________。

❖ 第二关：学以致用，解决问题

1. 现自制的 DNA 重组质粒浓度为 0.3 mg/mL，纯度 73%，要应用这些质粒开展电转染可以吗？如果不可以，应采取什么措施？

2. CHO 细胞为中国仓鼠卵巢细胞，是主要用于大规模生产生物产品的高等哺乳动物受体细胞，也是我国对人类健康领域新医药的重大贡献，公司决定购买 CHO 空细胞，请你列出购买计划。

❖ 第三关：挑战极限，超越自我

人工脂质体法转染也是一种比较常用的细胞转染方法，具有比较好的优势，请设计人工脂质体法转染方案。

任务二　工程细胞筛选

【任务情境描述】

目前，细胞生成素(EPO)的工程细胞转染工作已经完成，经检测，转染成功率很高，符合进行下一步工作标准，室主任要求开始工程细胞筛选工作。

【学习目标】

1. 能力目标

(1)通过完成CHO工程细胞筛选任务，学生能运用G418筛选系统、高表达的单克隆细胞株筛选相关知识，根据SOP，完成各种工程细胞筛选工作。

(2)通过完成CHO细胞电转染、工程细胞筛选前的任务分析，信息搜集、评价和利用，学生能初步具有信息素养。

2. 知识目标

(1)了解各种筛选系统。

(2)说明G418加压筛选方法。

(3)掌握高表达的单克隆细胞株筛选方法。

(4)了解重组工程细胞筛选方法。

(5)了解细胞库概念，掌握细胞库建库及检定方法。

3. 素质目标

(1)初步建立无菌意识、安全意识、环保意识和创新思维。

(2)初步建立责任意识、规范意识。

(3)形成严谨细致、争创一流的作风。

(4)塑造敬岗爱业精神。

(5)乐学、善思、笃行。

【任务书】

根据工程细胞筛选工作的SOP，结合工程细胞筛选相关信息，完成工程细胞筛选工作，包括明确G418的配制方法、G418筛选实验方案、G418加压筛选步骤与要求、高表达的单克隆细胞株筛选方法并开展实训工作。注意操作的安全与废物/液环保处理。

【获取信息】

一、G418筛选系统

转染后细胞接种于选择性培养基中，未导入外源基因和外源基因未整合到染色体的细胞在选择性培养基中不能生存而死亡，阳性细胞存活。

G418是一种细胞毒性药物(氨基糖苷类抗生素)，依不同浓度，对细胞有一定的抑制或杀伤作用，而拟转染的质粒上带有 G418 的药代酶，能降解 G418，从而使细胞获得对 G418 的耐药性。如果 G418 浓度太高则会杀伤所有的细胞，如果 G418 浓度太低则没有什么毒性，两种情况都不能起到筛选作用，所以使用 G418 前应做预实验。预实验用 G418 杀伤未转染的细胞实验，选 6 d 内致细胞死亡的 G418 最小浓度应用于待转染的细胞。

G418 筛选实验：在 96 孔板中加入 100 μL 细胞（2 000 个/mL），第二天加入 G418，浓度梯度为 0，100，200…1 000 μg/mL，复 3 孔，每天观察。10～14 d 时，记录细胞全部死亡的最低浓度。因为这种浓度只能抑制未转染的细胞，而不抑制转染成功的细胞，从而起到筛选作用。汇合度对 G418 筛选结果的影响很大，一般筛选时汇合度不宜超过 50%。

工程细胞的筛选过程是将基因构建到带有 *neo* 筛选标签的高表达载体上，再转染到 CHO-S 细胞中。因此，可以用 G418 进行筛选，电击后的细胞经观察，形态无明显变化。由于基因转染到细胞内之后要一段时间才能表达出蛋白质。所以筛选不能太早；但是也不能太晚，因为转染了外源基因的细胞代谢负荷较大，增殖较慢，时间长了就会被没有外源基因转入的细胞所淹没，最终导致筛选不出阳性克隆，一般要在转染 1～2 d 后，待抗性基因充分表达，换为含有 G418 的培养基筛选。随着细胞的代谢 G418 的浓度和活性都会下降，所以每 3～5 d 都要更换一次含有 G418 的筛选液。这时药物浓度可以降至 200 μg/mL。加药筛选 6 d 左右，细胞会大量死亡，孔中只剩下的细胞寥寥无几。这时会出现两个问题：

（1）死亡的细胞会裂解释放出有害物质，导致那些有 *neo* 表达的阳性细胞死亡，即非选择性死亡。

（2）孔中细胞数目很少，细胞之间的信号会变得很弱，也会导致阳性细胞的状态不佳甚至死亡。

这个时候需要一种特殊的培养液：CHO 细胞汇合度达到 80%的时候，换液，培养过夜之后收集培养液，通过滤器消毒，和新鲜的培养液按 1∶1 混合备用。在转染后筛选过程中就可以应用这种培养基。筛选 14 d 后的抗性的克隆捡取到 96 孔板中培养，采用有限稀释法，经过三次克隆筛选后，获得可用于生产的高表达细胞株。

二、高表达的单克隆细胞株

阳性细胞间存在着基因型的差异，即使基因型相同的细胞在生长特性、表达水平和产品质量等方面也会有差异，而这种细胞间的固有差异是不可避免的。原因可能有两方面，一是外源质粒片段整合入细胞染色体的位置不同，有的区域转录活性高，有的转录活性低；二是不同的细胞克隆，质粒的拷贝数是不同的。美国 FDA 规定，生产重组药物的工程细胞株必须来源于同一个细胞。因此，为了找到满足条件的高表达细胞株，需要进行大量的筛选工作。

我们可以采用有限稀释法进行细胞克隆，筛选高表达的单克隆细胞株。具体步骤是：将已检测为分泌阳性的特定孔中的细胞集落吹起混匀，取出至无菌小瓶中准确计数后进行系列稀释到 1 mL 含 10 个细胞，将稀释好的细胞悬液 100 μL 加入事先加有饲养细胞的 96 孔细胞培养板中培养。适时换液并将克隆化剩余细胞进行扩大培养冻存。克隆后 10 d 左右，选取单克隆孔上清液，Dot Blot 进行表达量的检测。从中选取 1 个表达量较高的阳性孔再进行克隆。

如此克隆几次，最后获得的分泌阳性的细胞株才能稳定地进行传代，其分泌特性也会很稳定。被检的几次克隆的单克隆集落均为阳性时，表明此株细胞性状已基本稳定，从中选取一孔转至 24 孔板内培养，然后再转至培养瓶内进行扩大培养。

【工作计划】

1. 工作方案

计划表 1　工程细胞筛选工作方案

步骤	工　作　内　容	负责人
1		
2		
3		
4		
5		
6		

2. 材料设备清单

计划表 2　主要试剂、材料、设备清单

序号	名称	型号与规格	单位	数量	备注
1					
2					
3					
4					
5					
6					
7					
8					
9					
10					
11					
12					

【工作实施】

请完成引导问题及相关实训操作。

❖ 引导问题 1：你采取哪种方法配置 G418 溶液？

❖ 引导问题 2：你的 G418 筛选实验浓度梯度如何设定的？最佳浓度选择标准是什么？

❖ 引导问题 3：G418 正式加压筛选过程是如何安排的？

❖ 引导问题 4：你准备选择何种方法，如何进行高表达的单克隆细胞株筛选？

❖ 引导问题 5：转染过程有什么环保要求？

❖ 引导问题 6：转染过程有什么其他注意事项？

工作反思

____

____

____

【标准操作规程】

CHO 工程细胞筛选

一、操作用品

1. 材料和试剂

G418、PBS/HEPES、完全培养基、DMEM/F12 培养基、0.22 μm 除菌滤器。

2. 器材和设备

二氧化碳培养箱、超净台、移液器、培养板、离心机、倒置显微镜、25cm^2 培养瓶。

二、操作步骤

1. G418 的配制

方案一：300 mg G418 加入 3 mL PBS 溶液，浓度为 100 mg/mL，完全溶解后，0.22 μm 除菌过滤，－20℃保存。

方案二：

(1)配制 HEPES：23.8 g HEPES(缓冲能力更强)粉末溶于 ddH_2O，10N NaOH(加量较多)调节 pH 至 7.3，定容至 100 mL，0.22 μm 除菌过滤(较难过滤)，4℃保存，终浓度为 1 mol/L。

(2)G418 溶于 1 mol/L HEPES(pH7.3)，终浓度为 500 mg/mL，0.22 μm 除菌过滤，－20℃保存。

注：采用方案二效果较好。

2. 制备筛选培养基

用培养基将 G418 稀释为 0 μg/mL、200 μg/mL、300 μg/mL、400 μg/mL、500 μg/mL、600 μg/mL、700 μg/mL、800 μg/mL、900 μg/mL、1 000 μg/mL、1 100 μg/mL、1 200 μg/mL。

24 孔板，每孔 1 mL 培养基(含有 G418 的完全培养基)，每个浓度 4 个重复，则每次换液需各个浓度培养基 4 mL，现用现配。

3. 细胞培养

将冻存的细胞复苏培养，传代 3～4 次使细胞达到良好的生长状态，铺 24 孔板(细胞密度为 20 000 个/孔)，12 h 换液。

4. 确定 G418 最佳筛选浓度

将培养孔中培养基吸除，PBS 洗涤一次，每孔加入不同浓度筛选培养基，隔天更换一次筛选培养基，培养 10～14 d，以最低细胞全部死亡浓度为基准。

5. 适应性培养基

空细胞培养，细胞汇合度达 80%时，换液后培养过夜，吸出所有培养液，离心 4 000 r/min，吸上清，0.22 μm 过滤，加入 2 倍体积新鲜最佳筛选浓度培养液，混匀，4℃备用。

6. 加 G418

转染 24 h 后，去掉培养液，PBS 洗一次，加入按最佳筛选浓度配制好的 G418 筛选培养基，隔天换液。

7. 换液

根据培养基的颜色和细胞生长情况，每 3～5 d 更换一次筛选培养基。培养 6 d 左右细胞大量死亡时，可以换用适应性培养基。或者可以增加血清浓度培养，例如原来用 10%血清，此时则可以采用 20%血清。当有大量细胞死亡时，可以把 G418 浓度减半维持筛选。筛选 10～14 d 后，可见有抗性的克隆出现，停药培养。

8. 三次单克隆筛选

当加压筛选的阳性细胞单细胞长成克隆簇后，进行一次单克隆的挑取。用移液器将每个培养碟中的单克隆捡取到一个 96 孔板中，共捡取 8 个 96 孔板。3～6 d 后，细胞在 96 孔板中生长至单层覆盖面积达 60%～80%，每孔换为 100 μL 无血清 DMEM/F12 培养基培养 4 h 后进行表达量检测。

选取 16 个高表达一次克隆，每个克隆取 100～300 个细胞加入一个含 8 mL 有血清培养液的培养碟，当细胞贴壁后，加入维持浓度的 G418(通常为筛选浓度的一半)，持续培养，待克隆长出后，进行二次单克隆的挑取。将克隆挑取到 96 孔板中，共挑取 8 个 96 孔板。培养 3～6 d 后，细胞在 96 孔板中生长至单层覆盖面积达 80%～90%，每孔换为 100 μL 无血清 DMEM/F12 培养基培养 4 h 后进行表达量检测。

选取 6 个高表达二次克隆，每个克隆取 100～300 个细胞加入一个含 8 mL 有血清培养液的培养碟，当细胞贴壁后，加入维持浓度的 G418(通常为筛选浓度的一半)，持续培养，待克隆长出后，进行三次单克隆的挑取。将克隆挑取到 96 孔板中，共挑取 3 个 96 孔板。培养 3～6 d 后，细胞在 96 孔板中生长至单层覆盖面积达 80%～100%，每孔换为 100 μL 无血清 DMEM/F12 培养基培养 4 h 后进行表达量检测。

选取若干株高表达三次克隆在 24 孔板中用胰酶消化后，取出 2/3 的细胞悬液加入 6 孔板中，在 6 孔板中补加培养基至终体积 2 mL 进行培养。当 6 孔板长满后，将细胞消化，全部转移至 25 cm^2 培养瓶中，在 25 cm^2 培养瓶中补加培养基至终体积 5 mL，混匀细胞液，使细胞均匀分布在培养瓶底部，37℃培养。

应多选取高表达单克隆进行综合质量检验，最终选取质量最好的细胞株建库。

【学习情境相关知识点】

一、重组工程细胞筛选系统

细胞转染后，常用的筛选系统有 *DHFR* 筛选系统、GS 筛选系统、G418 筛选系统，前面已经学过 G418 筛选系统，下面主要介绍其他两种系统。

1. *DHFR* 筛选系统

二氢叶酸还原酶基因(*DHFR*)扩增系统最常用，当携带 *DHFR* 基因的表达质粒转染

CHO 细胞后，或携带 *DHFR* 基因的标志质粒与携带外源基因的表达质粒共转染 CHO-*DHFR* 细胞后，可以得到在选择培养基生长的细胞克隆，*DHFR* 可被叶酸类似物氨甲蝶呤（Amethopterin，MTX）所抑制，不断提高 MTX 浓度，绝大多数细胞死亡，但在极少数幸存下来的抗性细胞中，*DHFR* 基因均得以扩增。再进行加压选择抗氨甲蝶呤的细胞系，结果会导致与 *DHFR* 串联在一起的外源基因的共扩增，拷贝数可增加几百到几千倍，从而使目的基因高水平表达，从而抵消氨甲蝶呤的抑制效应。更重要的是，扩增的区域远远大于 *DHFR* 基因本身，即与 *DHFR* 基因相邻的 DNA 区域同时被扩增。

二维码 2-6
重组工程细胞筛选

但它也有缺陷，表达细胞仅限 *DHFR* 缺陷型细胞，重复筛选抗性细胞费时费力，去除选择压力后，扩增基因不稳定。

2. GS 筛选系统

谷氨酰胺合成酶（GS）扩增系统是新近发展的更有效的系统，具有更高的扩增效率，但细胞长期连续培养时，生长状况不佳，*DHFR* 系统表达水平虽较 GS 系统低，但细胞生长稳定。

二、重组工程细胞筛选方法

细胞工程最重要的是获得高表达的单克隆细胞株，挑选高表达的单克隆细胞株一般采用两种流程：第一种方案首先通过检测外源基因的表达，逐一筛选二氢叶酸还原酶基因（*DHFR*）阳性单克隆，再转到浓度持续升高的氨甲蝶呤（MTX）之下生长，分别进行扩增；另一种方法先把 *DHFR* 阳性单克隆合并，在不断升高的 MTX 之下加压扩增外源基因的表达，最后挑出稳定的、高表达的单克隆细胞株。加压扩增外源基因表达，除了单纯使用 *DHFR* 扩增系统或 GS 扩增系统外，也可采用 G418 与 MTX 联合或 G418 与 MSX（GS 抑制物）联合作用细胞。混合克隆的表达水平远赶不上表达较高的单个克隆，这是因为转染的 CHO 细胞中存在不表达或低表达的非生产细胞，并可长期生存，甚至 MTX 加压时占生长优势，排斥其他高表达细胞，成为细胞群体中的主要部分，导致产量严重下降，并对 MTX 加压无反应。当撤除 MTX，会发生外源蛋白表达量下降的情况，原因也可能在此。

克隆筛选是细胞株构建中至关重要的环节。除去适用于贴壁筛选的克隆环法，有限稀释法、软琼脂平板法、显微镜操作法、荧光激活分离法、半固体培养法、流式细胞技术都在生产用细胞株的筛选中有广泛的应用。在之前的学习中，大家已经详细学习了有限稀释法，下面就其他方法进行介绍。

1. 软琼脂平板法

在体外培养基中由一个以上祖先细胞增殖形成的细胞团，称之为集落。杂交瘤细胞可在软琼脂培养基中形成集落，这是肿瘤细胞的重要特点，而成熟分化的细胞则不具有这种能力。

将杂交瘤细胞培养在软琼脂平板上，待单个细胞形成集落后，再加以分离培养。这种方法的缺点是琼脂融化温度较难掌握，过高会导致细胞死亡，过低使细胞分布不均匀，操作较复杂，克隆出现率不稳定。

2. 显微镜操作法

显微镜操作法是借助显微操作，在显微镜监控下将单个细胞逐个吸出，移入含有饲养层细胞的培养板中进行培养的方法，本法准确性好，如无显微操纵器可用毛细吸管替代。

用毛细吸管操作时，可在直径 6 cm 培养皿中，加入 1 mL 1.0×10^{8} 个/mL 细胞悬液，在 5%CO_2、饱和湿度、37℃温箱中放置 30 min 以上。随后，在倒置显微镜下，寻找那些与周围相距甚远的单个细胞，在负压作用下，将细胞吸入毛细管中，然后将管中细胞移到预先加有 $(2.0\sim5.0)\times10^{4}$ 个饲养细胞的 96 孔板内，培养后，即可获得单个细胞形成的克隆。

3. 荧光激活分离法

这种方法需使用一种荧光激活细胞分类器(fluorescence activated cell sorter, FACS)。其基本原理是：将细胞经荧光抗体染色后，经喷嘴形成单个细胞的线形液滴，在激光的激发下，荧光素发射荧光，此信号由光电倍增管接收，再结合细胞形态大小产生光散射信号，经计算机处理，产生信号并与预定的信号对比，根据细胞荧光强度及细胞大小不同，将细胞分成不同级别，在电场中发生偏离，而分别收集于不同容器中。

4. 半固体培养法

将细胞以低密度接种在半固体培养基(琼脂、甲基纤维素等)，当细胞生长成分离的集落后，采用手工或自动化挑取设备进行克隆的挑取。半固体培养基不仅可以固定细胞以形成可区分的集落，也能将分泌蛋白保留在细胞附近。

半固体培养法使细胞在流动性低的培养环境下生长成分散的集落，一个集落代表一个克隆。自动化和成像技术的发展使得半固体筛选法具有更高的效率、选择性、灵敏度和灵活性。

5. 流式细胞技术

将待测的细胞经荧光染料(FITC、PE 和 PerCP 等)或荧光标记物特异性染色，用特定波长的激光束照射，激发荧光。前向角光散射和侧向角光散射分别表征细胞的相对大小和内部颗粒度，相对荧光强度值能反映细胞目标的相对表达水平。根据这些特性，在混合的细胞群中可检测和选择性地分离出想要的克隆。流式细胞术和细胞分选可以与以下技术联用，建立特异性强、精确度高、快速及高通量的克隆筛选方法。

(1)凝胶微粒

凝胶微粒(GMD)和流式细胞术结合的方法可以快速检测细胞群中单个细胞的蛋白分泌情况。该方法的基本原理：生物素化的琼脂糖凝胶通过链霉亲和素与生物素化的捕获剂连接，细胞被包裹在里面；细胞分泌的分子在胞外与捕获试剂特异性结合；荧光标记的检测试剂和被捕获的分子互补结合，被固定在凝胶微粒中。因此，通过流式细胞术检测凝胶微粒的相对荧光强度可以预测产物的分泌情况，鉴定和分选单克隆细胞。

(2)亲和捕获表面展示

和 GMD 原理相似，亲和捕获表面展示(ACSD)利用生物素和亲和素的结合，将分泌分子捕获在细胞表面，利用荧光标记试剂结合流式细胞荧光分选技术对单细胞的分泌情况进行直接的定量测量。不同的是，ACSD 用的是含有 10%明胶的高黏度培养基，能够将分泌产物阻留在细胞表面，不会出现假阳性现象。

ACSD 通用性强，制备所需的试剂便宜，不需要特殊的设备，过程简单，能够快速高通量地筛选想要的细胞。分选出的细胞可以立即培养，不需要做去膜处理，也可以保持细胞的活性。ACSD 的饱和度比 GMD 低很多，因此，检测限相对狭窄，不利于区分不同表达水平尤其是高表达的细胞。该方法需要根据不同的细胞和分泌分子而改动。

(3)荧光蛋白共表达

以绿色荧光蛋白(GFP)为代表的荧光蛋白家族是完全由基因编码的荧光探针,可用于基因表达的研究。GFP 不需要借助其他底物和辅酶,在特定波长的激光激发下自身就能发光。将 GFP 或其衍生物的基因和目的基因一起编入双顺反子表达载体,GFP 的荧光强度与表达量成良好的线性关系。GFP 的表达量间接反映了目的蛋白的表达量,因此,荧光报告物的强度和目的蛋白的产量有着良好的相关性。

GFP 可用于多种细胞,适用范围从微生物直到哺乳动物细胞。GFP 的表达对细胞的生长和代谢没有影响,蛋白本身对细胞无毒。GFP 的表达水平受到多种因素的限制,比如启动子和细胞类型,需针对具体情况充分考虑该方法的可行性。另外,GFP 不能出现在最终产品中,需要通过纯化除去。

三、建立细胞库

(一)细胞库的概念

细胞库分为三级管理,即初级细胞库、主细胞库和工作细胞库。在某些特殊情况下,也可采用细胞种子和主细胞库二级管理,但需要得到国务院药品监督部门的批准。

二维码 2-7
细胞库建立

初级细胞库(Pre-master Cell Bank),又名细胞种子(Cell Seed)和原始细胞库(Primary Cell Bank,PCB),由一个原始细胞群体发展成为传代稳定的细胞群体,或经过克隆培养形成的均一细胞群体,通过检定证明(具体检定项目要求见表 2-3 和表 2-4)适用于生物制品生产或检定。在特殊条件下,将一定数量、成分均一的细胞悬液,定量均匀分装于安瓿或适宜的细胞冻存管,于液氮冻存,即为原始细胞库,供建立主细胞库用。

主细胞库(Master Cell Bank,MCB),原始细胞库细胞传代增殖后均匀混合成一批,定量分装,保存于液氮中。这些细胞须按其特定的质控要求进行全面检定(具体检定项目要求见表 2-3 和表 2-4),全部合格后即为主细胞库,供建立工作细胞库用。主细胞库的质量标准应高于初级细胞库。生产企业的主细胞库最多不得超过两个细胞代次。

工作细胞库(Working Cell Bank,WCB),经主细胞库细胞传代增殖,达到一定代次水平的细胞,合并后制成一批均质细胞悬液,定量分装于一定数量的安瓿或适宜的细胞冻存管,保存于液氮中备用,即为工作细胞库。冻存时细胞的传代水平须确保细胞复苏后传代增殖的细胞数量能满足生产一批或一个亚批制品。复苏后的传代的水平应不超过批准的该细胞用于生产的最高限定代次,最高限定代次应根据研究结果确定,不得超过国际认可的最高限定代次。工作细胞库的质量标准应在主细胞库的质量标准基础上建立。生产企业的工作细胞库必须限定为一个细胞代次。

(二)主细胞库与工作细胞库建库

悬浮细胞建库与贴壁细胞建库要求一致。

1. 主细胞库(MCB)建立

以悬浮细胞为例。取 1 支冻存的原始细胞,用无血清培养基复苏细胞,在 25 cm^2 细胞培养瓶(T25)内培养过夜,使细胞恢复生长,待细胞密度生长到$(1\sim2)\times10^6$ 个/mL,将细胞扩增培养至 75 cm^2 细胞培养瓶(T75)内培养。待细胞生长至密度$(1\sim2)\times10^6$ 个/mL 时将细胞扩增到 150 cm^2 细胞培养瓶(T150)内培养。

T150 细胞培养瓶内培养以细胞密度为检测指标,每次传代控制细胞密度在$(1\sim8)\times10^6$ 个/mL。直至扩增细胞体积大于 150 mL 以上,细胞密度达到 5×10^6 个/mL 以上,细胞生长状态良好时,取上述细胞悬液 150 mL 离心。将上清液制成条件培养液配置冻存液,用冻存液(45%条件培养液+45%新鲜培养液+10%DMSO)重悬,混匀后分装,置 50 支冻存管内。每支 1.5 mL,密度约为 1×10^7 个/mL。每支标记主代细胞库编号。

2. 工作细胞库(WCB)建立

以悬浮细胞为例。从主代细胞库中取一支种子细胞,无血清复苏,放大培养。细胞从 T25 悬浮培养逐级放大到 T150 培养,细胞密度维持在$(1\sim8)\times10^6$ 个/mL。细胞密度达到 5×10^6 个/mL 以上,细胞状态良好。取上述细胞悬液 300 mL 离心,将上清液制成条件培养液配置冻存液,用冻存液(45%条件培养液+45%新鲜培养液+10%DMSO)重悬,混匀后分装,置 100 支冻存管内。每支 1.5 mL,密度约为 1×10^7 个/mL。每支标记工作细胞库编号。

(三)细胞库冻存数量问题

原始细胞库的数量是根据实际来计算的,每个品种可能都不一样。需要考虑后续生产、检定需要、保藏年限,检测用数量、复检频率等,主细胞库和工作细胞库冻存多少数量,根据需要确定,只要保证后续生产、检定需要足够即可,即遵循"够用原则"。一般经验来说,原始细胞库冻存几十支,比如 20 支,主细胞库几十支,比如 50 支,工作细胞库一两百支,比如 100~200 支。

(四)细胞库建立规范性问题

原始细胞库,主细胞库和工作细胞库应在 B 级背景下的 A 级洁净等级下分离或制备后获得,建库过程中操作人员不得在同一区域同时处理不同活性或具有传染性的物料,如病毒、细胞。在分装前,对所在环境进行严格的清扫、清除各个死角,采用 75%乙醇擦拭及甲醛熏蒸,保证不引入其他微生物。

建立的每个细胞库均应有相应的建库记录,记录细胞来源,复苏时间,传代具体信息,冻存时间,冻存细胞批号,冻存的细胞代次,冻存数量。每个库的细胞冻存后,应抽取其中可代表冻存全过程的细胞进行复苏,检查有无染菌,复苏后细胞活力应大于 80%。

(五)细胞库管理

(1)每种细胞库均应分别建立台账,记录放置位置、容器编号、贮存数量和取用记录,确保储存细胞在储存期间能被准确找到。

(2)冻存的细胞存活率须在 90%以上(特殊细胞视具体情况而定)。冻存后的细胞,应至少做一次复苏培养并连续传代至衰老期,检查不同传代水平的细胞生长情况。

(3)主细胞库和工作细胞库贮存条件应当一致,检定和生产用各级细胞库应分不同液氮罐贮藏,且生产用每一个库应在生产设施内至少 2 个不同地点或室或有明显标志分隔的区域存放。非生产用细胞应与生产用细胞严格分开存放。

(4)贮藏容器应当在适当温度下保存,并有明确标签,冷藏库应有连续温度记录,应定期检查液氮罐内液氮量并及时补加,液氮保藏区温湿度、大气压、氧分压、电力供应这些指标应做好记录,任何偏离贮存条件的情况及纠正措施都应记录。市场上有很多智能化控制的液氮罐，有助于细胞存储环境的实时监控，提高工作效率和安全性。

(5)在指定人员的监督下，经批准的人员方可进行细胞库操作，未经批准不得接触细胞库。

(6)贮存期间的主细胞库和工作细胞库中的细胞一旦取出，不得再返回库内贮存。

(六)细胞库细胞的检定

细胞检定主要包括以下几个方面：细胞鉴别、外源因子污染和内源因子的检测、致瘤性检测等。必要时还须进行细胞染色体核型检查。这些检测内容对于 MCB 细胞和 WCB 细胞均适用。

建立细胞库的实验室应至少进行一次 MCB 细胞的全面检定，检定应包括：细胞鉴别试验，细菌、真菌检测，支原体检测，外源病毒因子检测等。每次建立 WCB 后，均应按规定项目进行检定。检定周期：每 8～12 代检定一次(表 2-3)。

表 2-3　生产用细胞检定项目要求

检定项目		PCB	MCB	WCB	生产终末细胞
细胞鉴别		+	+	+	+
无菌检测		+	+	+	+
支原体检测		+	+	+	+
内外源病毒污染检测	体外培养法	+	+	+	+
	体内接种法	+	+	−	+
	种属特异性病毒	+	+	−	+
	逆转录病毒	+	+	−	+
	其他特定病毒检测	(+)	(+)	(+)	(+)
细胞致瘤性		(+)	(+)	(+)	−

注："+"和"−"为必检项和非强制检定项，(+)为根据细胞特性、传代历史、培养过程等情况要求的检定项目。

检测活疫苗制品病毒滴度的细胞，应做表 2-4 的检定。用于生物学活性、效力或效价测定的细胞，应做表 2-4 的检定。

表 2-4　检测用细胞检定项目要求

检定项目		MCB	WCB
细胞鉴别		+	+
无菌检测		+	+
支原体检测		+	+
内外源病毒污染检测	体外培养法	+	+
	体内接种法	+	+
其他检测	成瘤性检测	+	+
	病毒敏感性检测	(+)	(+)
	细胞功能检测	(+)	(+)

注：表中检定项应至少进行 1～3 项，还应根据检测用细胞用途的不同，进行其中其他项相关检定。

【知识与技能总结】

【知识拓展】

单克隆抗体杂交瘤细胞筛选技术

1986年，美国FDA批准了第一个单克隆抗体药物上市。通过淋巴细胞杂交瘤技术或基因工程技术制备单克隆抗体药物，已经成为生物制药领域的一个重要方面，尤其在免疫学诊断方面单克隆抗体起着不可或缺的作用，单克隆抗体技术已经是现在生物领域研究的重要组成部分。

但是，抗体不管作为检测试剂，还是作为具有巨大市场前景的治疗药物，首先我们都需要通过筛选找到单克隆抗体。传统的单克隆抗体制备方法主要是杂交瘤技术。这是目前比较成熟，技术难度比较低，大多数实验室仍然在使用的方法。

在单克隆抗体制备过程中，有两次筛选过程，第一次是使用选择性培养基选出杂交瘤细胞；第二次就是进一步选出能产生我们需要的抗原特异性抗体的杂交瘤细胞。

利用杂交瘤技术制备单克隆抗体的基本原理如下：

(1)一种淋巴细胞克隆只产生一种抗体；

(2)细胞融合技术产生的杂交瘤细胞可以保持双方亲代细胞的特性；

(3)利用代谢缺陷补救机理筛选出杂交瘤细胞，并进行克隆化，然后大量培养增殖，制备所需的单克隆抗体。

第一次筛选的原理和方法：

细胞融合后，杂交瘤细胞的选择性培养是第一次筛选的关键。普遍采用的HAT选择性培养液是在普通的动物细胞培养液中加入次黄嘌呤、氨基蝶呤和胸腺嘧啶核苷酸。其依据是细胞中DNA的合成有两条途径：

一条途径是生物合成途径(D途径)，即由氨基酸及其他小分子化合物合成核苷酸，为DNA分子的合成提供原料。在此合成过程中，叶酸作为重要的辅酶参与这一过程，而HAT培养液中氨基蝶呤是一种叶酸的拮抗剂，可以阻断DNA合成的D途径。

另一条途径是应急途径或补救途径(S途径)，它是利用次黄嘌呤-鸟嘌呤磷酸核苷转移酶(HGPRT)和胸腺嘧啶核苷激酶(TK)催化次黄嘌呤和胸腺嘧啶核苷生成相应的核苷酸，两种酶缺一不可。

因此，在 HAT 培养液中，未融合的 B 细胞及两个 B 细胞融合产物的 D 途径被氨基蝶呤阻断，虽然 S 途径正常，但因缺乏在体外培养液中的增殖能力，一般在 10 d 左右会死亡。对于骨髓瘤细胞以及自身融合细胞而言，由于通常采用的骨髓瘤细胞是次黄嘌呤－鸟嘌呤磷酸核苷转移酶(HGPRT)缺陷细胞，因此自身没有 S 途径，且 D 途径又被氨基蝶呤阻断，所以在 HAT 培养液中也不能增殖而很快死亡。只有骨髓瘤细胞与 B 细胞相互融合的杂交瘤细胞，既具有 B 细胞的 S 途径，又具有骨髓瘤细胞在体外培养液中长期增殖的特性，因此能在 HAT 培养液中选择性存活下来，并不断增殖。

第二次筛选的原理和方法：

在单克隆抗体的生产过程中，由于 B 淋巴细胞的特异性是不同的，经 HAT 培养液第一次筛选出的杂交瘤细胞产生的抗体存在多样性，必须对杂交瘤细胞群进行第二次筛选，才能选出针对目标抗原具有特异性的杂交瘤细胞。二次筛选通常采用有限稀释法，将杂交瘤细胞多倍稀释，接种在多孔细胞培养板上，使每孔不超过一个细胞，通过培养让其增殖。然后检测各孔上清液中细胞分泌的抗体的特异性(常用 ELISA 方法)，上清液可与特定抗原结合的培养孔为阳性孔。阳性孔中细胞还不能保证是来自单个细胞，需要继续进行有限稀释，一般重复 3～4 次，直至确信每个孔中增殖的细胞为单克隆细胞。第二次筛选也是鉴定特异性亲和力的过程。

有限稀释法对于筛选杂交瘤细胞来说，是最普通的方法，在许多实验室中都在使用。但是，作为相对旧的技术，已经不能满足当今的需求。方法自身具有许多缺点：

(1)人工操作，操作及重复的步骤太多，不可避免容易出错。

(2)速度慢，效率低。只能保证 30%～40%的孔有细胞生长。对于高通量筛选来说，不能满足要求。

(3)不能保证单克隆，需要亚克隆 3～4 次，所以，人工和耗时都较多。

(4)有限稀释在 ELISA 检测前，并不知道哪一个克隆满足抗原特异性的要求。所以，需要对所有克隆，最少做一次 ELISA 鉴定。

除了有限稀释方法，现在相对先进的细胞分选技术也得到普遍应用。一般就是细胞分选仪或者流式细胞技术对杂交瘤细胞进行筛选。其原理是先将细胞分散开，在细胞表面或细胞内标记荧光信号。当单个细胞在压力作用下单个通过玻璃毛细管的时候，仪器可以自动检测单个细胞的荧光信号强度。荧光信号强度反应这个细胞的相应抗体表达水平。最后，将高荧光信号强度的细胞收集，再通过有限稀释得到高水平表达的单克隆；或者也可以使用单细胞收集器收集高水平表达的单个杂交瘤细胞。

这种技术也在很多实验室中使用，但是根据其筛选原理，有一些不可避免的缺陷：

(1)由于必须要对细胞表面或内部使用荧光标记，所以，一般主要使用于胞内表达的蛋白或者膜表达蛋白。对于分泌表达的杂交瘤细胞来说，使用具有局限性。

(2)具体检测的是单个细胞在某个时间点的荧光强度。所以，检测结果容易受细胞周期的影响。而且，单个细胞的表达水平也不能很好反应后期生产阶段细胞群体的表达水平。

(3)流式筛选技术只是对荧光信号强的所有细胞做出划分，后期需要复筛的细胞数目仍然很多，下游工作量仍然比较大。

(4)由于对单个细胞使用压力操作,剪切力会降低细胞存活率。所以,低成活率也成为这个技术的一个主要缺陷。

(5)流式筛选需要对管路系统充分清洗消毒才能确保细胞不会污染,污染的风险较高。

随着技术进步,我们也迫切需要一种更先进的筛选技术。能够满足高通量,自动化,高效率的要求。现在,一种新的杂交瘤筛选技术平台 Clonepix2 技术(图 2-5)已经出现,并且在世界范围内得到广泛使用,实践证明其能够大大加快杂交瘤筛选速度,并且提高效价,降低成本。

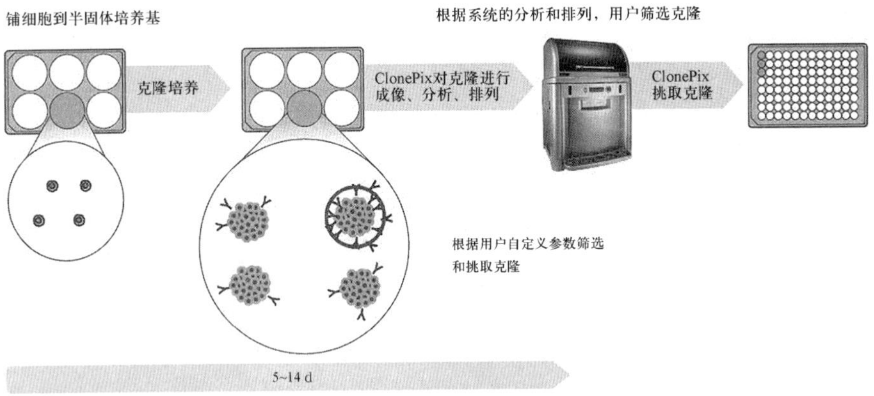

图 2-5　Clonepix2 技术流程

其筛选原理如下:

使用半固体培养的方法,使细胞在培养基上生长成单个独立分散的单克隆;半固体培养基可以阻止克隆移动,保证筛选到的克隆是单克隆。在半固体培养基中加入荧光标记克隆检测试剂。克隆检测试剂、营养因子以及克隆表达的蛋白分子都可以自由在半固体培养基中扩散。当荧光标记检测试剂捕获目标蛋白分子后,形成分子复合体。复合体大分子聚集在克隆的周围。而且,随着克隆生长时间延长,聚集更多荧光蛋白复合体。软件在白光下识别细胞克隆,在荧光下对克隆的荧光水平进行定量。并且,机械臂及挑头可以自动化挑取荧光水平高的细胞克隆到 96 孔微孔板。

作为最新一代技术,Clonepix2 技术在筛选杂交瘤方面具有许多优点:

(1)第一次将克隆的筛选自动化,可以更少时间,筛选更多克隆。

(2)筛选杂交瘤效率高。由于筛选过程以及挑克隆的自动化,可以在短时间内筛选大量克隆,所以大大提高找到稀少的高产克隆的概率。

(3)高效率也大大减少人力,增加杂交瘤筛选的通量,同一时间可以运作更多项目。

(4)由于快速筛选更高水平克隆用于下游生产,同时尽可能早地丢弃低产的克隆,将目标专注于稀少的高产克隆,也避免了有限稀释,大大减少下游生产成本,节省耗材。

作为杂交瘤筛选的最新技术,也存在一些缺点。比如,首先杂交瘤要能在半固体培养基上生长良好,所以,合适的培养基就尤为重要。其次,克隆的大小和密度对于自动化挑取克隆的精确性有很大影响。克隆太小,会影响识别和挑取。克隆太密,容易影响挑到克隆的单克隆性。最后,机械臂对于挑选精度要求比较高,所以,设备的日常维护就非常重要。

【考一考】

❖ **第一关:用心思考,正确填写**

1. 在 G418 正式加压之前应进行________实验。G418 加压的时间标准是________d。

2. 加 G418 筛选________d 左右,细胞会大量死亡。

3. 有限稀释法筛选高表达的单克隆细胞株,细胞悬液稀释到 1 mL 含________个细胞,将稀释好的细胞悬液 100 μL 加入事先加有饲养细胞的________孔细胞培养板中培养。

4. 重组工程细胞筛选方法有________、________、________、________、________、________、________。

5. 细胞库分为三级管理,即________、________和________。

6. 生产企业的主细胞库最多不得超过________个细胞代次。

❖ **第二关:学以致用,解决问题**

1. G418 筛选可不可以不做预实验,为什么?

2. 筛选单克隆细胞株有必要吗?为什么?

❖ **第三关:挑战极限,超越自我**

请设计一个 Vero 细胞的工作细胞库建库方案。

精益求精成好药，脚踏实地赢未来。

项目三　CHO细胞生产促红细胞生成素（贴壁细胞）

【项目情境】

公司的促红细胞生成素项目自从立项以来，进展十分顺利，上游基因工程室同志已经构建出理想的表达促红细胞生成素的CHO工程细胞，并完成了三级细胞库的建库工作。相关资料已经移交到细胞培养室。接下来将由你所在的细胞培养室开展细胞培养表达的工艺开发工作。

【学习目标】

1. 能力目标

（1）通过完成细胞培养常用设备使用任务，学生能运用倒置显微镜、二氧化碳培养箱、细胞冷冻储存器等仪器设备相关知识，根据SOP，完成各种细胞培养常用仪器设备操作。

（2）通过完成细胞培养用品的洁净处理任务，学生能运用培养用品的清洗、包装和灭菌相关知识，根据相关SOP，完成各种仪器、耗材、培养相关溶液等的清洗、包装和灭菌工作。

（3）通过完成细胞培养用液配制任务，学生能运用培养基及杂用液配制、培养用液的分装方法与要求等相关知识，根据相关SOP，完成各种培养基及杂用液配制及灭菌操作。

（4）通过完成无菌操作任务，学生能运用动物细胞培养工作的基本要求和注意事项等相关知识，根据相关SOP，完成细胞培养有关的无菌操作。

（5）通过完成种子复苏任务，学生能运用细胞复苏相关知识，根据SOP，完成冻存于液氮中的细胞复苏操作。

（6）通过完成种子扩增任务，学生能运用细胞传代、胰蛋白酶消化、细胞工厂相关知识，根据SOP，完成细胞从培养瓶到细胞工厂的扩增工作。

（7）通过完成种子冻存任务，学生能运用细胞冻存相关知识，根据SOP，完成细胞冻存于液氮中的操作。

（8）通过完成细胞常规观察任务，学生能运用培养液状态、细胞生长情况、细胞形态变化、细胞污染情况的相关知识，根据SOP，完成细胞常规观察的相关操作。

(9)通过完成细胞活力检测任务，学生能运用细胞计数与细胞活力检测相关知识，根据SOP，完成各种细胞计数及活力检测操作。

(10)通过完成促红细胞生成素生产的工作准备任务，学生能运用电极矫正、反应器灭菌、无菌验证相关知识，根据SOP，完成反应器生产前的准备工作。

(11)通过完成促红细胞生成素生产任务的子任务二，学生能运用细胞工厂细胞消化、EPO生产过程相关知识，根据SOP，完成EPO生产工作。

(12)通过完成CHO细胞生产促红细胞生成素项目的各个任务的任务分析，信息搜集、评价和利用，学生能初步具有信息素养。

2. 知识目标

(1)了解倒置显微镜、二氧化碳培养箱、细胞冷冻储存器的基本原理。

(2)掌握倒置显微镜、二氧化碳培养箱、细胞冷冻储存器的使用方法。

(3)掌握了解吸管和移液枪、超净工作台、离心机、滤器、培养瓶等常用设备相关信息、掌握使用方法及注意事项。

(4)掌握培养用品的清洗、包装和湿热灭菌方法及注意事项。

(5)说明动物细胞培养常用的物理消毒法、化学消毒法、抗生素消毒灭菌方法。

(6)了解培养基及杂用液种类、配制要求及方法，培养用液的分装方法。

(7)了解细胞的生存环境。

(8)说明培养基的物理性质、培养基种类和特点。

(9)说明动物细胞培养工作的基本要求和注意事项。

(10)说明细胞培养无菌操作基本技术。

(11)解释复苏原则。

(12)掌握冷冻细胞复苏方法。

(13)说明细胞复苏失败可能因素。

(14)掌握贴壁细胞的传代方法。

(15)解释胰蛋白酶消化方法。

(16)说明细胞工厂操作方法。

(17)了解贴壁细胞在体外生长时的特点。

(18)解释培养细胞生命期。

(19)了解细胞的“一代”定义。

(20)说明种子细胞扩增过程。

(21)解释细胞冻存原则。

(22)说明细胞冻存方法及注意事项。

(23)解释培养液状态、细胞生长情况、细胞形态变化、细胞污染情况。

(24)了解培养细胞的生长类型和形态特征。

(25)说明微生物污染的途径及微生物污染的检测与排除方法，细胞交叉污染的预防。

(26)说明细胞污染的预防方法。

(27)了解细胞计数方法，掌握血细胞计数板计数法方法。

(28)了解细胞活力检测方法，掌握台盼蓝染色法测细胞活力方法。

(29)说明细胞生长曲线的测定方法。

(30)了解细胞培养监测电极种类、矫正方法及适用要求。

(31)掌握反应器灭菌及无菌验证方法。

(32)说明贴壁细胞大规模培养主要方法。

(33)了解动物细胞培养反应器种类,说明机械搅拌式生物反应器的结构、搅拌桨特点、控制功能。

(34)解释动物细胞大规模培养技术的操作方式。

(35)掌握细胞工厂细胞消化方法。

(36)掌握发酵罐的接种、无菌取样、补料、收获、监控方法。

(37)说明如何进行细胞培养生化环境的优化控制。

3. 素质目标

(1)建立无菌意识、安全意识、环保意识、质量意识、成本意识和创新思维。

(2)建立责任意识、规范意识、团队意识。

(3)形成严谨细致、争创一流的作风。

(4)建立劳动光荣信念,塑造敬岗爱业精神。

(5)乐学、善思、笃行。

【项目任务】

通过细胞培养常用设备的使用、细胞培养用品的洁净处理、细胞培养用液配制、无菌操作、种子复苏、种子扩增、种子冻存、细胞常规观察、细胞活力检测及促红细胞生成素生产的准备,完成用CHO工程细胞生产促红细胞生成素的任务。

任务一　细胞培养常用设备使用

【任务情境描述】

促红细胞生成素项目进入细胞培养阶段,在完成该阶段培养任务前,首先必须熟练掌握细胞培养阶段涉及一些专用设备的使用操作及有关要点。室主任要求新进员工开展细胞培养常用设备使用任务。

【学习目标】

1. 能力目标

(1)通过完成细胞培养常用设备使用任务,学生能运用倒置显微镜、二氧化碳培养箱、细胞冷冻储存器等仪器设备相关知识,根据SOP,完成各种细胞培养常用仪器设备操作。

(2)通过完成CHO细胞生产促红细胞生成素项目的各个任务的任务分析,信息搜集、评价和利用,学生能初步具有信息素养。

2. 知识目标

(1)了解倒置显微镜、二氧化碳培养箱、细胞冷冻储存器的基本原理。

(2)掌握倒置显微镜、二氧化碳培养箱、细胞冷冻储存器的使用方法。

(3)掌握了解吸管和移液枪、超净工作台、离心机、滤器、培养瓶等常用设备相关信息、掌握使用方法及注意事项。

3. 素质目标

(1)建立安全意识、质量意识、成本意识和创新思维。

(2)建立规范意识。

(3)乐学、善思、笃行。

【任务书】

根据细胞培养常用设备的使用 SOP,结合倒置显微镜、二氧化碳培养箱、细胞冷冻储存器相关信息,完成细胞培养常用设备使用操作,包括明确倒置显微镜、二氧化碳培养箱、细胞冷冻储存器使用方法、注意事项及有关要求,并开展实训工作。注意操作安全。

【获取信息】

一、倒置显微镜

为了掌握动物细胞的生长情况并观察有无污染等,一台简单的供日常工作常规使用的倒置显微镜是细胞培养工作所必需的。

二维码 3-1 几种动物细胞培养设备

(一)工作原理

倒置显微镜是细胞培养实验室必备设备,能直接对培养皿、培养瓶的标本进行显微观察。其组成及原理同生物光学显微镜,只是物镜与照明系统颠倒,有的具有相差物镜。光源位于载物台上方,光线由上至下照射到观察物上,物镜则位于载物台下方,观察培养细胞多用放大倍数为 10× 和 20× 的物镜,目镜为 10×。目镜的作用与放大镜一样,所不同的是眼睛通过目镜所看到的不是物体本身,而是物体经物镜所成的已经放大了一次的像。

(二)显微镜结构

倒置显微镜(图 3-1)的构造主要分为 8 部分:目镜、物镜、物镜转换盘、调焦螺旋、透射照明系统、聚光器、载物台、显微镜机体。

(1)载物台:又称为镜台,用以放置玻片标本,中央有一通光孔,一般显微镜的镜台上装有玻片标本推进器,镜台下有推进器调节轮,可使玻片标本作左右、前后方向的移动。

(2)调焦螺旋:调节时使镜台作上下方向的移动。

粗准焦螺旋:粗准焦螺旋称粗调节器,移动时可使镜台作快速和较大幅度的升降,所以能迅速调节物镜和标本之间的距离使物象呈现于视野中,通常在使用低倍镜时,先用粗调节器迅速找到物象。

细准焦螺旋:细准焦螺旋称细调节器,移动时可使镜台缓慢地升降,多在运用高倍镜时使用,从而得到更清晰的物像,

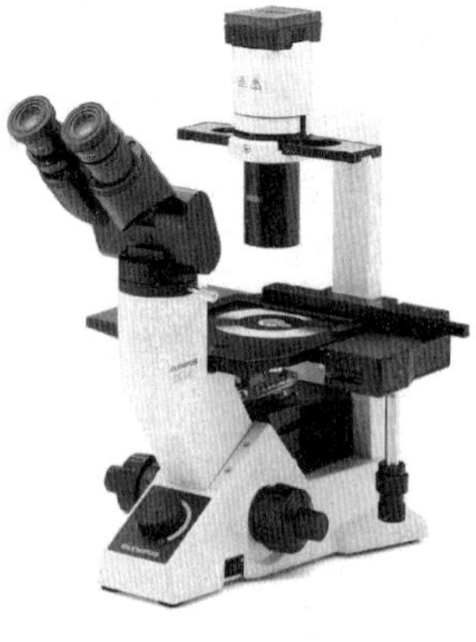

图 3-1　倒置显微镜

并借以观察标本的不同层次和不同深度的结构。

(3)聚光器：位于镜台上方，由聚光镜和光圈组成，其作用是把光线集中到所要观察的标本上。

(4)目镜：装在镜筒的上端，通常备有2～3个，上面刻有5×、10×或15×符号以表示放大倍数，一般装的是10×的目镜。

(5)物镜：镜台下端的旋转器上，一般有3～4个物镜，物镜上分别刻有4×、10×、20×、40×，放大倍数由低到高。显微镜的放大倍数是物镜的放大倍数与目镜的放大倍数的乘积，如物镜为10×，目镜为10×，其放大倍数就为10×10=100倍。倒置显微镜使用应先低倍后高倍。

(三)使用注意事项

(1)倒置显微镜应放在通风干燥、灰尘少、不受阳光直接曝晒处。不用时用防尘罩罩住，长期不用时，应放入倒置显微镜箱内或显微镜柜内，并在箱或柜内放置干燥剂。倒置显微镜尽可能不移动，若需移动应轻拿轻放，避免碰撞。

(2)所有镜头表面必须保持清洁，有油污或指纹时，可用脱脂棉蘸少许清洗液轻轻擦拭，其他部件不能用有机溶剂，可用软布蘸少量中性洗涤剂轻擦。不能用棉团、干布或干镜头纸擦拭镜头表面，否则会刮伤镜头表面，严重损坏镜头，也不要用水擦拭镜头。

(3)一次细胞实验使用完毕，应在倒置显微镜使用记录本上登记。

(4)使用完光源应先调至最小，再关闭电源。尽量避免频繁开关显微镜电源，离开细胞实验室时应及时关上电源，延长灯泡寿命。

(5)不允许随意拆卸仪器，特别是中间光学系统或重要的机械部件，以免降低仪器的使用性能。

二、二氧化碳培养箱

二氧化碳培养箱(图3-2)是细胞培养的必备仪器，目前已在细胞培养实验室中广泛使用。二氧化碳培养箱的优点是能够恒定地提供进行细胞培养时所需的CO_2(常用浓度为5%的CO_2)，使培养液的pH保持稳定，适用于开放或半开放培养。使用不透气的培养瓶时，可将瓶盖放松半圈，使培养瓶内与外界保持通气状态。由于这种培养方法培养器皿内部与外界相通，因此培养箱内空气必须保持清洁，定期以紫外灯或酒精擦拭消毒，同时需保持箱内的相对湿度大于90%，防止培养液蒸发，箱内水槽要放置无菌水。细胞在体外培养时很容易受到各种细菌、微生物的污染，因此，二氧化碳培养箱的灭菌和抑菌能力就显得尤为重要。二氧化碳培养箱可以提供常用的温度，〔常用细胞培养温度为(37±0.5)℃〕，能调节温度和CO_2浓度。

二维码3-2 全景展示二氧化碳培养箱

图3-2 二氧化碳培养箱

(一)温度、二氧化碳浓度和湿度调控

1. 加热方式

(1)水套式加热 水套层包围内部的箱体来维持温度恒定，优点：水是一种很好的绝热物质，当遇到断电，水套式系统就可以比较长时间地保持培养箱内的温度准确性和稳定性。

(2)气套式加热　与水套式相比，具有加热快，温度恢复迅速的特点，特别有利于短期培养及需要箱门频繁开关取放样的培养。此外，对于使用者来说气套式设计比水套式更简单化。

2. 二氧化碳浓度控制

(1)热导(TC)传感器　TC控制系统的一个缺点是箱内温度和相对湿度的改变会影响传感器的精确度。当需要精确的培养条件和频繁开启培养箱门时，此控制系统就不太适用了。

(2)红外(IR)传感器　箱体内颗粒物能够反射或部分吸收红外线，使得IR系统对箱体内颗粒物的多少比较敏感，IR传感器应用在进气口具有HEPA高效空气过滤器的培养箱较合适。

3. 湿度控制

目前，大多数的二氧化碳培养箱是通过增湿盘的蒸发作用产生湿气的。增湿盘位于内胆最下部。

(二)使用规则

(1)从培养箱取放物品前，用酒精清洁双手(或手套)。

从培养箱取放培养物时轻拿轻放，动作迅速，应随手关闭箱门，尽量减少开门时间和次数。培养箱中的空气是经过过滤的洁净空气。长时间敞开或频繁开关培养箱容易造成污染。

(2)培养箱内应放入装水容器一个，以维持箱内湿度。

(3)培养瓶皿放入培养箱前，用酒精消毒表面，并稍等酒精挥发后再放入，以免培养箱内滞留过多乙醇蒸气。

(4)培养箱内培养物不宜太挤，以免因空气不能流通，而使箱内温度不匀；细胞瓶的放置需整洁有序，方便查找，同时应尽量提高培养箱的使用效率。为节约资源，管理人员可视实验情况启用或停止空培养箱的使用。

(5)普通培养中的细胞，若非培养特殊需要，每瓶或每板细胞每天只需要观察生长状态一次，多人共用的细胞，可约好时间一起观察。频繁将细胞拿出观察，容易给培养箱造成污染，同时也会影响细胞生长条件的恒定。

(6)原代细胞需放置在原代培养专用培养箱中培养，不得放置于其他培养箱，如一段时间内无原代细胞实验，实验室负责人可协调安排培养箱供其他细胞培养使用。

(7)培养箱内要保持清洁，定期更换无菌水并进行消毒。实验人员应经常注意检查培养箱内温度、CO_2气体量是否符合设定值；密切注意培养箱内的增湿盘，密切注意箱内情况，以防出现染菌。

(8)如果培养箱长时间不用，关闭前必须清除工作室水分，打开玻璃门通风24 h后再关闭。

(三)CO_2供气调节方法

CO_2减压器(图3-3)安装在CO_2气瓶阀上，两者接头用扳手旋紧。胶管连接低压表出气口和二氧化碳培养箱的进气门。打开CO_2气瓶阀前，按逆时针方向旋转减压器调节螺杆，直到调节弹簧不受压力为止。把CO_2气瓶阀门缓慢打开，高压表指示瓶内气体量读数。按顺时针方向轻轻旋转减压器调节螺杆，使CO_2减压。当低压表指针指到0.06 MPa时，使

CO_2 气体缓慢流入箱内。若压力超过 0.06 MPa 时，需再旋转螺杆，放出一部分气体后再调节。整个调节过程要细心、缓慢。钢瓶中若不经减压直接进入箱内，会因 CO_2 压力过高，而冲破培养箱的 CO_2 调节装置，导致 CO_2 调节量失控。

图 3-3　钢瓶减压器

三、细胞冷冻储存器

细胞培养工作中常需储存细胞，常用的是液氮容器，简称液氮罐（图 3-4）。液氮容器主要用于储存细胞、组织等活性材料。根据使用需求液氮容器分为不同类型和多种规格。选择购置液氮容器时要综合考虑容积大小、取放使用方便及液氮挥发量 3 种因素。液氮容器的大小一般在 25～500 L，可以储存 1 mL 的安瓿瓶 250～15 000 个。液氮容器总体可分为窄颈瓶和宽颈瓶两大类，前者主要属液氮运输容器，液氮挥发慢，因此较经济，一般能维持 1 个月，但取放不方便；后者取放方便，但挥发率上升 3 倍，只能维持 7～10 d。另外，尚有一种专供输送临时使用的液氮运输瓶称为杜瓦瓶。

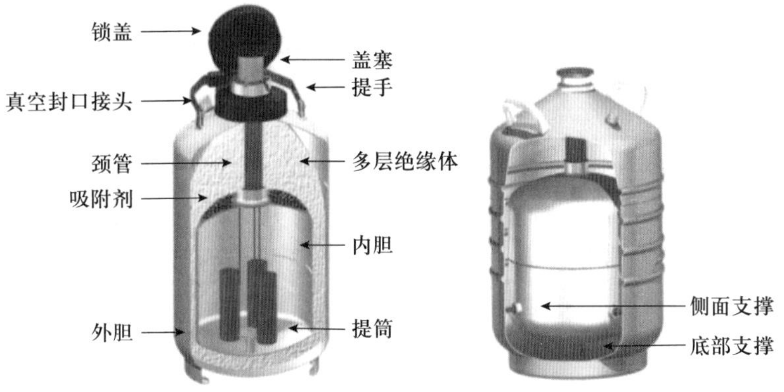

图 3-4　液氮罐

液氮容器由内胆、外胆、提筒及内外胆连接管组成，内、外胆一般由高强度的铝合金制成，内、外胆之间是高真空，因此要轻拿轻放。液氮温度很低，达－196℃，使用时要防止冻伤。由于液氮不断挥发，应注意观察存留液氮情况，及时定期补充液氮，避免因挥发过多而致细胞受损。

目前市场有许多智能型细胞冷冻储存器可供选择，具有性能优异、使用方便等特点。配置有电子控制器的液氮储存器可实现冻存自动化；并可监测液氮水平和样品温度，确保样品温度始终处于设定温度点；可配置先进的报警系统，分别设置液氮液面、温度、电池、电压、电源等失常情况下报警；同时具备热气体旁路系统，防止高于－130℃的暖空气进入液氮罐，从而更有效地保护样品，防止容器内升温。在此环境中，一般细胞可以保存十年。另外，先进的液氮运输、供应罐系列产品不仅移动方便，还可通过连接管给储存罐供应液氮，提高工作效率，保证样品安全。

液氮罐的正确使用和常见问题处理:

1. 使用方法

(1)液氮罐使用前,应先注入少量液氮使之预冷,在罐内温度达到液氮温度时,充入液氮直至满罐。

(2)在保存冷冻细胞时,罐内要保持一定容量的液氮,以细胞完全浸泡在液氮中为宜。为保证取用方便,在提筒上系一标签固定在罐口外。

(3)严禁密封颈口,在容器盖上放置物体;当液氮消耗掉 1/2 时,应及时补充液氮,避免挥发过多而致细胞受损。.

(4)要随时检查颈塞和颈塞小沟,及时除掉颈塞上的结冰,增加封闭性,保证液氮罐的使用性能。

(5)提筒编号,筒内分区,标号;取放有序,由于液氮容易挥发,放进和取出冷冻物品时,操作快速,要尽量缩短罐口打开时间,减少开盖的次数,使液氮的消耗降到最低。

(6)液氮是一种超低温液体,如溅到皮肤上会引起冻伤,因此在灌充液氮和取出液氮时应戴上面罩和皮手套,以免液氮飞溅伤人。

2. 保养方法

(1)液氮罐放置在凉爽、通风且干燥的室内,严防碰撞挤压。移动时要轻拿轻放,不可在地面拖拉。

(2)注意保护盖塞和罐的颈管部,此部分质地脆弱易于损坏,罐体不可横倒放置。

(3)每年应清洗一次罐内杂质,以防腐蚀罐壁,清洗前将罐内的液氮放干,空置 2 d 后,用中性洗涤剂擦洗,再用清水多遍冲洗,使之自然干燥。

(4)不得用液氮罐来装盛液氧、液态空气,以免对罐体造成氧化腐蚀。新购或长期未用的液氮罐,必须经检查外部无破损、无异常,内部干燥无异物。颈管和盖塞完好后方可使用。

(5)严防液氮罐被冲击和碰撞;发现颈管内有冻霜不要用硬物清除,以免损伤颈管。

【工作计划】

1. 工作方案

计划表 1　细胞培养常用设备使用工作方案

步骤	工　作　内　容	负责人
1		
2		
3		
4		
5		
6		
7		

2. 材料设备清单

计划表 2　主要试剂、材料、设备清单

序号	名称	型号与规格	单位	数量	备注
1					
2					
3					
4					
5					
6					
7					
8					

【工作实施】

请完成引导问题及相关实训操作。

❖ 引导问题 1:倒置显微镜是什么结构？请画出草图,并进行结构标注。

❖ 引导问题 2:倒置显微镜的各部分有什么功能?

❖ 引导问题 3:倒置显微镜在使用过程中有什么具体要求或者注意事项?

❖ 引导问题 4:倒置显微镜的使用步骤是什么?

❖ 引导问题 5:二氧化碳培养箱是什么结构？请画出草图,并进行结构标注。

❖ 引导问题 6:二氧化碳培养箱使用常用参数是什么？如何设置?

❖ 引导问题 7:二氧化碳培养箱的 CO_2 供气钢瓶如何与二氧化碳培养箱连接并供气?

❖ 引导问题 8:二氧化碳培养箱使用前、使用中、停用有什么要求?

❖ 引导问题 9:液氮罐是什么结构？请画出草图,并进行结构标注。

❖ 引导问题 10:液氮有什么危害?

❖ 引导问题 11:液氮罐使用方法及注意事项有哪些?

❖ 引导问题 12:这几种仪器有什么其他安全注意事项吗?

【工作反思】

______

______

______

【标准操作规程】

倒置显微镜、二氧化碳培养箱、液氮罐的使用

一、操作用品

1. 材料和试剂

贴壁生长的 CHO 细胞(25 cm^2 培养瓶)、酒精、CO_2、护目镜、液氮防护手套、液氮。

2. 器材和设备

倒置显微镜、二氧化碳培养箱、钢瓶、液氮罐。

二、操作步骤

(一)倒置显微镜的使用

1. 开机

接连电源。打开镜体下端的电控开关。聚光器光栅全开。

2. 使用

(1)准备:将待观察对象置于载物台上。旋转物镜转盘,选择较小的物镜。观察,并调节铰链式双目目镜,舒适为宜(左右眼视力不一样,那么,就要通过旋转目镜筒或目镜上的屈光度调节环,使双眼看到的视野均清晰)。

(2)调节光源:推拉调节镜体下端的亮度调节器至适宜。通过调节聚光镜下面的光栅来调节光源的大小。

(3)调节像距:转物镜转盘,选择合适倍数的物镜;更换并选择合适的目镜;同时使用粗细准焦螺旋调节升降,以消除或减小图像周围的光晕,提高图像的衬度。

(4)观察:通过目镜进行观察结果;推进器调节轮移动载物台推进器,选择观察视野。

3. 关机

取下观察对象,推拉光源亮度调节器至最暗。关闭镜体下端的开关,并断开电源。旋转物镜转盘,使物镜镜片置于载物台下侧,防止灰尘的沉降。

(二)二氧化碳培养箱的使用

1. 投入运行前的准备工作

(1)培养箱和附件消毒用75%酒精浸泡过的纱布擦拭培养箱内壁和附件进行灭菌消毒,然后用无菌干纱布将酒精擦除干净,再用紫外灭菌灯消毒1 h。这项工作应定期进行。

(2)检查二氧化碳培养箱是否注水。未注水前不能打开电源开关,否则会损坏加热元件。当低水位指示灯亮时应补充加水。先打开溢水管,用漏斗接橡胶管从注水孔补充加水使低水位指示灯熄灭,再计量补充加水,然后堵塞溢水孔。

(3)温度调试待箱内酒精挥发干净后,将箱内温度设定为37℃、CO_2浓度设定至0(设定方法见下面的相关内容),这种状态维持8 h以上。这步操作适用于首次启动运行或长时间未用。

(4)给增湿盘注入无菌蒸馏水,以保持箱内湿度,避免培养液蒸发。如果增湿盘水位降低,则应将水补足。增湿盘的清洁和换水是培养箱日常维护很重要的项目,至少一周需清洁一次,频繁加水以保障饱和湿度。增湿盘加水使用蒸馏水或去离子水,可以加少剂量的硫酸铜溶液抑制污染物。

(5)CO_2的通入:将CO_2专用减压阀装在CO_2钢瓶上,接头处不得有漏气现象,将减压阀输出接头用胶管与CO_2培养箱的进气接头相连接,用抱箍压紧,不得漏气,钢瓶暂不打开。

储气瓶减压器是用来调节CO_2供气量的装置,它由双表组成,左表是低压表,右表是高压表,高压表连接螺杆。其使用方法如下:

a. 打开 CO_2 储气瓶前，先按逆时针方向旋转减压器调节螺杆，直到调节弹簧不受压力为止。

b. 把 CO_2 储气瓶阀门缓慢打开，高压表指示瓶内气体量读数。

c. 按顺时针方向轻轻旋转减压器调节螺杆，使 CO_2 减压，当低压表指针指到 0.06 MPa 时，松动低压表的出口，使 CO_2 气体缓慢流入培养箱。若压力超过 0.06 MPa 时，需再旋转螺杆，放出一部分气体后再调节。整个调节过程要细心、缓慢，若进入培养箱的 CO_2 压力过高，可冲破培养箱的 CO_2 调节装置或将供气管弹开，导致二氧化碳培养箱 CO_2 调节量失控。

2. 设定培养箱温度和 CO_2 浓度

通常二氧化碳培养箱的使用条件为 37℃、5% CO_2。

(1)将电源开关接通，温度显示器中显示当前箱内温度。

(2)按下 SET 键。左侧数字闪烁。

(3)按下数位移动键和数值增加键，将数字设定到 37.0，按下数位移动键时，可改变设定数位，按下数值增加键时，可设定数字的数值增加。

(4)按下 ENT 键。存储设定温度，CO_2 浓度显示器中左侧数字闪烁。

(5)将二氧化碳钢瓶开启，使减压阀输出压力表指示为 0.05～0.08 MPa，指针处于刻线中间。注：加压阀由于使用压力过低，初次使用调好的压力容易滑下归零，需要多调几次一般 2～5 h 观察一次，几次以后就可以正常使用了。

(6)按下数位移动键和数值增加键，将数字设定到 5.0。

(7)按下 ENT 键。存储下设定的 CO_2 浓度。

(8)调节上限报警温度设定旋钮，以使报警温度比箱内温度高出 1℃。在 CO_2 浓度显示器中，显示 HI。在温度显示器中，显示上限报警温度，可通过上限报警温度设定旋钮进行调节(在箱内温度稳定后执行)。

(9)按下 ENT 键。这时设置状态结束，上述显示器分别显示当前温度和 CO_2 浓度。

3. 注意事项

使用前：

(1)仪器应放置在平整的地面或者台面上，环境应清洁整齐，干燥通风。

(2)仪器使用前，各控制开关均应处于非工作状态。

(3)水套式二氧化碳培养箱未注水前不能打开电源开关，否则会损坏加热元件，所加入的水必须是蒸馏水或无离子水，防止矿物质储积在水箱内产生腐蚀作用，每年必须换一次水，经常检查箱内水是否充足。

(4)操作密码设置需 3 人知道，以免遗忘密码而无法开启仪器。

(5)确认所使用的 CO_2 是纯净达标的，否则降低 CO_2 传感器的灵敏度和污染 CO_2 过滤装置。

(6)不可将流入气体压力调大，减压阀出气压力不能超过 0.1 MPa，以免冲破管道。

(7)二氧化碳培养箱正确安装好后，向箱内蒸馏水槽中加入适量的无菌蒸馏水或无菌去离子水。

(8)不适用于含有易挥发性化学溶剂，低浓度爆炸气体和低着火点气体的物品及有毒物品的培养。

使用过程中：

(1)培养箱应由专人负责管理,操作盘上的任何开关和调节旋钮一旦固定后,不要随意扭动,以免影响箱内温度、CO_2 湿度的波动,同时降低机器的灵敏度。

(2)培养箱内细胞培养的放置需整洁有序,方便查找,同时应尽量提高培养箱的使用效率,负责人可视实验情况启用或停止空培养箱的使用,节约资源。

(3)从培养箱取放物品前,用酒精清洁双手(或手套)。

(4)尽量缩短开门时间和减少开门次数,避免空气污染。

(5)经常注意箱内蒸馏水槽中蒸馏水的量,定期(每两周一次)更换增湿盘内的无菌蒸馏水或无菌去离子水,以保持箱内相对湿度,同时避免培养液蒸发;注意等高压灭菌后的蒸馏水或去离子水冷却后再倒入水槽。

(6)当显示温度超过置定温度 1℃时,超温报警指示灯亮并发出尖锐报警声,这时应关闭电源 30 min;若再打开电源(温控)开关仍然超温,则应关闭电源并报维修人员。

(7)定期检查钢瓶压力,低于 0.2 MPa 时应更换钢瓶。

(8)箱内应定期用消毒液擦洗消毒,搁板可取出清洗消毒,防止其他微生物感染,导致实验失败。

使用后:

(1)如果二氧化碳培养箱长时间不用,关闭前必须清除工作室内水分,打开玻璃门通风 24 h 后再关闭,应将 CO_2 开关关闭,防止 CO_2 调节器失灵。

(2)清洁二氧化碳培养箱工作室时,不要碰撞传感器等部件。

(3)搬运水套式培养箱前必须排除箱体内的水。

(4)拆装工作室内支架护罩,必须使用随机专用扳手,不得过度用力。

(5)搬运二氧化碳培养箱前应拿出工作室内的搁板和增湿盘,防止碰撞损坏玻璃门。

(6)搬运培养箱时不能倒置,同时一定不要抬箱门,以免门变形。

(三)液氮罐的使用

(1)检查容器存放位置,容器应放在阴凉、干燥处,室内应有良好通风。

(2)带好护目镜,液氮防护手套。

(3)液面高度检查:用一木尺插入液氮罐容器底部中心,10～15 s 后取出,迅速盖上液氮罐盖,木尺结霜长度即为液面高度。切勿用空心管检查,以防液氮从管内喷出伤人。

(4)取冻存管:打开液氮罐,将一个提筒缓慢提起到液氮罐颈部,停留 10～15 s,再提出液氮罐口,确定无液氮滴落,移出提筒,盖上盖,快速取出提筒中的冻存管。打开盖,将提筒缓慢浸入液氮。

注意事项:

(1)正确佩戴防护设备,小心操作,严防液氮溅出。

(2)操作迅速,及时盖盖。

(3)注意防止对液氮罐的磕碰。

【学习情境相关知识点】

一、动物细胞培养的常用仪器与设备

动物细胞培养的常用仪器与设备有吸管和移液枪、超净工作台、离心机、电热干燥箱、水纯化装置、冰箱、消毒器、用于检测细胞培养条件的各种仪器、倒置显微镜、二氧化碳培养箱、液氮罐,在实训中已经了解倒置显微镜、二氧化碳培养箱与液氮罐等。

(一)吸管和移液枪

1. 转移液体的基本要求

动物细胞实验室一般采用吸管吸取、移动液体或滴加样品,量取少量或微量液体则采用移液器(加样器)。

吸管主要分为刻度吸管、无刻度吸管。刻度吸管主要用于吸取、转移液体,常用的有 1 mL、2 mL、5 mL、10 mL 等规格。无刻度吸管又有直头吸管和弯头吸管之分。弯头吸管除可作吸取、转移液体外,还常用于吹打、混匀及传代细胞。

移液器(加样器),俗称移液枪(图 3-5),用于吸取、移动液体或滴加样品,移液枪可根据需要调节量程的大小,吸量准确、方便。特别是微量移液枪,可保证实验样品或试剂取量精确,重复性好。当前,有可高温消毒、多通道的各类移液枪供使用者选择,能确保移液准确、快速、方便且达到无菌要求。

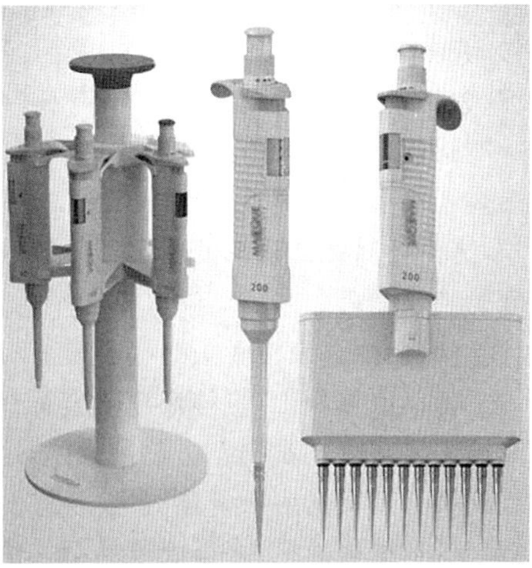

图 3-5 移液枪与枪架

(1)准确性 为保证取样的准确性,吸管、移液枪应定期校准。用移液枪移液之前,要保证移液枪、吸头和液体处于相同温度。为确保移液的精度和准确,安装了新的移液枪吸头或增大了容量后,应该吸取、排放需转移的液体 2~3 次。

(2)规范性 用吸管或移液器转移液体时应严格按操作规程使用,注意操作规范,避免人为错误。

(3)移液枪的使用

①选择量程合适的移液枪 移液枪只能在特定量程范围内准确移取液体,如超出最大或最低量程,会损坏移液枪并导致计量不准。

②设定容量值 通过调节旋钮将容量慢速调整至接近的预想值,切记不能调过最大量程。

③装配移液枪吸头 把套筒顶端插入吸头,轻轻用力下压的同时逆时针转旋转至上紧即可。

④预洗移液枪吸头 移液之前,要保证移液枪、吸头和液体处于相同温度。安装了新的吸头或增大了容量后,应该吸取、排放需转移的液体 2~3 次,以确保移液的精度和准确。在吸液之前可以先吸放几次液体以润湿吸液嘴(尤其是要吸取黏稠或密度与水不同的液体时)。

⑤移液 吸取液体时,移液枪保持竖直状态,将吸头插入液面下 2~3 mm。可以采取以下两种移液方法:

正向移液法:吸液时用大拇指将按钮按下至第一停点,然后慢慢松开按钮回原点;将按钮按至第一停点排出液体,稍停片刻继续按按钮至第二停点吹出残余的液体;最后松开按钮。

反向移液法：此法一般用于转移高黏液体、生物活性液体、易起泡液体或极微量的液体，其原理是先吸入多于设定量程的液体，转移液体的时候不用吹出残余的液体。吸液时按下按钮至第二停点，慢慢松开按钮至原点；排液时将按钮按至第一停点排出设定量程的液体，继续保持按住按钮位于第一停点（千万别再往下按），取下有残留液体的吸头，弃之。

⑥移液枪的放置

使用完毕，移液枪调到最大量程，将移液枪竖直挂在移液枪架上。移液枪吸头有液体时，切勿将移液枪水平或倒置，以防液体流入活塞室腐蚀活塞弹簧。

2. 移液枪使用过程中应注意的问题

（1）调节移液体积

①从大体积调节到小体积时，按正常调节方法，逆时针旋转刻度即可。

②从小体积调节到大体积时，可先顺时针调至超过设定体积的刻度，再回调至设定体积，这样可以保证量取的精确度。禁止将按钮旋出量程，否则会卡住内部机械装置而损坏移液枪。

（2）装配移液枪吸头

①单道移液枪：将移液枪垂直插入吸头中，稍微用力微微转动，上紧即可。用移液枪反复撞击吸头来上紧的方法是错误的，这样会导致移液枪内部配件因撞击而变得松散，甚至会导致调节刻度的旋钮卡住。

②多道移液枪：将移液枪的第一道对准第一个吸头，倾斜插入，前后稍许摇动即可卡紧，吸头卡紧的标志是略超过O形环，并可以看到连接部分形成清晰的密封圈。

（3）养护

①当移液枪吸嘴内有液体时切勿将移液枪水平或倒置放置，以防液体流入活塞室腐蚀活塞弹簧，如液体不小心进入活塞室应及时清除污染物。

②移液枪使用完毕，尤其是长期不用时，把移液枪量程调至最大值，使弹簧处于松弛状态以保护弹簧，且将移液枪垂直放置在移液枪架上。

③使用时要检查是否有漏液现象，方法是吸取液体后悬空垂直停1～3 s观察吸头内液面是否下降；如果液面下降首先检查吸头是否有问题，如有问题更换吸头，更换吸头后液面仍下降说明活塞组件有问题，应找专业维修人员修理。

④避免放在温度较高处以防变形致漏液或不准。

⑤需要高温消毒时应首先查阅所使用的移液枪是否适合高温消毒后再行处理。

⑥发现问题及时找专业人员处理。

（二）超净工作台

超净工作台（图3-6）是目前普遍应用的无菌操作装置，用于创造局部无菌环境，占用空间小、安装方便、操作简单且净化效果好，能为培养工作提供良好的无菌操作环境。

超净工作台的种类很多，有各种级别和档次，有单面单人、单面双人、双面双人或双面四人等。

1. 工作原理

超净工作台装有过滤器、风机、照明灯、紫外灯、操作台面板、配电装置，并有消音、减震设备。其工作原理一般是利用层流原理，利用鼓风机驱动室内空气经粗滤布首次过滤，再经高效空气过滤器除去空气中的尘埃颗粒，使空气得到净化。净化空气以一定的速度徐徐通过工作

图 3-6 超净工作台

台面，使工作台内构成无菌环境。工作台顶部配有紫外线杀菌灯，可杀死操作区台面的微生物。根据层流方式的不同，超净工作台主要有两种：侧流式（垂直式）和外流式（水平层流式），基本原理大致相同，都是将室内空气经预过滤器初滤，由离心风机压入静压箱，再经高效过滤器精滤，有效排除空气中的悬浮灰尘、微生物，由此送出的洁净气流以一定的、均匀的断面风速通过工作台，从而使工作区内空气形成相对无尘无菌的高洁净度工作环境。两种净化台的气流方向不同。前者净化后的气流由左侧或右侧通过工作台面流向对侧，也有从上向下或从下向上流向对侧，形成气流屏障保持工作区无菌，工作台结构为封闭式的；后者净化后的空气面向操作者流动，因而外界气流不致混入操作，但进行有害物质实验操作则对操作者不利。

2. 使用方法

超净工作台一般安装在避免日光直射、隔离好的无菌间或清洁无尘的房间内。以免尘土过多易使过滤器阻塞，降低净化效果，缩短其使用寿命。

久未使用的工作台在使用前应进行彻底清洗、消毒。用 0.1％的来苏儿或 75％的酒精擦洗台面，滤器的灰尘可用真空吸尘器清除。

提前 30 min 开启超净台内紫外灯照射消毒后，然后打开风机预工作 10～15 min，除去臭氧并使工作台面空间呈净化状态，超净台的风速过大、过小均不利于保持净化度。

使用完毕后，关闭电源，将其内部物品清理干净，用 75％酒精将台面和台内四周擦拭干净，以保证超净台无菌。

3. 保养方法

超净工作台是较为精密的设备，如果使用和维护得当，可以取得良好的效果并延长使用寿命。使用超净工作台一般需注意以下 4 点：

(1)超净工作台安装在清洁无尘的房间内，最好在隔离的无菌间内，以免尘土过多易使滤器阻塞，降低净化效果，缩短使用寿命。

(2)超净工作台内不应放置其他与细胞培养无关的用品，更不能用作储存室存放不必要的物品，以保持洁净气流流型不受干扰。

(3)长时间不使用最好用防尘布或塑料布套好，避免灰尘积聚。

(4)不论何种类型的超净工作台都应注意净化区内气流的变化,一旦感到气流变弱,如酒精灯火焰不动,加大电机电压仍未见情况改变则说明滤器已被阻塞,应及时更换。一般情况下,不设在无菌操作区内经常使用的净化台,高效过滤器三年更换一次,更换高效过滤器应请专业人员操作,以保持密封良好。超净工作台粗过滤器中的过滤布(无纺布)应定期清洗更换,时间应根据工作环境洁净程度而定,通常间隔3~6个月进行一次。

4. 使用注意事项

(1)超净工作台内严禁堆放不必要物品以影响风路平衡,使用前清除工作台内的杂物、灰尘。

(2)超净工作台使用前用紫外灯照射30 min灭菌,超净台使用前后需用酒精棉球擦拭工作区消毒。在超净台中使用的物品必须是不易起纤尘的,放入超净台内使用前均应消毒,要放在下风侧,不同超净台内物品严禁频繁交换使用。

(3)严禁在超净台前做任何可能增加空气灰尘量的动作。

(4)超净台中应摆放废液杯,用于暂时存放废弃物。实验结束后,应将杯内废液及时处理,严禁长时间放置,以免留有大量培养液滋生细菌。注意,废液中加入NaOH溶液处理后,液体垃圾倒入水池并用水冲洗,固体垃圾倒入生物样品专用垃圾桶中。

(5)细胞实验后任何含有细胞培养污物的培养瓶、移液管、离心管等必须及时带出。

(6)无菌操作全部结束后,才能关闭风机和电源。

(7)定期进行性能检测,检查超净工作台各项工作指标是否达到要求,即时检修。例如定期进行无菌试验,检查台面空气的洁净度是否达标。超净工作台的无菌程度检查:超净工作台在消毒处理后,无菌试验前及操作过程中需检查空气中的菌落数;取直径约90 mm平皿,在超净工作台内点燃酒精灯,在酒精灯旁,以无菌操作,将平皿半开注入溶化的营养琼脂培养基约20 mL,制成平板,在30~35℃预培养48 h,证明无菌后将平板3个,以无菌方式带入超净工作台内左、中、右各放一个;打开平皿盖扣置,平板在空气中暴露30 min后将平皿盖盖好,置30~35℃培养48 h,取出检查,A级清洁度要求:3个平皿上生长的菌落数平均不得超过1个。超净工作台应需要定期请有关部门检查洁净度,符合要求的超净工作台其洁净度应达到A级,用尘埃粒子计数仪检测粒径≤5 μm的尘埃粒子数量不应超过3.5个/L;空气流量应控制在0.75~1.0 m^3/s;细菌菌落数平均<1个,根据无菌状况必要时需要置换过滤器。

(8)超净工作台应放置在比较洁净的房间,最好为无菌室内,以防灰尘过多使过滤器阻塞,降低净化效果,缩短使用寿命。

(9)新安装的或长期未用的超净台,使用前必须用吸尘器或不产生纤维的工具对工作台和周围环境进行清洁,然后用药物灭菌法或紫外线灭菌处理。

图3-7 离心机

(三)离心机

进行细胞培养时,通常需要使用离心机(图3-7)用于制备细胞悬液、调整细胞密度、洗涤、收集细胞等工作。一般离心速度 1 000 r/min 就能使细胞沉降，离心力过大时则可能引起细胞的损伤。

1. 操作方法

离心机在使用前必须将其放置在平稳、坚固的地面或台面上，转子用水平仪调节水平。

将装有离心物品的离心管两两配平后，对称放入离心管套中，盖上离心机盖。

通电，打开电源开关，指示灯亮。

设定离心时间和转速。

离心完毕，待调速旋钮自动逐挡旋回至"0"，自行停转后打开机盖，拿出离心物品。严禁在还未停转的状态下和开机运转的状态下打开机盖。

使用中，如发现震动剧烈、噪声大，声音不正常，应立即关机，并进行检查维修。检查是否存在不平衡问题，固定机器的螺帽是否松动。

2. 使用注意事项

离心机安装必须水平，转速不得超过最高转速，以免影响离心机使用寿命。

离心管和套管必须严格称量平衡后才能放入离心机内，且必须对称放置。

使用调速旋钮调速时，必须逐挡升降，待每挡速度达到稳定时才能调挡，不能连续调挡或直接调至所需转速，以免损伤机器或降低其使用寿命。若有异常声响必须停机检查。

(四)电热干燥箱

主要用于有些器械、器皿的烘干和玻璃器皿等的干热消毒。干热消毒时，电热干燥箱(图 3-8)升温较高，一般需达到 160℃以上。通常使用鼓风式电热干燥箱。其优点是温度均匀、效果好，缺点是升温过程较慢。使用电热干燥箱时应注意：①升温时，不能先升温后鼓风而应鼓风与升温同时开始，至 100℃时，停止鼓风。因为温度升到较高时再鼓风的话，鼓风时带入的新鲜空气，有时会引起局部高温部分着火，有时会导致玻璃器皿破裂。②消毒后，不能立即打开箱门以免骤冷而导致玻璃器皿损坏，应等候温度自然下降至 100℃以下方可开门。

图 3-8　电热干燥箱

(五)水纯化装置

细胞培养对水的质量要求较高，细胞培养以及与细胞培养工作相关液体的配制用水都必须使用三蒸水或超纯水，即使是用于玻璃器皿的冲洗，也应使用二次以上蒸馏水。目前国内使用较多的是超纯水仪，其使用方便、安全、速度快、水质好。超纯水设备是采用预处理、反渗透技术、超纯化处理以及后级处理等方法，将水中的导电介质几乎完全去除，又将水中不离解的胶体物质、气体及有机物均去除至很低程度的水处理设备。超纯水对于动物细胞培养、电泳胶制备、DNA 重组研究和单克隆抗体制备等都非常理想，能有效地去除热原和其他细菌副产物。

(六)冰箱

细胞培养室应放置一台普通冰箱或冷藏柜，用于储存培养液、生理盐水、Hank's 液试剂、消化液等培养用液及短期保存组织标本。此外，为储存需要冷冻保存生物活性及较长时期存放的制剂，如酶、血清等，还应配置一台低温冰箱（−20℃）。细胞培养室的冰箱应属专用，不得存放细菌等微生物及易挥发、易燃烧等对细胞有害的物质，且应保持清洁。

（七）消毒器

直接或间接与细胞接触的物品均需进行消毒灭菌处理，常用高压蒸汽灭菌锅。高压蒸汽消毒器一般用于培养用的三蒸水、不含糖的缓冲溶液、手术器械、布料（台布和衣帽）以及橡胶制品等的消毒灭菌。

（八）用于检测细胞培养条件的各种仪器

例如，专门为快速分析细胞培养基中的主要或关键营养成分、代谢产物及气体含量设计的多功能细胞培养分析仪、手提式 CO_2 浓度测定仪等。

二、动物细胞培养常用用品

细胞培养常见用品主要包括玻璃器皿、金属器械、橡胶制品和塑料制品等。其中玻璃器皿主要有平皿、细胞培养瓶、试管、烧杯、三角瓶、容量瓶、盐水瓶、西林瓶、吸管、量筒等；金属器械包括医用解剖刀、解剖剪、眼科剪（直头和弯头）、镊子（中号）、小尖镊子、止血钳等；细胞培养中使用的橡胶制品主要是密闭某些器皿的胶塞；塑料制品则包括一次性塑料培养皿、细胞瓶、多孔培养板、移液枪的吸头和塑料滤器等。此外，某些布类用品也是实验所需要的，如医用纱布等，可用于原代培养的取材、实验台面的常规擦拭和清洗，以及某些不宜用毛刷清洗的玻璃器皿等。

（一）滤器

目前各实验室广泛使用的是微孔滤器。滤膜的孔径有 0.8 μm，0.45 μm，0.22 μm，0.1 μm 等数种，一般常用 0.22 μm 除菌滤器。微孔滤器现在常用的有正压不锈钢滤器、抽滤式玻璃滤器和针头滤器，如图 3-9 所示。

正压不锈钢滤器通过空气泵压力，使容器中待过滤液体通过滤器的滤膜过滤除菌，滤器下端的出口直接接至无菌容器中。

二维码 3-3
动物细胞培养常用用品

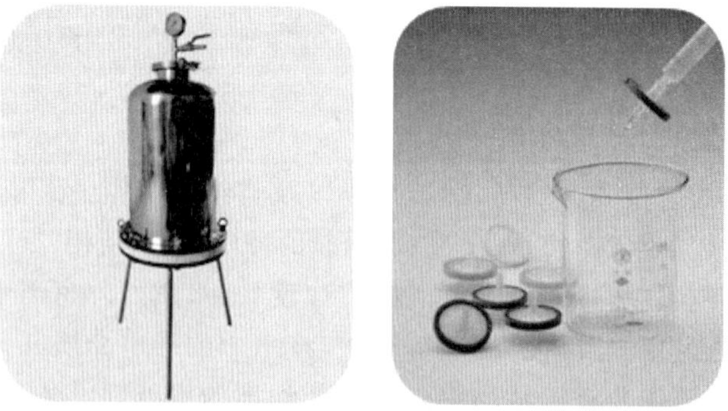

(a) 正压过滤器　　(b) 针头式滤器

图 3-9　细胞培养用的过滤设备

针头滤器上部进液口可插入注射器嘴，待过滤液体经注射器加压进入过滤器，经微孔滤膜过滤除菌后，由滤器下部流出。针头滤器适用于过滤较少量（1～150 mL）的培养液。

（二）培养器皿

在细胞培养的实验操作过程中，经常要用到培养瓶、培养皿、多孔培养板、贮液瓶、吸管等玻璃或塑料器皿。玻璃培养器皿的优点是多数细胞均可生长，易于清洗、消毒，可反复使用，并且透明而便于观察；缺点是易碎，清洗、包装、消毒时费人力。塑料培养器皿的优点是一次性使用，厂家已消毒灭菌、密封包装，打开即可用于细胞培养操作。

1. 培养瓶

培养瓶（图 3-10）由玻璃或塑料制成，主要用于培养、繁殖细胞。进行培养时培养瓶瓶口加盖螺旋瓶盖或胶塞，螺旋瓶盖多用于二氧化碳培养箱的开放培养，胶塞多用于密闭培养。国产培养瓶的规格以容量（mL）表示，如 250 mL，100 mL，25 mL 等；进口培养瓶则多以底面积（cm^2）表示。目前市场上的细胞培养瓶多种多样，而且一次性器材越来越受到细胞操作工作者的青睐。细胞培养瓶有多种规格和多种瓶盖类型，大多由高质量的原生聚苯乙烯（PS）制作，表面经过 TC 处理，可促进细胞的贴壁生长，生产批号可追踪，100％通过完整性检测，无热原，且均为无菌包装。

图 3-10　一次性细胞培养瓶

（1）细胞培养瓶类别（按瓶颈样式分）

直颈：直颈的设计可减少培养基因晃动而流到瓶盖里。

斜颈：易于倾注，移液管或者细胞刮容易进入瓶体。

角度颈：移液管或者细胞刮易于进入瓶身，并且可减少培养基因晃动而流到瓶盖。

三角形：移液管或细胞刮更易达到瓶角，宽底增加稳定性。

矩形：斜颈的矩形培养瓶瓶底至瓶颈是一个坡度设计，易于倾注，移液管或者细胞刮容易进入瓶体，大部分斜颈瓶都有一个裙边以增加稳定性。直颈和角度颈的矩形培养瓶整个瓶底都是培养面，节省空间并减少培养基因晃动而流到瓶盖。

（2）细胞培养瓶盖类别

密封盖：一次成形不带内垫，常用于密闭培养，可保证其密闭性；旋松瓶盖时也可用于开放培养。

聚酯盖：常用于开放培养（需要旋松瓶盖）。只需轻轻旋松瓶盖便可保证瓶内气体与环境中气体的交换。

透气盖：瓶盖带有 0.2 μm 疏水滤膜，提供无菌气体交换，减少污染的风险。常用于开放培养，推荐用于二氧化碳培养箱培养，尤其适用于需要长期培养的实验。

隔垫盖：隔垫带有预切割口，可承受多次穿插。可使用吸嘴（或者 5 mL 以下规格的移液管）穿插隔垫进行加液、吸液或者收获细胞，减少污染的机会，维持培养瓶封闭无菌的环境。

2. 培养皿

培养皿（图 3-11）由玻璃或塑料制成，供盛取、分离、处理组织或做细胞毒性、集落形成、单细胞分离、同位素掺入、细胞繁殖等实验使用。常用的培养皿规格有 10 cm、9 cm、6 cm、3.5 cm 等。

3. 多孔培养板

多孔培养板(图 3-12)为塑料制品。可供细胞克隆及细胞毒性等各种检测实验使用。其优点是节约样本及试剂,可同时测试大量样本,易于进行无菌操作。培养板分为各种规格,常用的规格有:96 孔、24 孔、12 孔、6 孔、4 孔等。

图 3-11　各种规格的培养皿

图 3-12　各种规格的多孔培养板

4. 贮液瓶

贮液瓶(图 3-13)主要用于存放或配制各种培养用液体如培养液、血清及试剂等。贮液瓶分为各种不同规格,如 1 000 mL、500 mL、250 mL、100 mL、50 mL、5 mL 等。

(a) 蓝盖瓶　　(b) 血清瓶

图 3-13　细胞培养用的贮液瓶

5. 吸管

吸管主要分为刻度吸管、无刻度吸管。刻度吸管主要用于吸取、转移液体,常用的有 1 mL、2 mL、5 mL、10 mL 等规格。无刻度吸管分为直头吸管及弯头吸管,除可以做吸取、转移液体之用外,弯头尖吸管还常用于吹打、混匀及传代细胞。

6. 其他器具

其他器具尚有收集细胞用的离心管,放置试剂或临时插置吸管用的试管,装放吸管以便消毒的玻璃或不锈钢容器,用于存放小件培养物品便于消毒的铝制饭盒或贮槽,套于吸管顶部的橡胶吸头,连接吸管与吸耳球的乳胶管,封闭各种瓶、管的胶塞、盖子,冻存细胞用的安瓿瓶或冻存管,不同规格的注射器、烧杯和量筒以及漏斗,超净工作台使用的酒精灯,装酒精棉的广口瓶,供实验人员操作前清洁消毒手使用的盛有酒精或其他消毒液的微型喷壶等(图 3-14)。

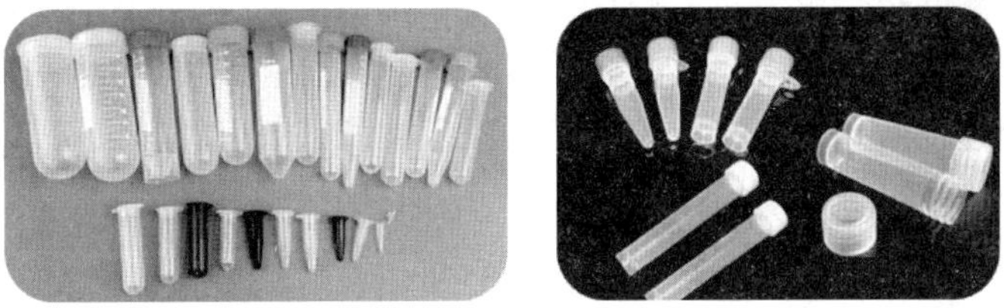

(a) 各种类型离心管　　(b) 各种类型冻存管

图 3-14　细胞培养用的各种装液管

【知识与技能总结】

【知识拓展】

动物细胞培养的特殊设备

1. 酶联免疫检测仪

酶联免疫检测仪（图 3-15）是酶联免疫吸附试验（ELISA）的专用仪器，是以酶标记的抗体（抗原）作为主要试剂，将抗原抗体反应的特异性和酶催化底物反应的高效性和专一性结合起来的一种免疫检测技术为基础的免疫系统测定仪器，也称酶标仪。根据固相支持物的不同可将酶联免疫测定仪分为微孔板固相酶联免疫测定仪、管式固相酶联免疫测定仪、微粒固相酶联免疫测定仪和磁微粒固相酶联免疫测定仪等。

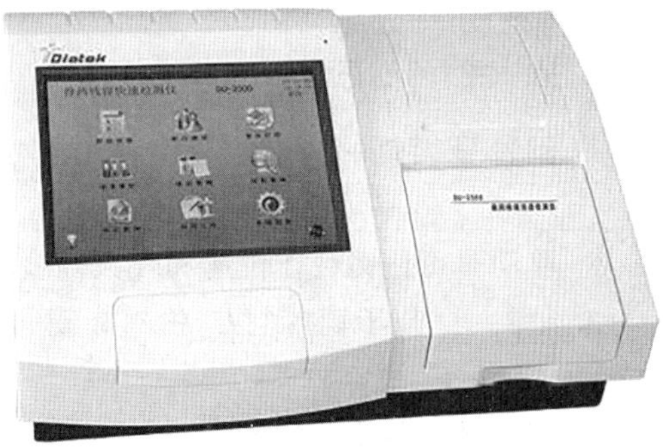

图 3-15　酶联免疫检测仪

微孔板固相酶联免疫测定仪是临床上最为常用的酶标仪，也称为 ELISA 测读仪。根据通道的多少可分为单通道和多通道酶标仪；根据自动化程度可分为半自动和全自动两类，多通道酶标仪检测速度快，一般均为自动化型；根据波长是否可调节又分为滤光片酶标仪和连续波长酶标仪。

2. 超低温冰箱

超低温冰箱又称超低温保存箱、超低温冰柜等。按温度范围大致可分为：－60℃及－80℃超低温冰箱。可适用特殊材料的低温试验及血浆、生物材料、疫苗、生物制品、化学试剂、菌种、细胞样本等的低温保存。

3. 荧光显微镜

荧光显微镜主要用于研究细胞内物质的吸收、运输以及化学物质的分布和定位等。这种显微镜以紫外线为光源照射被检物体，使之发出荧光，然后在显微镜下观察物体的形状及其所在位置。细胞中有些物质，如叶绿素等，受紫外线照射后可发荧光；另有一些物质本身虽不能发荧光，但如果用荧光染料或荧光抗体染色后，经紫外线照射亦可发荧光，荧光显微镜就是对这类物质进行定性和定量研究的工具之一。

4. 细胞计数器

细胞计数器是定量监测细胞增殖动力学的必备工具，实验室内同时培养 2～3 种及以上细胞时，细胞计数器能够提供巨大的便利。

自动细胞计数仪是一款用于细胞计数以及衡量细胞活力(活细胞、死细胞及细胞总数)的仪器。它采用标准台盼蓝染色技术，只需不到 10 s 的时间即可精准地测定每个样本，所需的样本量与使用血细胞计数器所需量相同，适用于各种真核细胞。

5. 流式细胞仪

流式细胞仪是对细胞进行自动分析和分选的装置。它可以快速测量、存储、显示悬浮在液体中的分散细胞的一系列重要的生物物理以及生物化学方面的特征参量，并可以根据预选的参量范围把指定的细胞亚群从中分选出来。多数流式细胞仪是一种零分辨率的仪器，它只能测量一个细胞的诸如总核酸量、总蛋白量等指标，而不能鉴别和测出某一特定部位的核酸或蛋白质的多少。也就是说，它的细节分辨率为零。

【考一考】

❖ 第一关：用心思考，正确填写

1. 倒置显微镜的构造主要分为 8 部分：________、________、________、________、________、________、________、________。

2. 移动时可使镜台作快速和较大幅度升降的结构是________。

3. ________位于镜台上方，由聚光镜和光圈组成，其作用是把光线集中到所要观察的标本上。

4. 倒置显微镜使用应先________倍后________倍，用完光源应先调至________，再关闭电源。

5. 二氧化碳培养箱内应放入________，以维持箱内湿度。

6. CO_2 气瓶阀逆时针方向旋转减压器调节螺杆，直到调节弹簧不受压力为止，此时 CO_2

气瓶阀为________状态。

7. 灌充液氮和取出液氮时应戴上________和________，以免液氮飞溅伤人。

❖ **第二关：学以致用，解决问题**

1. 公司计划购买新的二氧化碳培养箱，将任务交给你负责，请写一份二氧化碳培养箱选购报告书。说明你的资金预算、设备类型、选择依据等。

2. 请做一份关于倒置显微镜商品的调研报告，调研3种以上品牌（含民族品牌和外国品牌），列表对比，并总结各自优势，提出民族品牌需要改进的地方及根据所学给出合适的建议。

❖ **第三关：挑战极限，超越自我**

由于液氮的超低温使得其成为保存细胞的最优选择，但在操作过程中会有安全隐患，请针对安全方面进行设计，将安全隐患尽可能降低。

任务二 细胞培养用品的洁净处理

【任务情境描述】

细胞培养室将开展促红细胞生成素项目的CHO工程细胞培养工作，细胞对环境的要求极其苛刻，尤其要求所有直接接触材料必须严格无菌，所以对CHO工程细胞培养应用到的材料需要进行严格洁净处理。室主任要求今天开始进行细胞培养用品的洁净处理工作。

【学习目标】

1. 能力目标

（1）通过完成细胞培养用品的洁净处理任务，学生能运用培养用品的清洗、包装和灭菌相关知识，根据相关SOP，完成各种仪器、耗材、培养相关用品的清洗、包装和灭菌工作。

（2）通过完成CHO细胞生产促红细胞生成素项目的各个任务的任务分析，信息搜集、评价和利用，学生能初步具有信息素养。

2. 知识目标

（1）掌握培养用品的清洗、包装和湿热灭菌方法及注意事项。

（2）说明动物细胞培养常用的物理消毒法、化学消毒法、抗生素消毒灭菌方法。

3. 素质目标

（1）建立无菌意识、安全意识、环保意识、成本意识和创新思维。

（2）建立责任意识、规范意识。

（3）形成严谨细致的作风。

（4）建立劳动光荣信念，塑造敬岗爱业精神。

（5）乐学、善思、笃行。

【任务书】

根据细胞培养用品洁净处理的相关 SOP,结合各种材料清洗、包装、灭菌的方法知识,完成细胞培养用品的洁净处理操作,包括明确玻璃制品、橡胶制品、塑料制品等的清洗、干燥和灭菌的方法及注意事项,并开展实训工作。注意操作的安全与废物/液环保处理。

【获取信息】

尽管细胞培养用品趋于向使用一次性用品的方向发展,但目前在我国大多数实验室因经费条件所限,尚未普遍采用,而且也没有必要一定要用一次性实验用品。对多数反复使用的实验用品而言,在实验前认真、细致地做好清洗和消毒工作(图 3-16),是可以满足动物细胞培养无菌操作的基本要求的。因此,实验用品的清洗、包装、灭菌是实验准备工作中的重要环节,其主要目的是清除杂质和微生物,使在器皿内不残留任何影响细胞生长的成分。

二维码 3-4
动物细胞培养用品的清洗、包装和灭菌

一、培养用品的清洗

在细胞培养中,离体细胞对任何有害物质都十分敏感,因此对新购置和重新使用的培养器皿,都要进行严格清洗。可以使用高效的清洗工具,如超声波清洗机、虹吸式吸管清洗器、培养瓶喷淋器等提高清洗效率。根据器皿的材料和物理、化学特性的不同,清洗的方法和程序也不一样,要分别处理。

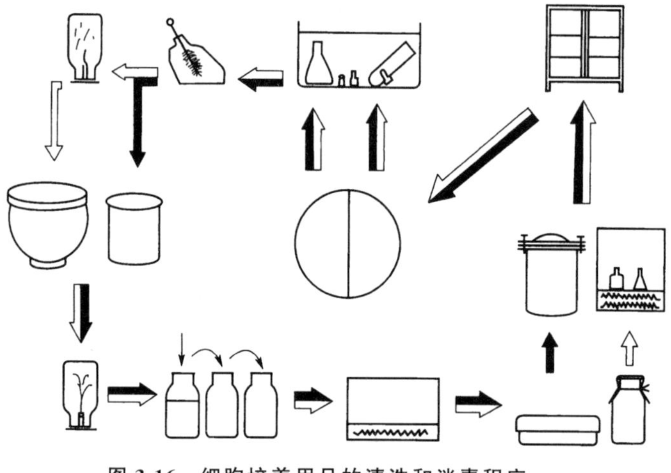

图 3-16　细胞培养用品的清洗和消毒程序

白箭头:玻璃制品;黑箭头:塑料制品

(引自:兰蓉,细胞培养技术,2017)

(一)玻璃器皿的清洗

清洗后的玻璃器皿不能残留任何物质。某些化学物质仅百万分之一毫克,也会对细胞产生毒性作用。对于细胞培养瓶、培养皿来说,清洗过程中还要求细胞贴壁生长的一面不能有划痕,否则不利于贴壁细胞的生长及对培养情况的观察和记录。

一般来说,玻璃器皿的清洗包括浸泡、刷洗、浸酸和冲洗 4 个步骤。

1. 浸泡

初次使用和培养用后的玻璃器皿都需先用清水浸泡，以使附着物软化或被溶掉。对于新购置的玻璃器皿，玻璃表面常呈碱性并带有一些对细胞有毒的物质，如铅和砷等，使用前先用自来水简单刷洗，然后用稀盐酸溶液(2%～5%)浸泡过夜，以中和其表面的碱性物质，最后用自来水冲洗干净，晾干后再行泡酸(或其他方法)清洁、洗刷。

对于每次培养用后的玻璃器皿，因其往往附有大量蛋白质，干涸后不容易刷洗掉，故用后要立即完全浸入清水中，尽量不要留有气泡，以达到软化蛋白质等物质的目的。

若在实验过程中，玻璃器材沾上了油脂(如液体石蜡、凡士林、羊毛脂等)，要单独洗刷，切勿与其他器材相混。此类器材经蒸汽灭菌后，要趁热倒尽污物，放在5%碳酸氢钠水溶液中煮沸，再用肥皂和热水洗刷，油脂即可除净。

2. 刷洗

浸泡后的玻璃器皿一般仍然要用毛刷沾洗涤剂洗涤，以除去器皿表面附着较牢的杂质。刷洗次数太多会损害器皿表面光泽度，所以应选用软毛刷和优质的洗涤剂(如高级洗衣粉或洗洁精)，绝对不能使用含沙粒的去污粉。对细胞培养瓶、培养皿等细胞培养时需要贴壁生长的玻璃器皿，最好使用优质医用纱布擦洗，以免造成划痕，不利于细胞生长及观察。洗刷的时候应特别注意洗刷瓶角等部位，最大限度地洗掉污物，不留死角。然后再用自来水冲净洗涤剂泡沫，尽可能甩尽残留的自来水，准备浸酸。

3. 浸酸

刷洗后的玻璃器皿往往还残留有极微量的杂质，经过用浓硫酸和重铬酸钾配制的铬酸洗液的强氧化作用或其他清洁液的作用后，即可被除掉。铬酸洗液是清洗过程中关键的一环。浸泡时，器皿要充满洗液，勿留气泡。浸泡时间不应少于6 h；一般应浸泡过夜。

硫酸-重铬酸钾混合液是目前绝大多数实验室采用的清洁液，根据需要，可配制成不同的强度。动物细胞培养用品的清洁液一般选用强液或次强液。

铬酸洗液具有强氧化作用，配制和使用时，要注意安全。穿戴耐酸长臂胶皮手套和围裙，注意要保护好面部和身体其他裸露部分。配制容器最好使用陶瓷或塑料制品，玻璃容器会由于产热量大，易发生破裂。配制时先使重铬酸钾溶于水中，不能完全溶解时，可稍加热助其溶解，冷却后再慢慢加入浓硫酸，并不时搅拌摇动，使二者充分混合。因为浓硫酸的密度比水大，因此切不可将重铬酸钾水溶液倒入浓硫酸中以防硫酸飞溅，造成伤害；另外，注入过急产热量过大，也会发生危险。

配好后的清洁液一般呈棕红色，经长时间使用酸液会逐渐变成绿色，此时表明酸液已失效。旧的清洁液仍有一定腐蚀作用，严禁随便倾倒。

4. 冲洗

刷洗和浸酸后都必须用自来水充分冲洗，使之不留任何残迹，否则对细胞的生长不利。手工冲洗方法是用水灌满玻璃容器再倒掉，重复10～15次，一般程序是用自来水冲洗后，先在去离子水中漂洗4～6次，再用三/双蒸水漂洗4～6次，在烘箱中以50℃烘干后准备包装、灭菌。

(二)塑料器皿的清洗

塑料器皿耐腐蚀能力强，但质地软，大多不耐热，因此它的清洗方法与玻璃器皿不同。塑料器皿的清洗一是要防止划痕，二是用后要立即浸入清水中，严防附着物干结。如残留有附着物，可先用脱脂棉擦拭掉，再用流水冲洗干净，接着先用0.5 mol/L NaOH液浸泡过夜，取出后用自来水冲洗 8～10 次，然后再用 3%～5%盐酸溶液浸泡 15～30 min，取出后用自来水冲洗多次，再在双蒸水中漂洗 5～6 次，倒净器皿内的双蒸水，置 37℃恒温箱内晾干即可。

(三)橡胶制品的清洗

细胞培养中所用橡胶制品主要是胶塞和胶管。用于细胞培养工作的橡皮塞(管)要求质软、弹性强、能耐高压、对细胞无毒性。

新购置的胶塞带有大量滑石粉，应先用自来水冲洗干净后，再做常规处理，即先在 0.5 mol/L 氢氧化钠溶液中煮沸 15 min，以自来水洗涤；再用 4%盐酸溶液煮沸 15 min，以自来水洗涤多次，再用蒸馏水漂洗 5 次以上。

每次用后的胶塞要放入水中浸泡，以便集中处理和避免附着物干涸，然后用 0.5 mol/L NaOH 煮沸 15 min，以除掉可能残留的蛋白质。以自来水冲洗后，再用 1%稀盐酸浸泡 30 min，最后分别用自来水和三蒸水清洗 3 次以上，晾干备用。

二、培养用品的包装

包装的目的是防止消毒灭菌后再次遭受污染。所以培养用品在消毒处理前要经严格包装。清洗后器皿可先放入鼓风干燥箱中吹干，或置于通风无灰尘处自然晾干，然后包装起来，再做消毒处理。包装后的器皿便于消毒和贮存。

包装材料常用牛皮纸、硫酸纸、铝箔、纱布、铝饭盒和特制玻璃或金属制的消毒筒(长度能容纳吸管)等。印有字的纸张和棉纸不宜做包装材料用。

(一)局部包装

较大瓶皿如细胞培养瓶、烧杯、三角瓶等，以及体积较小，但瓶口包装方便的容器如西林瓶等的包装，通常采用局部包装。方法是先把瓶口部分用硫酸纸(或铝箔)包裹，再罩以牛皮纸包起来用线绳打活结扎紧。打结的方法是先用左手拇指按住线绳的一端于瓶口处(线绳瓶口处应留出一小段，以便最后打结)，右手持线绳以顺时针方向缠绕瓶口 4～5 圈，第一圈压住左手拇指，以后每圈的线绳则在左手拇指下方压住瓶口周围的牛皮纸缠绕瓶口，最后用左手拇指尖压住绕圈线绳的末端，指尖以下部分则离开瓶口，再用右手拉紧线绳瓶口处留出的一端即可。打活结便于操作时打开包装。

(二)全包装

体积较小的培养瓶皿、注射器、胶塞及不便局部包装的用品如金属器械等，需采用全包装，现多采用直接装入铝饭盒的方法(金属器械一般要用 3～4 层纱布包裹再送入铝饭盒)。用铝饭盒来封装小培养瓶、胶帽和胶塞等很好，但往往因盖不严紧，使用期限不宜太长。因铝饭盒不透明，在盖上宜写上用品名称以便于确认。吸管的包装方法是装入消毒筒中，在装入之前，先用少许脱脂棉将吸管接口端堵塞，松紧度适宜，过松易脱落，过紧不透气，妨碍使用；然后装入消毒筒中，消毒筒底部应垫以软纸或棉花以防吸管装入时折断管尖。

三、湿热灭菌

湿热灭菌(图 3-17)是最常见、最有效的一种灭菌方法，布类、胶塞、金属器械、某些玻璃器皿以及某些培养用液(主要是一些不含对高温高压敏感成分的培养用液)等都可用此方法消毒灭菌。

湿热灭菌时，首先要检查锅内的水量是否适宜，避免发生因水少而烧坏锅的现象；其次是消毒品不能装得过满，以保证消毒器内气体的流通。在加热升压之前，先要打开排气阀门，排出残留容器内的冷空气，因此导气管一定要顺着灭菌锅内胆上特制的通气孔道到达罐的底部并且不能堵塞。冷空气排尽后，关闭排气阀门；继而开始升压，当达到所需要的压力时，开始计时。目前，实验室使用的高压蒸汽灭菌锅都是全自动的，即自动升到所需温度、压力后自动计时，达到所需灭菌时间后自动断电完成灭菌。

(a) 高压蒸汽灭菌锅　　(b) 高压蒸汽灭菌柜

图 3-17　湿热灭菌设备

消毒过程中，消毒者不能离开岗位，要经常检查压力是否恒定，如有偏离，应及时调整。一般压力消毒罐虽都装有安全阀，但还是以不发生过压为好，以免影响消毒物品性状和发生其他意外。各种物品的有效消毒压力和时间不同，一般要求如下：

培养用液、橡胶制品，10 磅(0.07 MPa)、115℃、30 min；

布类、玻璃制品、金属器械等，15 磅(0.11 MPa)、121℃、20 min。

【工作计划】

1. 工作方案

计划表 1　细胞培养用品的洁净处理工作方案

步骤	工　作　内　容	负责人
1		
2		
3		
4		
5		
6		
7		
8		

2. 材料设备清单

计划表 2　主要试剂、材料、设备清单

序号	名称	型号与规格	单位	数量	备注
1					
2					
3					
4					
5					
6					
7					
8					
9					
10					
11					
12					

【工作实施】

请完成引导问题及相关实训操作。

❖ 引导问题 1:初次使用和培养用后的玻璃器皿浸泡有什么区别?

❖ 引导问题 2:玻璃器皿浸酸的酸液组成是什么? 有严重危害吗?

❖ 引导问题 3:玻璃器皿清洗流程是什么?

❖ 引导问题 4:塑料制品和橡胶制品清洗流程是什么? 用到了哪些化学试剂? 有危害吗?

❖ 引导问题 5:玻璃器皿、塑料制品和橡胶制品的灭菌方法有什么区别?

❖ 引导问题 6:常用包材有哪些? 有什么区别?

❖ 引导问题 7:常用包装方法有哪些? 细胞培养瓶、烧杯、三角瓶、移液管、西林瓶该如何包装?

❖ 引导问题 8:细胞培养用品的清洁过程中有什么安全要求?

❖ 引导问题 9:细胞培养用品的清洁过程中有什么环保要求?

【工作反思】

【标准操作规程】

玻璃制品、橡胶制品、塑料制品的清洗、干燥和灭菌

一、操作用品

1. 材料和试剂

橡胶手套、一次性塑料手套、脱脂棉、酒精棉球、优质洗衣粉、棉绳、牛皮纸、铝箔，以及实验所需的玻璃制品（培养皿、吸管、西林瓶、尖吸管、烧杯、补料瓶等）、橡胶制品（西林瓶塞、橡胶管、水瓶翻口胶塞等）、塑料制品（塑料细胞瓶、培养皿、多孔培养板等）。

新鲜制备的去离子水、一蒸水和三蒸水、浓硫酸-重铬酸钾清洁液（强液）、盐酸、氢氧化钠等。

2. 器材和设备

电热鼓风干燥箱、高压蒸汽灭菌锅、三重玻璃蒸馏器、医用托盘、铝饭盒、恒温箱、陶瓷酸缸、优质软毛刷、纱布。

二、操作步骤

（一）不同污染程度玻璃器材的清洗、干燥和灭菌

1. 清洗

浸泡：将实验用后的玻璃器皿及时浸泡在清水中，注意让水完全浸泡，不要留有气泡。如果是新购置的玻璃器皿，则先用自来水简单刷洗，再于2%～5%盐酸溶液浸泡过夜后用自来水冲洗干净，其后处理步骤和重复使用的玻璃器皿相同。

刷洗：收集浸泡后的器皿泡在洗衣粉液中，用优质软毛刷刷洗容器内外壁，尽量不要遗漏瓶底、边角等死角；对培养皿、烧杯等瓶口较宽的容器也可以用纱布擦洗。对培养有特殊要求的也可在浸泡洗衣粉液之前在电炉上用水煮沸，在水温上升到约70℃时，可加入少量化学级 NaOH 以除去玻璃上残留的脂质成分。注意，洗衣粉最好选择质软、去污效果好的，不要选用溶解后还留有颗粒的劣质洗衣粉，以免划伤玻面。

泡酸：用自来水充分冲洗玻璃上的洗衣粉液，在浓硫酸-重铬酸钾清洁液（强液）中浸泡过夜。酸液配制时应注意安全，泡酸之前尽量甩干器皿上的水，以延长清洁液的使用寿命。

冲洗：手戴橡胶手套，小心取出酸缸中的玻璃器皿，用自来水充分清洗洗去酸液后，依次在去离子水、一蒸水和三蒸水中润洗5～6次。注意不要有酸液残留，并防止酸液烧伤皮肤、衣物等；在去离子水等中润洗时可佩戴一次性塑料手套，以免皮肤中的脂质进入所洗玻璃容器。

2. 干燥和灭菌

将包装好的玻璃器皿放在托盘上送入电热鼓风干燥箱中，密闭箱门，160～170℃高温灭菌90～180 min。待烘箱温度降至室温后，取出托盘送入细胞培养室储物柜中存放。

3. 注意事项

配制浓硫酸-重铬酸钾清洁液（强液）时应注意先溶解重铬酸钾，冷却后再小心加入浓硫酸；取、放浸泡实验用品时应戴橡胶手套，防止酸液溅到衣物、皮肤而造成伤害。

刷洗细胞瓶、培养板等细胞需贴壁生长的器皿时，应注意防止玻面被划伤，影响显微镜

下细胞生长情况的观察，可以用纱布蘸优质洗涤剂小心擦洗。

电热鼓风干燥箱干热灭菌结束后，不要立即打开箱门，以免玻璃突然遇到冷空气炸裂，应让其温度降至80℃以下方可打开烘箱。

高压蒸汽灭菌锅湿热灭菌时应注意先将锅内冷空气排尽后再升温至所需温度，灭菌结束后待温度下降至室温时再开启放气阀拿取灭菌物品。

(二)橡胶制品的清洗、干燥和灭菌

收集每次用后的胶塞先在清水中浸泡5 h以上，避免附着物干涸。

取出胶塞，在0.5 mol/L NaOH溶液中煮沸10～20 min，以除掉可能残留的蛋白质。

佩戴塑料手套取出碱液中的胶塞，自来水充分冲洗后，1%稀盐酸浸泡30 min。

自来水冲洗5～10次后用三蒸水润洗3～5次，晾干后准备灭菌。

如果是新购置的胶塞，往往先用自来水简单冲洗后，在0.5 mol/L NaOH溶液中煮沸15 min，自来水充分洗涤后再在4%盐酸溶液中煮沸15 min，自来水充分冲洗后，再用三蒸水漂洗5次以上，温箱中晾干后准备灭菌。

将晾干后的胶塞放在盒底铺有纱布的铝饭盒中，高压蒸汽灭菌(0.07 MPa，115℃)30 min后于储物柜中存放。

(三)塑料制品的清洗和干燥

1. 塑料制品的清洗及干燥方法

实验用完后的塑料细胞瓶、培养皿、多孔培养板等及时浸入清水中6～8 h。如残留有较大附着物，可先用脱脂棉擦拭掉，再用流水冲洗干净浸入清水中浸泡。

将在清水中浸泡好的塑料细胞瓶、培养皿等取出，自来水简单冲洗后，在0.5 mol/L NaOH溶液中浸泡过夜。

佩戴橡胶手套取出浸泡过夜的用品，自来水冲洗8～10次，5%盐酸溶液浸泡15～30 min。

从盐酸中取出用品后用自来水冲洗多次，最后在三蒸水中漂洗5～6次，倒净器皿内的双蒸水，置37℃恒温箱内晾干。

2. 灭菌

高压蒸气灭菌(0.07 MPa，115℃)30 min后，无菌存放于储物柜中。

3. 注意事项

塑料制品紫外灭菌时，应打开塑料容器的塞子(细胞瓶)、盖子(培养皿)等，灭菌物品之间也不要互相叠放，以充分暴露灭菌部位于紫外灯下。

三、注意事项

(1)严格执行高压锅的操作规程：高压消毒时，先检查锅内是否有蒸馏水，以防高压时烧干，水不能过多因为其将使空气流畅受阻，会降低高压消毒效果。检查安全阀是否通畅，以防高压时爆炸。

(2)泡酸注意人体的防护和器皿的完全浸泡：

①泡酸时要戴耐酸手套，防止酸液溅起伤害人体。

②从酸缸内捞取器皿时防止酸液溅到地面，会腐蚀地面。

③器皿浸入酸液中要完全，不能留有气泡，以防止泡酸不彻底。

【学习情境相关知识点】

一、金属器械的清洗

新的金属器械常常涂有防锈油，可先用沾有汽油的纱布擦去防锈油，再用自来水和蒸馏水冲洗干净，最后用酒精棉球擦拭晾干，以防生锈。

原代培养使用过的金属器械应及时浸入清水中，先用纱布擦洗器械上沾有的血污等，再用自来水和蒸馏水冲净，最后用酒精棉球擦拭晾干，备用。

二、滤器的清洗

正压除菌滤器使用后，放到含稀洗涤剂的水中，反复刷洗，然后再经流水冲洗、蒸馏水浸泡、三蒸水浸泡，最后晾干或50℃烘干备用。

三、动物细胞培养常用的消毒和无菌处理方法

对细胞培养实验最危险的是发生包括支原体、细菌、真菌和病毒等在内的微生物污染。细胞污染是细胞培养的大敌，轻则和细胞争夺营养，妨碍细胞生长，影响实验结果；重则直接导致细胞死亡。污染主要是由于操作者的疏忽而引起的，如操作台表面或周围空气不洁、培养器具和培养液消毒灭菌不彻底或存放时间过久等，有时一两个培养物发生污染，可能累及整个实验，甚至累及整个实验室，必须引起高度重视。细胞培养的每个环节都应采取严格措施，严防污染发生。除了对细胞培养室、操作台、CO_2 培养箱等进行定期消毒以及加强实验过程无菌操作意识避免细胞污染外，实验前对与细胞直接接触的培养用品和用液的消毒灭菌处理更是防止细胞污染的最关键环节。

二维码 3-5 常用消毒和无菌处理方法

消毒灭菌方法因物品的不同而异，主要分为三类：一是物理灭菌法，包括射线、紫外线、干热、湿热（高压蒸汽）和过滤等手段；二是化学灭菌法，主要指使用化学消毒剂如75%的酒精、新洁尔灭等进行消毒；三是抗生素灭菌法，指使用青霉素、链霉素等抗生素进行灭菌的方法，如在细胞培养液中添加一定浓度的抗生素也是一种预防污染的常用方法。

（一）物理消毒灭菌法

1. 射线消毒

指使用^{60}Co、X射线和高速粒子加速器等发出的辐射线消毒，适用于消毒量大和不适做高压或滤过等方法消毒的培养用品，如塑料制品等，由于一般的实验室不具备射线发射条件，故很少采用。

2. 紫外线消毒

紫外线直接照射消毒法很方便，效果也好，可以杀灭空气中的大部分细菌，是目前各实验室常用的消毒灭菌方法之一，主要用于对空气、操作台表面和一些不能使用其他方法进行消毒的培养器具（如塑料培养皿、培养板等）进行消毒。

紫外线作用于细菌等微生物的DNA，使DNA链上相邻的嘧啶碱形成嘧啶二聚体（如胸腺嘧啶二聚体），抑制了DNA复制；另外，空气在紫外线照射下可以产生臭氧，臭氧也有一定的杀菌作用。

紫外线的消毒效果同紫外线灯的辐射强度和照射剂量呈正相关。辐射强度随距灯管的距离增加而降低，辐射剂量和照射时间成正比。因此，培养室紫外线灯距地面不宜超过 2.0 m，距工作台面的距离不宜超过 1.5 m；照射时间以每天 2～3 h 为宜，期间可间隔 30 min 左右。

使用紫外线照射灭菌时应注意其他的环境和条件：①室内的温度和湿度。温度在 20℃以上，紫外线的输出强度较大，低于 4℃时照射效果会下降。室内要保持干燥，湿度大于 50%杀菌力下降。②空气要清洁。空气中的尘埃能吸收紫外线而降低杀菌力。③照射方式为直接照射。紫外线的穿透力很差，无法穿过纸、布等遮挡物，因此，紫外线只限于直接照射。应定期用酒精棉球擦拭紫外灯管，除去其表面的灰尘和油垢，以减少对紫外线穿透力的影响。④灯管的长期使用会影响杀菌效果。使用已久的灯管向外输出强度会减弱，所以要适当延长照射时间或更换新的灯管。

紫外线照射消毒灭菌法的缺点是产生臭氧，污染空气，对身体有害；同时对射线照射不到的部位起不到消毒作用，故消毒时，物品不宜相互遮挡。紫外线照射消毒时，不宜进行实验操作，因为紫外线不但对细胞、试剂和培养溶液有不良影响，而且对人的皮肤也有伤害。

3. 干热消毒

主要用于玻璃器皿的消毒，干热消毒后的器皿干燥，易于贮存。但干热传导慢，需加温到 160℃和保持 90～240 min，才能杀死细菌、芽孢，达到消毒目的。在不发生大规模污染情况下，160℃保持 60～120 min，效果也很好。消毒完后不要立即打开箱门，以防止冷空气骤然进入电热鼓风干燥箱引起玻璃炸裂，或者包装起火，应待温度降至 80℃以下方可打开烘箱。

金属器械和橡胶、塑料制品不能使用干热消毒方法。塑料制品最适于用射线消毒，如因量小不便，可用 70%酒精擦洗或浸泡后再用无菌蒸馏水漂洗，然后在紫外灯照射下晾干即可。

4. 湿热灭菌

方法见表 3-1。

表 3-1　溶液高压蒸汽灭菌所需的最少时间

体积/mL	灭菌时间/min	体积/mL	灭菌时间/min
20～50	15	1 000	30
75	20	1 500	35
250～500	25	2 000	40

5. 滤过消毒

大多数培养用液，如人工合成培养液、血清、酶溶液等，在高温、高压下会发生变性，失去其功能，不适宜用前面介绍的方法进行灭菌，必须采用滤过法除菌。其基本原理是利用细菌等微生物在滤过时不能通过滤膜的微孔而与培养用液分离，达到除菌的目的。目前各实验室常使用 0.22 μm 孔径的除菌滤膜。为确保滤过效果，滤膜用前要用无菌水浸泡 2 h，完成过滤后要检查滤膜是否有损坏。

(二)化学消毒灭菌法

化学灭菌制剂包括来苏儿、新洁尔灭、过氧乙酸和 75%酒精等。化学消毒剂主要用于消毒那些无法用其他方法进行消毒的物品，如操作者的皮肤、操作台表面及无菌室内的桌椅、墙壁和空气等。

来苏儿对皮肤有刺激性，不宜用作皮肤消毒剂，常用于培养室地面的消毒。1%的新洁尔灭是目前细胞培养实验室常用的消毒剂，器械、皮肤和操作表面都可用它浸泡和擦拭消毒。75%酒精也可用于器械的浸泡消毒和皮肤消毒，因对活细胞毒性小，有时用于瓶皿开口部位的消毒，效果很好。乳酸蒸汽对空气消毒十分有效，但刺激味较强，常用作无菌室内或周围环境的定期消毒手段。消毒时，将少许乳酸放入一平皿或开口较大的容器内，下方用酒精灯加热，使乳酸挥发，弥漫整个室内，即可达到消毒的效果。过氧乙酸消毒能力极强，在0.5%浓度10 min即可将芽孢菌杀灭，可以用于各种物品的表面消毒，使用时需用水稀释后，再用喷洒和擦拭的方法消毒即可。

（三）抗生素消毒灭菌法

抗生素消毒主要适用于培养用液消毒。在细胞培养实验时，为了预防因操作不慎等原因造成的细胞培养污染，可以在培养液中加入适当剂量的抗生素液，抑制细菌的污染而达到灭菌的目的。

不同抗生素的抗菌谱不一样，对不止一种细菌造成的细菌污染，可采用不同种类抗生素联合应用来达到灭菌效果。目前在细胞培养中最常用的是将青霉素（常用浓度是100 U/mL）与链霉素（100 μg/mL）混合使用，俗称双抗液，常规加入所用的培养基中。庆大霉素（10～100 μg/mL）通常有广谱抗菌效应，并具有溶液稳定性，故也被一些实验室使用，特别是当有低水平的污染存在时更是如此。

尽管很多实验室在细胞系的培养基中常规加入抗生素作传代培养，但仍建议不要在原代培养中加入抗生素，理由之一是从动物体内获得的细胞是无菌的，原代培养时的细菌污染很少发生；其次，尽管认为抗生素对细胞代谢的影响可忽略，但最好避免使用，以免细胞生长环境不稳定；最重要的是不添加抗生素，通过细菌检测技术，可以判断出培养中主要污染物的类型，而它们通常也暗示了问题的来源。

【知识与技能总结】

【知识拓展】

其他消毒方法

有的物品既不能干燥消毒，又不能蒸汽消毒，可用75%酒精浸泡消毒。塑料培养皿打开盖子，放在超净台台面上，直接暴露在紫外线下消毒。也可用氧化乙烯消毒塑料制品，消毒后需要用2～3周时间洗除残留的氧化乙烯。用20 000～100 000 rad的γ射线消毒塑料制品效果最好。为了防止清洗器材已消毒与未消毒发生混淆，可在纸包装后，用密写墨水做好标记。其法即用沾水笔或毛笔沾以密写墨水，在包装纸上做一记号，平时这种墨水不带痕迹，一经高温，即出现字迹，从而可以判定它们是否消毒。密写墨水的配制：氯化钴($CoCl_2 \cdot 6H_2O$) 2 g，30%盐酸10 mL，蒸馏水88 mL。

【考一考】

❖ 第一关：用心思考，正确填写

1. 铬酸洗液用________和________配制。

2. 配好后的铬酸洗液一般呈棕红色，经长时间使用酸液会逐渐变成________，此时表明酸液已失效。

3. 新购置的玻璃器皿，使用前先用自来水简单刷洗，然后用________溶液(2%～5%)浸泡过夜，最后用自来水冲洗干净，晾干后再行泡酸(或其他方法)清洁、洗刷。

4. 高压湿热灭菌，培养用液、橡胶制品________磅(________MPa)________℃ 30 min；布类、玻璃制品、金属器械等________磅(________MPa)________℃ 30 min。

❖ 第二关：学以致用，解决问题

1. 同事小王刚刚将新购置的玻璃吸管领回，他接下来的工作室对这批吸管进行洁净处理，但他还没有学会相关方法，请你来给予指导。

2. 室主任要求你对一批玻璃锥形瓶进行250℃的干热处理，以去除残留内毒素，请设计方案。

❖ 第三关：挑战极限，超越自我

一个国家的发展缺少不了创造的灵魂，请设计一套自动玻璃器皿清洗设备。

任务三　细胞培养用液配制

【任务情境描述】

清洁组已经完成细胞培养用品的洁净处理工作，已经通知到培养液配置组，现在将由培养液配置组成员在组长带领下完成细胞培养用液配制的任务。

【学习目标】

1. 能力目标

(1)通过完成细胞培养用液配制任务,学生能运用培养基及杂用液配制、培养用液的分装方法与要求等相关知识,根据相关 SOP,完成各种培养基及杂用液配制及灭菌操作。

(2)通过完成 CHO 细胞生产促红细胞生成素项目的各个任务的任务分析,信息搜集、评价和利用,学生能初步具有信息素养。

2. 知识目标

(1)了解培养基及杂用液种类、配制要求及方法,培养用液的分装方法。

(2)了解细胞的生存环境。

(3)说明培养基的物理性质、培养基种类和特点。

3. 素质目标

(1)建立无菌意识、安全意识、环保意识、质量意识、成本意识和创新思维。

(2)建立责任意识、规范意识。

(3)形成严谨细致的作风。

(4)建立劳动光荣信念,塑造敬岗爱业精神。

(5)乐学、善思、笃行。

【任务书】

根据细胞培养用液配制的 SOP,结合动物细胞培养基及杂用液相关信息,完成细胞培养用液配制操作,包括明确培养基种类及配制要求、杂用液种类及配制要求、细胞培养用液灭菌方法,并开展实训工作。注意操作的安全。

【获取信息】

一、动物细胞培养基

动物细胞培养用液最主要的是细胞培养基。培养基有天然培养基、合成培养基、完全培养基和无血清培养基。

血清是一种最为重要和最常使用的天然培养基,绝大部分动物细胞的体外培养都要添加一定比例的血清。合成培养基是根据动物体内细胞生长所需成分人工模拟合成的、配方恒定的一种较理想的培养基,其主要成分是氨基酸、维生素、碳水化合物、盐离子和一些其他辅助物质,不能单独使用。常用的合成培养基有 MEM、DMEM、RPMI-1640、Ham F12,另外市场上常将 DMEM 与 Ham F12 按 1∶1 比例混合销售,合成培养液的配制现今国内外都普遍使用市售商品干粉合成培养基,除专门从事培养基研究的人员外,各实验室已无必要再自己配制培养基。干粉培养基因其颗粒极细,很容易完全溶解于水,配制培养液方法极易掌握。但应注意,不同厂家生产的同种产品其成分比例可能不全相同,配制方法也不同。有的培养基需加热或通气来帮助溶解,有的培养基成分不完全,要求另外加入补充成分。如谷氨酰胺就是时常再单独加入的成分。另外,干粉合成培养基一般都不含 $NaHCO_3$ 成分,也需配制时自行加入。因此合成培养基又被称为基础培养基。

配制过程总的原则是要使每一种成分都必须充分溶解和避免出现沉淀。所以在配制培养液时,要按照各种成分的性质分成若干组分个别溶解,最后按比例和一定顺序混合。掌握1～2种粉剂的配法即可,其他大同小异。完全培养基是合成培养基加上血清,必要时添加抗生素,其一般组成为:基础培养基80%～90%,血清(多用小牛血清)10%～20%,抗生素(多用青霉素100 U/mL和链霉素100 μg/mL)。无血清培养基解决了天然培养基和合成培养基的缺点,是培养基发展的趋势。

二、动物细胞培养杂用液

细胞培养除了培养基之外,还需要多种溶液,这些溶液主要包括平衡盐溶液(balanced salt solution,BSS)、pH调整液($NaHCO_3$溶液、HEPES溶液)、抗生素液、谷氨酰胺、肝素钠、葡萄糖等。

二维码3-6 动物细胞培养杂用液

(一)平衡盐溶液

BSS主要由无机盐和葡萄糖组成,BSS中的无机离子如Na^+、K^+、Ca^{2+}、Mg^{2+}、Cl^-等不仅是组成细胞生命所需的基本元素,而且在维持渗透压、缓冲和调节溶液的酸碱度方面,也发挥着重要的作用。BSS在细胞培养过程中常用作洗涤组织、细胞以及配制各种培养用液的基础溶液。另外,BSS内常含有少量的酚红,作为溶液酸碱度变化的指示剂,溶液变酸时呈黄色、变碱时呈紫红色、中性时呈桃红色,借此易于观察到培养液pH的变化。平衡盐溶液的种类很多,常用的有Hank's液、D-Hank's液和PBS。Hank's液在细胞培养过程中常用于洗涤组织细胞。D-Hank's液的成分和Hank's液基本一致,只是不含有Ca^{2+}、Mg^{2+}成分和葡萄糖。PBS成分最简单,只含有两种钾盐、两种钠盐(或称两种磷酸盐、两种盐酸盐),也不含Ca^{2+}、Mg^{2}成分,利于细胞的分散,因此常用来配制胰蛋白酶等组织消化液。

(二)pH调整液

在许多情况下,为了营养成分稳定和延长储存时间,在配制营养液时都不预先加入$NaHCO_3$,而在使用前再加入。因此$NaHCO_3$都是单独配制、消毒除菌。此外,为了维持培养液恒定的pH,以利于细胞的生长和增殖,还可利用HEPES作为添加剂。

1. $NaHCO_3$溶液

$NaHCO_3$是培养基中必须添加的成分,一般情况下按说明书的要求准确添加,以保证培养基在5% CO_2的环境下pH达到设计标准。如果是封闭式培养,即不与5% CO_2的环境发生交换达到平衡,所使用的培养基就不能按照说明书所要求加入$NaHCO_3$。常用的浓度有7.4%、5.6%、3.7%这3种,配制时,用三蒸水溶解后,过滤除菌,分装小瓶,盖紧瓶塞,4℃冰箱或室温下保存;或用10磅10 min高压蒸汽灭菌亦可。高压灭菌可能使部分$NaHCO_3$被破坏,但操作简单方便。消毒后要迅速封上瓶口,以免CO_2逸出。调节溶液pH时,$NaHCO_3$液要逐滴加入,并不停搅动培养液,以防加入过量,使pH过高;如溶液内含有酚红指示剂,可按颜色变化判定。当pH超过后,可用高压灭菌的10%醋酸溶液或通入CO_2气体方法调节。

2. HEPES溶液

HEPES是一种弱酸,化学全称是羟乙基哌嗪乙磺酸。它是一种氢离子缓冲剂,能较长时间控制恒定的 pH 范围，对细胞无毒性，主要作用是防止培养基 pH 迅速变动。在开放式培养条件下，观察细胞时培养基脱离了 5% CO_2 的环境，CO_2 气体迅速逸出，pH 迅速升高，若添加了 HEPES，此时可以维持 pH 7.0 左右。使用终浓度为 10～50 mmol/L，一般培养液内含 20 mmol/L HEPES 即可达到缓冲能力。一般在进行克隆化培养时需要添加 HEPES。HEPES 暴露于光线中时，会产生 H_2O_2，这对培养的细胞或其他有生物活性的物体产生毒性，因此 HEPES 作为缓冲液的使用应尽量在避光条件下。

（三）抗生素液

在组织培养工作中，培养液内需加适量抗生素，以抑制可能存在的细菌和霉菌的生长，但不影响细胞的生长。通常是青霉素和链霉素联合使用。在特殊情况下，选择哪一种抗生素、剂量多少、何时加入等，与污染源、抗生素的抗菌范围、抗生素的稳定性等有密切关系。

1. 青霉素、链霉素（双抗）液

10 mL Hank 液或三蒸水溶解 1.0×10^6 μg/瓶的硫酸链霉素，取 8 mL 硫酸链霉素液溶解 8.0×10^5 μg/瓶的青霉素粉，即成青霉素、链霉素各 1.0×10^5 μg /mL 的母液。使用时，100 mL 培养基内加母液 0.1 mL，这样培养基内青霉素、链霉素最终使用浓度为各 100 μg /mL。

2. 卡那霉素液

将 1 瓶卡那霉素（5.0×10^4 μg /瓶），溶于 5 mL Hank's 液中，即成 1.0×10^4 μg /mL 母液。使用时每 100 mL 培养基内加 0.5 mL 母液，最终使用浓度为 50 μg /mL。

3. 制霉菌素液

制霉菌素不溶于水，故只能配制成 5.0×10^3 μg /mL 的悬液。使用时每 100 mL 培养基内加 0.5 mL 母液，终浓度为 25 μg /mL。抗生素液、抗霉菌液配制时无菌操作、分装，－20℃保存 3 个月。

注意：短期使用试剂 4℃保存，储存试剂－70～－20℃保存；酶、蛋白制品，应－20℃保存。

（四）2 mmol/L 谷氨酰胺

合成培养基中都含有较大量的谷氨酰胺，其作用非常重要，细胞需要谷氨酰胺合成核酸和蛋白质，谷氨酰胺缺乏将导致细胞生长不良甚至死亡。在配制各种培养液中都应补加一定量的谷氨酰胺。由于谷氨酰胺在培养液中很不稳定，4℃下放置 1 周可分解 50%，故应单独配制，置于－20℃冰箱中保存，用前加入培养液。加有谷氨酰胺的培养液在 4℃冰箱中储存 2 周以上时，应重新加入原来的谷氨酰胺。一般培养液中谷氨酰胺的含量为 1～4 mmol/L。可以配制 200 mmol/L 谷氨酰胺液储存，用时加入培养液。配制方法为：谷氨酰胺 2.922 g 溶于三蒸水加至 100 mL 即配成 200 mmol/L 的溶液，充分搅拌溶解后，过滤除菌，分装小瓶，－20℃保存，使用时可向 100 mL 培养液中加入 1 mL 谷氨酰胺溶液。

（五）10%肝素钠

含有肝素的培养液可以使内皮细胞纯度提高，肝素加入全培养液中最终浓度为 50 μg /mL。因为现在市售的多为肝素钠，包装约为 0.56 g /瓶，配制时，可将其溶于 100 mL 三蒸水中，定容，过夜，然后过滤除菌，分装小瓶，保存温度为 4℃。使用时，向 100 mL 培养液中加入 1 mL（精确可加入 0.9 mL）即可。

三、消化液

消化液常在贴附型细胞原代培养或传代培养过程中用来分散组织或细胞团，以达到离散细胞、获得细胞悬液的目的。目前常用的消化液主要有胰蛋白酶消化液、胶原酶消化液以及乙二胺四乙酸二钠(EDTA·2Na)液。其中，胰蛋白酶溶液是使用范围最广的消化液；EDTA由于消化能力较弱，常与胰蛋白酶混合使用；胶原酶则多于原代培养中将特殊组织的细胞与胶原成分离散开来。一般来说，这些消化液可以单独使用，也可以按一定比例混合使用，这主要取决于处理细胞类型的不同。

二维码3-7
动物细胞
消化液及
抑制剂

1. 消化液种类

(1)胰蛋白酶溶液　胰蛋白酶主要采自牛或猪的胰脏，是一种黄白色粉末，易潮解，应放置冷暗干燥处保存。其主要作用是水解细胞之间的蛋白质，使细胞相互离散。常用的胰蛋白酶液的浓度为0.25%和0.125%。

胰蛋白酶对细胞的分离作用与细胞的类型和细胞的特性有密切关系，不同的细胞系对胰蛋白酶溶液的浓度、消化温度和作用时间等的要求也不一样。一般来说，浓度大、温度高、作用时间越长，对细胞分离能力也越大，但超过一定的限度也会损伤细胞。此外，许多学者认为，Ca^{2+}、Mg^{2+}和血清中蛋白质的存在会降低其活力，所以常用无Ca^{2+}、Mg^{2+}的D-Hank's液或PBS液配制胰蛋白酶溶液。另外，血清和胰蛋白酶抑制剂都能终止胰蛋白酶对细胞的继续作用。

(2)EDTA·2Na溶液　是一种化学螯合剂，其溶液又称Versen液，对细胞有一定的离解作用，并且毒性小，价格低廉，使用方便。常用D-Hank's液或PBS液配成工作浓度为0.02%的溶液，在某些个别细胞系则要求较高浓度。EDTA·2Na的主要作用是通过结合(螯合)细胞间质中的二价阳离子从而破坏细胞之间的连接，达到分散细胞的目的。EDTA·2Na的消化作用缓和，分散效果较差，对单层细胞的解离效果要比对组织块的解离效果好。为提高EDTA的消化效果，通常将EDTA·2Na加到其他的酶消化液中联合使用。

(3)胶原酶溶液　胶原酶是从细菌中提取的一种酶，其对胶原组织和细胞间质有较强的消化作用，而对培养细胞一般不产生损伤，常在上皮类细胞原代培养时用来离散细胞与胶原组织。胶原酶不受钙、镁离子的螯合作用和血清的抑制作用，可用Hank's或含血清的培养液配制。工作浓度一般为200U/mL或0.1～0.3 mg/mL，该酶作用温和，无须机械振荡，最佳作用环境是37℃、pH 6.5。

除了以上3种消化液外，其他的酶液如链蛋白酶、黏蛋白酶、蜗牛酶等也可以用于消化培养细胞，达到分散细胞的目的，需根据不同酶的作用特点及组织成分的不同适当选用。

2. 蛋白酶抑制剂

蛋白酶分离组织细胞时，因酶与蛋白结合牢固，难以通过洗涤去除蛋白酶，因而游离细胞接种后可能继续被消化，造成细胞损伤。自然界中蛋白酶抑制剂的种类很多，广泛存在于动植物中。目前实验中最常用的蛋白酶抑制剂是牛血清。牛血清含多种蛋白酶抑制剂，但不能终止胶原酶作用。大豆胰蛋白酶抑制剂可抑制胰蛋白酶和α-糜蛋白酶水解，但不能抑制胶原酶作用。

细胞消化分离的过程中，选择合适的蛋白酶以及与酶相匹配的抑制剂是获得高活率细胞的重要环节。

四、细胞培养用液的分装方法与要求

(一)实验器材的使用方法

为防止消毒物品的再污染，实验器材必须无菌操作。细胞用液瓶的打开、吸液、关闭等一切操作都要在超净台安全区进行。

1. 吸管的使用

取管：右手松夹吸管筒盖，左手水平抖动吸管筒，吸管头端露出时取管，吸管筒口消毒套盖。吸管套吸头后，火焰上方来回移动 3 次，火焰消毒待用。

注意：粗口径吸管套吸头前，吸头先用湿酒精棉球沾湿；饭盒存放的吸管，使用时将盒盖开一角，用火焰消毒的镊子将遮布掀起一角，吸管头端暴露，镊子再火焰消毒，将吸管取出，遮布复原，盒盖盖好。

2. 盖的使用

需使用同一盖时，盖使用面放在酒精棉球上。套盖前，盖凹面使用火焰消毒。

(二)无菌滤液分装

(1)使用正压滤器时，采用边过滤边分装的方法。瓶口的液滴先用微湿酒精棉球吸液，再用干酒精棉球由里向外擦拭，最后，火焰消毒，加塞包装。

(2)血清、酶液少量无菌液体用吸管分装，分装时注意多换吸管。

(三)细胞用液的分装要求

(1)根据配量准备分装瓶和塞。分装瓶规格、数量应根据实验需要准备，这与每次、每周实验用量、试剂稳定性等有关。避免包装瓶过大、贮液时间过长或细胞用液反复冻融使用，造成营养成分损失和微生物污染。按一周用量挑选小包装瓶。融化后的液体置 4℃保存。

(2)实验前，做好无菌室、超净台的清洁、消毒工作。实验用品清点入台，超净台启动，紫外线消毒 30 min。实验试剂恢复室温后，瓶口、瓶外壁酒精消毒入台。台面酒精消毒，点火，台镊消毒入酒精瓶。这样做好了实验准备。

(3)分装前，做好各瓶贮液量标记，瓶液量要小于瓶容积的 2/3。牛血清等融化后摇匀。方法是：左手掌心托瓶，右手拿瓶口顺时针方向轻轻转动液体，避免用力过猛而使液体沾染瓶口和塞。

(4)抽滤分装时，尽量减少无菌室开门次数和非操作人员进入。严格无菌操作，尽量缩短试剂在空气中暴露的时间。

(5)比较各分装瓶液体的颜色。将液体颜色过浅的瓶弃去，此现象与瓶泡酸后冲洗不净有关(瓶内残留酸性物质)。分装多瓶时，最后几瓶可能出现颜色加深的现象，这是因为瓶口敞开时间过长，液体 CO_2 逃逸，pH 上升的缘故。颜色过深的液体用醋酸调节后使用。

(6)各试剂瓶标记名称、浓度、配制日期、配制人。

(7)抽样(开始、中间、最后瓶)做无菌试验，37℃培养 3 d。

五、细胞培养准备工作要求

基于动物细胞体外培养对培养环境和营养条件近乎苛刻的要求，在正式进行体外培养实验之前，做好充分、细致的实验准备工作，尽可能地为动物细胞的生长提供一个营养合理、条件适宜及无其他微生物污染的生长环境，不但是必需的，而且是最基本的要求。从某种程度上说，实验准备工作的好坏是后续细胞体外培养工作成败的关键，因此，必须高度重视实验前的准备工作。

动物细胞体外培养的准备工作是一个烦冗、漫长的过程，主要的目的是为细胞生长提供一个无菌的、营养丰富的生存环境。准备前首先要制订详细周密的实验方案，方案中主要包括：

(1)写出需要准备的设备、药品、无菌试剂、无菌器材及其他物品；

(2)制备无菌试剂的方法；

(3)准备无菌器材的方法；

(4)实验室的准备。

其中，无菌器材(培养用品)和无菌试剂(培养基等培养用液)是直接与所培养细胞接触的，是确保能否提供无菌环境的关键，对培养细胞的生长繁殖是至关重要的，培养基的正确选择也是满足培养细胞生长所需营养的最基本要求，也是准备工作的重点。

【工作计划】

1. 工作方案

计划表1　细胞培养用液配制工作方案

步骤	工　作　内　容	负责人
1		
2		
3		
4		
5		
6		
7		
8		
9		
10		
11		

2. 材料设备清单

计划表2　主要试剂、材料、设备清单

序号	名称	型号与规格	单位	数量	备注
1					
2					
3					
4					
5					
6					

续表

序号	名称	型号与规格	单位	数量	备注
7					
8					
9					
10					
11					
12					

工作实施

请完成引导问题及相关实训操作。

❖ 引导问题 1：Hank's 液与 D-Hank's 液有什么区别？

❖ 引导问题 2：Hank's 液与 D-Hank's 液溶液是将所有试剂称量后一起溶解还是按一定顺序依次溶解？钙盐、镁盐加入时机是否有特别要求？

❖ 引导问题 3：胰蛋白酶液用 Hank's 液还是 D-Hank's 液溶解？

❖ 引导问题 4：培养基过滤灭菌有什么要求？

❖ 引导问题 5：谷氨酰胺溶液灭菌和储存有什么要求？

❖ 引导问题 6：对溶液配制用水有什么要求？

❖ 引导问题 7：细胞培养用液配制有什么安全要求？

【工作反思】

____

____

____

【标准操作规程】

细胞培养用液配制

一、操作用品

1. 材料和试剂

$CaCl_2$（分析纯）、$MgSO_4 \cdot 7H_2O$（分析纯）、酚红、新鲜制备的超纯水、胰蛋白酶干粉（1∶250）、$NaHCO_3$、胎牛血清（FBS）以及青、链霉素液、称量纸、葡萄糖、KH_2PO_4、$Na_2HPO_4 \cdot H_2O$、NaCl、KCl、NaOH、HCl、DMEM/F-12 培养基、无血清培养基干粉。

2. 器材和设备

高压蒸汽灭菌锅、pH 计、烧杯（1 000 mL）、容量瓶（1 000 mL）、西林瓶、滤纸、一次性 0.22 μm 塑料微孔滤膜、量筒（0.5 L）、玻璃棒、蓝盖试剂瓶（0.5 L）、正压除菌过滤器、搅拌器、层流通风橱、超纯水仪、补料瓶（0.5 L，1 L）、不锈钢消毒桶 10 L、分析天平（感量 0.01 g，0.000 1 g）、药匙。

二、操作步骤

(一)Hank′s 液的配制和无菌处理(1 L)

(1)准确称取 0.14 g $CaCl_2$ 先溶解在装有 100 mL 超纯水的烧杯中。

(2)准确称取 0.20 g $MgSO_4 \cdot 7H_2O$ 溶解在含 100 mL 超纯水的另一烧杯中。

(3)按配方准确称取其他试剂依次溶解在盛有 650 mL 超纯水的烧杯中,注意应待前一种试剂完全溶解后,再溶解下一种成分,混匀。

(4)将 1、2 液缓慢倒入 3 中,并不时搅动,防止出现沉淀。

(5)将 0.35 g $NaHCO_3$ 溶解在 37℃ 100 mL 超纯水中。

(6)用数滴 $NaHCO_3$ 液溶解 0.01 g 酚红。

(7)将 5、6 液逐滴、搅拌加入 4 液中。

(8)将 7 液移入容量瓶,补加超纯水定容至 1 000 mL,然后充分混匀。

(9)过滤除菌后分装,4℃冰箱内保存;或者先分装后,再于 121℃高压蒸汽灭菌 30 min,贴上标签于 4℃冰箱内保存。高压蒸汽灭菌更方便容易。

(10)记录。Hank's 液配制工作完成后,操作人员应及时真实填写相应的记录表格。

(二)D-Hank's 液的配制和无菌处理(1 L)

D-Hank's 液不含 Ca^{2+}、Mg^{2+},配制方法简便;此外,D-Hank's 液不含葡萄糖,配制好后可采用高压蒸汽灭菌法灭菌。D-Hank's 液的配制方法如下。

(1)准确称取所需成分依次溶解在盛有 750 mL 超纯水的烧杯中,混匀;和 Hank's 液的配制过程一样,D-Hank's 配制时也要注意应待前一种试剂完全溶解后,再溶解下一种成分。

(2)将烧杯中溶解充分的溶液转移到容量瓶中,补加超纯水定容至 1 000 mL。

(3)分装后,121℃高压蒸汽灭菌 30 min,贴上标签于 4℃冰箱内保存。

(4)记录。D-Hank's 液配制工作完成后,操作人员应及时真实填写相应的记录表格。

(三)PBS 缓冲液的配制和无菌处理(1 L)

(1)准确称取 8.0 g NaCl、0.2 g KCl、0.24 g KH_2PO_4、1.44 g Na_2HPO_4,溶解在装有 500 mL 超纯水的烧杯中。

(2)移入容量瓶,调 pH7.2,补加超纯水定容至 1 000 mL,然后充分混匀。

(3)置于试剂瓶中,灭菌条件:121℃,60 min,贴上标签于 4℃冰箱内保存。

(4)记录。PBS 缓冲液配制工作完成后,操作人员应及时真实填写相应的记录表格。

(四)血清的灭活处理

(1)选用与血清瓶同规格的对照瓶一个。

(2)对照瓶内放入与血清等体积的水。

(3)对照瓶内插入准确的温度计,放入水浴锅中,接通电源,调节温度控制钮,使温度计温度保持在 56℃。

(4)血清瓶与带温度计的对照瓶一齐放入水浴锅中,待温度计所示温度上升至 56℃时,定时 30 min。

(5)大瓶血清灭活后,进行分装。

(6)分装后，抽样做无菌试验，−70～−20℃保存。

(7)记录　血清灭活工作完成后，操作人员应及时真实填写相应的记录表格。

(五) 0.25%胰蛋白酶液的配制和无菌处理

(1)称量溶解　准确称取胰蛋白酶干粉 250 mg 于无菌烧杯中，先用灭菌的 D-Hank's 调成糊状，然后再补足灭菌的 D-Hank's 至 100 mL，搅拌混匀，置磁力搅拌器上搅拌至溶解(室温和 4℃间断进行，室温高于 30℃要减少酶液在室温中的搅拌时间)。

(2)过滤除菌　针头滤器过滤除菌，分装入西林瓶中(每瓶 1～5 mL)，低温冰箱(−20℃)保存备用。

(3)pH 校准　配好的胰蛋白酶溶液往往偏酸，在使用前可用无菌 7.4% $NaHCO_3$ 溶液调 pH 至 7.2 左右。

(4)记录　0.25%胰蛋白酶液配制工作完成后，操作人员应及时真实填写相应的记录表格。

(六)DMEM/F12 完全培养基的配制和无菌处理

1. DMEM/F12 基础培养基的配制

(1)在搅拌的条件下逐渐分批地加入干粉培养基溶于 800 mL 左右的超纯水中，在上一部分加入的培养基干粉基本溶解后，再加入下一部分的培养基干粉。

(2)干粉培养基充分溶解后，根据包装袋说明和试验需要加入 2.0 g $NaHCO_3$、谷氨酰胺、丙酮酸钠、HEPES 等其他试剂。

(3)根据实际情况用 1 mol/L HCl 或 1 mol/L NaOH 调节 pH 至 6.9～7.1(因为过滤除菌后，培养基 pH 会升高约 0.2，所以此处调节的 pH 非细胞最适 pH)，加水定容到 1 000 mL。

(4)用 0.22 μm 的除菌微孔滤膜过滤除菌，置 4℃保存。

(5)记录　DMEM/F12 基础培养基配制工作完成后，操作人员应及时真实填写相应的记录表格。

2. 完全培养基的配制

(1)加入小牛血清　从−20℃冷冻中取出小牛血清，置于 4℃溶解 1 d 后取出置于室温完全溶解。培养基临用前加入 10%小牛血清。

(2)加抗生素　一般抗生素终浓度为青霉素 100 U/mL，链霉素 100 U/mL。市售青霉素为 80×10^4 U/瓶，可溶于 4 mL 无菌三蒸水，每 1 L 培养液中加 0.5 mL 即可。链霉素为 100×10^4 μg/mL，可溶于 5 mL 无菌三蒸水，每 1 L 培养液中也加 0.5 mL 即可。无链霉素的情况下，用庆大霉素代替，终浓度调为 50～200 U/mL。

(3)记录　完全培养基配制工作完成后，操作人员应及时真实填写相应的记录表格。

(七)无血清培养基(1 L)

(1)在搅拌的条件下逐渐分批地加入干粉培养基溶于 800 mL 左右的超纯水中，在上一部分加入的培养基干粉基本溶解后，再加入下一部分的培养基干粉。

(2)干粉培养基充分溶解后，根据包装袋说明和试验需要加入 1.6 g $NaHCO_3$、谷氨酰胺、丙酮酸钠、HEPES 等其他试剂。

(3)根据实际情况用 1 mol/L HCl 或 1 mol/L NaOH 调节 pH 至 6.9～7.1(因为过滤除菌

后，培养基 pH 会升高约 0.2，所以此处调节的 pH 非细胞最适 pH)，加超纯水定容到 1 000 mL。

(4)用 0.22 μm 的除菌微孔滤膜过滤除菌，置 4℃保存。

(5)记录　无血清培养基配制工作完成后，操作人员应及时真实填写相应的记录表格。

(八)$NaHCO_3$ 溶液(1 L)

(1)准确称取 75 g $NaHCO_3$，溶解在装有 500 mL 超纯水的烧杯中。

(2)移入容量瓶，补加超纯水定容至 1 000 mL，然后充分混匀。

(3)置于试剂瓶中，灭菌条件：121℃，60 min，贴上标签于 4℃冰箱内保存。

(4)记录　$NaHCO_3$ 液配制工作完成后，操作人员应及时真实填写相应的记录表格。

(九)葡萄糖溶液(1 L)

(1)准确称取 500 g 葡萄糖，分批次溶解在装有 900 mL 超纯水的烧杯中。加热溶解。

(2)移入容量瓶，补加超纯水定容至 1 000 mL，然后充分混匀。

(3)置于试剂瓶中，灭菌条件：121℃，60 min，贴上标签于 4℃冰箱内保存。

(4)记录　葡萄糖溶液配制工作完成后，操作人员应及时真实填写相应的记录表格。

(十)谷氨酰胺溶液(100 mL)

(1)准确称取 2.922 g 谷氨酰胺，溶解在装有 80 mL 超纯水的烧杯中。

(2)移入容量瓶，补加超纯水定容至 100 mL，然后充分混匀。

(3)置于试剂瓶中，过滤除菌，贴上标签于－20℃冰箱内保存。

(4)记录　谷氨酰胺溶液配制工作完成后，操作人员应及时真实填写相应的记录表格。

三、注意事项

(1)Hank's 液配制时，为避免形成钙盐、镁盐的沉淀，含 Ca^{2+}、Mg^{2+} 试剂要单独溶解。此外，因 Hank's 液含有葡萄糖成分，无菌处理最好采用滤过除菌；如果要用高压蒸汽灭菌法进行灭菌，可适当降低温度压力值、减少灭菌时间，一般 10 磅(115℃)15min 即可。

(2)称取试剂时，要注意看清楚试剂分子式与配方中分子式是否相符，如水分子含量不同，应当先加以换算。

(3)血清在冷冻保存前最好分装成小瓶储存，解冻后尽量在短时间内用完，以免反复冻融造成血清质量的下降。血清从－20℃冰箱取出解冻时，应先在 4℃冰箱中等其融化后再移入室温，以免温度的突然变化破坏血清中的某些营养成分；解冻后应参照血清供应商的产品说明书，看是否需要灭活处理，如需要，于 56℃水浴中加热 30min 即可。

(4)新鲜三蒸水应储存于棕色磨口试剂瓶中，三蒸水存放时间不要超过两周，最好现制现用。

(5)培养液配好后，应先抽取少许放入培养瓶内，于 37℃温箱内置 24～48 h，以检测培养液是否有污染。

(6)每次配液量以两周左右用完为宜，一次配液不要太多，防止营养成分损失或者污染。

【学习情境相关知识点】

动物细胞培养与植物细胞和微生物的培养有很大不同，主要表现为动物细胞没有细胞壁，对培养条件如温度、pH、气相及无污染环境等的要求非常苛刻，对生长所需的营养条件有着复杂、独特的需求。在动物体内有千万年进化而来的体内生理环境保证生长条件，细胞的营养需求也有机体自身一套独特的生理调节和神经、体液调节机制来保证。但是，细胞一旦脱离机体进行体外培养，就要求尽可能地模拟体内的生理环境。相比于植物组织和微生物的体外培养，动物细胞培养要显得娇嫩得多。温度、pH 等条件的稍微波动都有可能导致培养效果不理想，严重的还会直接导致细胞死亡。

一、培养细胞的生长条件

动物细胞没有细胞壁，生长缓慢，且大多数需附着在支持物上生长。因此，动物细胞培养与微生物细胞培养虽然基本原理相同，但在营养要求和环境条件等方面却有很大的不同。动物细胞培养对营养要求更加苛刻，除氨基酸、维生素、无机盐、葡萄糖等外，还需要血清。动物细胞由于没有细胞壁，对环境极其敏感，需在培养过程中对 pH、溶解氧、温度、剪切力等进行严格监控。另外，动物细胞生长缓慢，培养时间要求更长，因此动物细胞培养防污染的任务更艰巨，在培养基中需添加抗生素来防止污染。

下面从培养细胞的营养需要及生存环境来介绍培养细胞的生长条件。

（一）营养需要

动物细胞的培养对营养的要求较高，在保证细胞渗透压的情况下，培养液中的成分要满足细胞进行糖代谢、脂代谢、蛋白质代谢及核酸代谢所需要的各种营养，如包括十几种必需氨基酸及其他多种非必需氨基酸、碳水化合物、维生素、无机盐类、辅酶、核酸、嘌呤、嘧啶、激素和生长因子，其中很多成分系用血清、胚胎浸出液等提供，因此动物细胞培养在很多情况下还需要加入 10%的胎牛或小牛血清。只有满足了这些基本条件，细胞才能在体外正常存活和生长。

二维码 3-8
动物细胞生长
环境条件

1. 氨基酸

氨基酸是细胞合成蛋白质的原料。不同种类的细胞对氨基酸的要求各异，但有 12 种氨基酸细胞自身不能合成，必须依靠培养液提供，这些氨基酸称为必需氨基酸，体外培养的各种培养基内都含有这些必需氨基酸。此外还需要谷氨酰胺，它在细胞代谢过程中有重要作用，是细胞合成核酸和蛋白质必需的氨基酸，在缺少谷氨酰胺时，细胞生长不良而死亡。因此，各种培养液中都有较大量的谷氨酰胺。但是，由于谷氨酰胺在溶液中很不稳定，应置于 −20℃冰箱中保存，在使用前加入培养液内。已含谷氨酰胺的培养液在 4℃冰箱中储存两周以上时，还应重新加入原来量的谷氨酰胺。

2. 碳水化合物

碳水化合物是细胞生长的主要能量来源，不论是有氧氧化还是无氧酵解，六碳糖都是主要能源。此外，六碳糖也是合成某些氨基酸、脂肪、核酸的原料。细胞对葡萄糖的吸收能力最高，对半乳糖最低。体外培养动物细胞时，几乎所有的培养基或培养液中都以葡萄糖作为必含的能源物质。

3. 无机盐

动物细胞的生长需要 Na^+、Mg^{2+}、Ca^{2+}、Cl^-、SO_4^{2-}、PO_4^{3-}和 HCO_3^-等无机离子的参与。它们在帮助细胞维持渗透压平衡和调节细胞膜功能等方面有重要作用。另外，它们还是某些维生素、激素和酶形成过程中不可缺少的原料，如许多酶都以 Mg^{2+} 作为辅助因子。

4. 维生素

维生素是维持细胞生长必不可少的有机化合物，在细胞代谢中主要扮演辅酶、辅基的角色。它分为脂溶性维生素和水溶性维生素两大类。脂溶性维生素有维生素 A、维生素 D、维生素 E、维生素 K 等；水溶性维生素有维生素 C 和维生素 B_1、维生素 B_2、维生素 B_6、维生素 B_{12} 等。在细胞培养中，尽管血清是维生素的重要来源，但是许多培养基中都添加生物素、叶酸、烟酰胺、泛酸、吡哆醇、核黄素、硫胺素、维生素 B_{12} 以适合更多的细胞系生长。

5. 促生长因子

细胞要进行良好的生长分裂还要在培养基中添加促生长因子及激素。已证明各种激素、生长因子对于维持细胞的功能、保持细胞的状态（分化或未分化）具有十分重要的作用。如胰岛素能促进细胞利用葡萄糖和氨基酸，用量为 1～10 U/mL，对很多细胞的增殖生长均有促进作用。有些激素对某一类细胞有明显的促进作用，如氢化可的松可促进表皮细胞的生长、泌乳素有促进乳腺上皮细胞生长的作用等。血清是提供促生长因子及激素的重要来源，现已从血清中，用生物工程方法制取出多种促细胞生长物并已商品化。因此这方面的营养需要可通过在培养基中添加 5%～20%的小牛血清来满足。

6. 其他成分

(1)微量元素　在细胞生长中，除需钾、钠、钙、镁、氮和磷等基本元素外，也需微量元素，如铁、锌、硒等。有资料证明，还需铜、锰、钒等元素，但均尚未明确所需用量，因此在培养液中尚未把这些元素作为固定成分应用，而且在未加这些元素的情况下，细胞也能增殖生长，这可能是由于在非限定物血清中含有少量这些元素，从而得到补充的缘故。

(2)促细胞贴附物质　体外细胞（少数悬浮型生长的细胞除外）在生长中，有时还需要促细胞贴附物质。它们有助于细胞贴附在各种底物或支持物上增殖生长（如鼠尾胶原、纤维连接素），但这些并非细胞培养所必需。近几年来，已从各种组织和生物成分中分离出多种促细胞贴附物质。

(3) 2-巯基乙醇　在一些较为复杂的细胞培养过程中，其培养液中还包括其他一些成分。如在杂交瘤技术中常用的 DMEM 培养液，使用时还需要补加丙酮酸钠和 2-巯基乙醇(2-mercapto-ethanol，2-Me)。2-Me 是一种小分子还原剂，极易氧化，分子量为 78.13，纯的 2-Me 是一种无色有刺激味的液体，相对密度为 1.110～1.120。常配制成 0.1 mol/L 的储存液，用时每升培养液加 0.5 mL。2-Me 对细胞生长有很重要的作用。有人认为它相当于胎牛血清，有直接刺激细胞增殖的作用。2-Me 的活性部分是巯基，其中一个重要作用是使血清中含硫的化合物还原成谷胱甘肽，能诱导细胞的增殖，为非特异性的激活作用。同时避免过氧化物对培养细胞的损害。另一个重要作用是促进分裂原的反应和 DNA 合成，增加植物凝集素(PHA)对淋巴细胞的转化作用，已广泛应用于杂交瘤技术；另外，2-Me 也开始用于一些难以培养的细胞。

（二）生存环境

1. 培养用水

体外培养的细胞对水质特别敏感，对水的纯度要求较高。培养用水中如果含有一些杂质，即使含量极微，有时也会影响细胞的存活和生长，甚至导致细胞死亡。用金属蒸馏器制备的蒸馏水，可能会含有某些金属离子，一般不作为培养用水。配制培养用液应使用经石英玻璃蒸馏器三次蒸馏的三蒸水或超纯水净化装置制备的超纯水。

2.培养温度

维持培养细胞旺盛生长，必须有恒定而适宜的温度。不同种类的细胞对培养温度要求也不同。人体细胞培养的标准温度为(36.5±0.5)℃，偏离这一温度范围，细胞的正常代谢就会受到影响，甚至死亡。培养细胞对低温的耐受力较对高温强，温度上升不超过39℃时，细胞代谢与温度成正比，人体细胞在39～40℃ 1 h，即能受到一定损伤，但仍有可能恢复；在40～41℃ 1 h，细胞会普遍受到损伤，仅小半数有可能恢复；41～42℃ 1 h，细胞受到严重损伤，大部分细胞死亡，个别细胞仍有恢复可能；当温度在43℃以上1 h，细胞全部死亡。相反，温度不低于0℃时，对细胞代谢虽有影响，但并无伤害作用；把细胞放入25～35℃时，细胞仍能生存和生长，但速度减慢；放在4℃数小时后，再回到37℃培养，细胞仍能继续生长。细胞代谢随温度降低而减慢。当温度降至冰点以下时，细胞可因胞质结冰受损而死亡。但是，如果向培养液中加入一定量的冷冻保护剂（二甲基亚砜或甘油），可在深低温下如－80℃或－196℃（液氮）长期保存。

3. pH

动物细胞生长大多数需要轻微的碱性条件，培养的最适pH为7.2～7.4之间，当pH低于6或高于7.6时，细胞的生长会受到影响，甚至导致死亡。但是，细胞培养最适pH随培养的细胞种类不同而不同。成纤维细胞喜欢较高的pH(pH 7.4～7.7)，而传代转化细胞系则需要偏低的pH(pH 7.0～7.4)。原代培养细胞一般对pH的变动耐受差，永生性细胞系和恶性细胞耐力强。多数类型的细胞对偏酸性的环境耐受性较强，而在偏碱性的情况下则会很快死亡。因此，培养过程一定要控制pH。例如，二倍体成纤维细胞在控制pH的情况下，比在可变pH情况下生长要好得多。

4.气体条件

细胞的生长代谢离不开气体，其所需气体主要是氧和二氧化碳。氧参与三羧酸循环，产生能量供给细胞生长、增殖和合成各种成分。一些细胞在缺氧情况下，借糖酵解也可获取能量，但多数细胞缺氧不能生存。二氧化碳既是细胞代谢产物，也是细胞所需成分，它主要与维持培养基的pH有直接关系。

细胞在生长过程中随细胞数量的增多和代谢活动的加强，不断释放CO_2，致使培养基变酸，pH发生变动。CO_2影响培养基pH的作用机制在于：

$$CO_2+H_2O \rightleftharpoons H_2CO_3 \rightleftharpoons H^+ + HCO_3^- \tag{1-1}$$

因此在环境中CO_2增加时趋于降低pH，导致培养基变酸。一般在动物细胞培养中，用$NaHCO_3$调节CO_2增加引起的培养基变酸，其作用机制为：

$$NaHCO_3 \rightleftharpoons Na^+ + HCO_3^- + H_2O \rightarrow Na^+ + H_2CO_3 + OH^- \rightarrow Na^+ + OH^- + H_2O + CO_2\uparrow \tag{1-2}$$

当HCO_3^-浓度增加时能推动式(1-1)向左移动，使pH达到7.4平衡为止。但从式(1-2)可看出HCO_3^-容易水解为二氧化碳并逸出，从而导致培养液变碱。细胞在碱性环境中时间过长可使细胞碱中毒，故$NaHCO_3$-CO_2缓冲系统只适用于封闭式培养。但封闭式培养满足不了细胞对氧的需求。为解决这一问题，在开放培养时（碟皿或培养瓶松盖培养），一般将细胞置于95%空气加5%二氧化碳的混合气体环境中培养，使细胞代谢产生的CO_2及时溢出培养瓶，再通过稳定调节培养箱中的CO_2浓度，与培养基中的$NaHCO_3$处于平衡状态。

为克服用$NaHCO_3$调整的麻烦，也可使用N-(2-羟乙基)哌嗪-N′-2-乙烷磺酸(HEPES)，它对细胞无毒性，主要是能防止pH迅速变动，其最大优点是在开瓶通气培养或活细胞观察时能维持较恒定的 pH。

5. 渗透压

细胞必须生活在等渗环境中，大多数培养细胞对渗透压有一定的耐受性。人血浆渗透压 290 mOsm/kg，可视为培养人体细胞的理想渗透压。鼠细胞渗透压在 320 mOsm/kg 左右。对于大多数哺乳动物细胞，渗透压在 260～320 mOsm/kg 的范围都适宜。

6. 无毒、无污染

有害物侵入体内或代谢产物积累时，由于体内存在着强大的免疫系统和解毒器官（肝脏等），对它们可进行抵抗和清除，使细胞不受危害。当细胞被置于体外培养后，便失去了对微生物和有毒物质的抵抗能力，一旦被污染或自身代谢物积累等，可导致细胞死亡。因此培养环境无毒和无菌是保证培养细胞生存的首要条件。

二、培养基的物理性质

（一）pH

多数细胞系在 pH 7.4 下生长得很好。尽管各细胞株之间，细胞生长最佳 pH 变化很小。一些正常的成纤维细胞系在 pH 7.4～7.7 生长最好，而一些转化细胞系在 pH 7.0～7.4 更合适。据报道，上皮细胞可在 pH 5.5 维持。为确定最佳 pH，最好做一个简单的生长实验或特殊功能分析。

二维码 3-9 培养基的物理性质

酚红常用作 pH 指示剂。变色范围 pH 6.8～8.0。pH 7.4 呈红色，pH 7.0 变橙色，pH 6.5 变黄色，pH 7.6 红色中略带蓝色，pH 7.8 呈紫色。如前面所说的酚红有类似固醇类激素的作用，如果涉及固醇类激素相关的细胞培养，不要添加。另外在做流式细胞的时候，酚红会对结果产生影响，因此也不要添加。

（二）缓冲

培养基要在两种条件下有一定的缓冲作用：一是开放式培养条件下，CO_2 的释放引起 pH 升高；二是细胞在高密度下，转化细胞系大量产生 CO_2 和乳酸，引起 pH 下降。为了稳定 pH，可以加入缓冲物。

尽管碳酸氢钠缓冲系统在生理 pH 下的缓冲能力差，但由于它毒性小，成本低，对培养物有营养作用，所以它仍比其他缓冲系统使用得多。HEPES 在 pH 7.2 ～7.6 缓冲作用比其他缓冲系统强很多，现在广泛采用的浓度是 10 mmol/L 或 20 mmol/L。

（三）渗透压

多数培养细胞对渗透压有很宽的耐受范围。入细胞浆的渗透压约是 290 mOsm/kg，因而推测这是体外入细胞的最佳值，这与其他细胞不同（如小鼠约是 310 mOsm/kg）。实际上，大多数细胞在 260～320 mOsm/kg 之间完全可行。更高的渗透压通常会使细胞生长速率减缓，但也可使蛋白产物的合成速率加快。因此，有文献报道可将培养基渗透压提高到 360 mOsm/kg，以提高单克隆抗体产量。

（四）温度

温度除了对细胞生长有直接作用之外，还会影响 pH。这是因为低温下 CO_2 溶解度增加，缓冲剂的离子化和 pK_a 上的变化，培养基的 pH 也随之发生变化。室温下应调节到比 36.5℃下低 0.2 个 pH 单位。第一次配培养基时，最好将培养基加入血清，在 36.5℃下和合适的气体条件下培养样品过夜，检查 pH。

（五）黏度

培养基的黏度主要受血清含量的影响，多数情况下，对细胞生长没有影响。但当细胞悬浮液需要搅拌时（如悬浮培养物被搅拌或者胰蛋白酶消化后解离细胞时），培养基的黏度就是一个重要的影响因素。黏度大，细胞受损小。若在搅拌时细胞受到损害，可以用羧甲基纤维素、聚乙二醇或聚乙烯基吡咯烷酮增加培养基的黏度，减轻细胞损害。在低血清浓度或无血清下，这一点特别重要。

（六）表面张力和泡沫

培养基的表面张力可促进培养物贴附到介质上，但很少用某种方法控制它。悬浮培养时，用含 5% CO_2 的空气在含血清培养基中鼓泡，会产生泡沫。加入硅油消泡剂降低表面张力，有助于防止泡沫生成。

泡沫的作用还不清楚。但泡沫会使蛋白质的变性速率增加；如果泡沫达到培养容器的颈部，也增加了污染的危险。泡沫在液面上的破碎过程是能量快速释放的过程，会造成细胞的严重伤害。细胞的轻度疏水性促使细胞在气泡上升过程中向气—液界面聚集，并随气泡上升至液面，在气泡破碎时，加重了对细胞的伤害，如果泡沫很稳定，还会造成泡沫中细胞的营养缺乏。悬浮细胞培养过程中，必须考虑气泡的作用，通常用改变通气方法或加入保护剂的方法来减少对细胞的损伤。

三、培养基种类

（一）天然培养基

天然培养基在细胞培养中使用最早，也最有效，主要包括血清、血浆、胚胎浸出液、水解乳蛋白、胶原等。其中血清是一种仍在广泛应用中的天然培养基，市场有产品出售，而血浆应用较少，因此用时多自行制备。天然培养基营养性较高，培养效果好。但天然培养基成分复杂，个体差异较大，影响对某些实验产物的提取和实验结果的分析；另外易污染，保存期至多一年，且来源上也有一定的限制。因此天然培养基逐渐为合成培养基所替代。

二维码 3-10
天然培养基

1. 血清

血清为天然培养基中最为重要和最常使用的天然培养基，绝大部分动物细胞的体外培养都要添加一定比例的血清。在模拟人体内成分制成的合成培养基中，细胞生长所需营养成分虽相当齐全，但仍然缺少很多能影响细胞增殖和各种生物学性状的未知成分，只有补充血清后，细胞才能更好地生长增殖和进行一定的功能活动。

（1）血清的种类　血清分为人血清和动物血清两大类。培养人细胞用人血清，物种相同，对细胞有利，但因价格昂贵，且有因个体差异造成的生物活性不均一和易混有其他成分如肝炎病毒、艾滋病病毒等病原微生物的缺点，故使用较少。在动物细胞培养中使用最多的还是动物血清。动物血清以牛和马血清为好，牛血清使用更广泛。

牛血清又分胎牛血清和小牛血清两种。胎牛血清是从母牛剖腹取出的胎牛中分离出来的血清，对许多细胞系均有促生长作用，主要用于细胞株的保藏及特殊娇贵细胞株的体外培养，但价格昂贵。小牛血清是从刚出生，但尚未哺乳的小牛分离出的血清，如果厂家产品能做到符合这一要求，小牛血清的质量与胎牛血清的差异也并非很大，也适合许多动物细胞原代和传代培养。但如小牛出生后已哺乳，从这种小牛分离出的血清可能含有较多的生物活性物质，质量显然就不如前者。

（2）血清中的成分及其主要作用　血清是由很多分子量不同的生物分子组成的极为复杂的混合物，包括各种血浆蛋白质、肽类、脂肪、糖类（碳水化合物）、无机物质以及血小板凝集时释放的各种生长因子。

①基本营养物质：血清中含有各种氨基酸、维生素、无机物、脂类物质、核酸衍生物等，都是细胞生长所需的基本营养物质。

②激素：血清中含有各种激素，如胰岛素、肾上腺皮质激素（氢化可的松、地塞米松）、类固醇激素（雌二醇、睾酮、孕酮）、促生长激素等。激素对细胞的作用是多方面的。其中，胰岛素有促细胞摄取葡萄糖和氨基酸的作用，这些作用可能与其能促细胞分裂相关；促生长激素有促进细胞增殖的效应；氢化可的松可能兼有促细胞贴附和增殖的作用。

③生长因子：生长因子是主要的促细胞增殖因子。血清中含有各种生长因子，如成纤维细胞生长因子（FGF）、表皮细胞生长因子（EGF）、血小板生长因子（PDGF）等。

④结合蛋白：结合蛋白的作用是携带重要的低分子量物质，如白蛋白携带维生素、脂肪（脂肪酸、胆固醇）以及激素等，转铁蛋白携带铁。结合蛋白在细胞代谢过程中起重要作用。

⑤贴壁和扩展因子：许多体外培养的细胞必须贴附于培养器皿才能生长，帮助细胞贴壁的物质都属于细胞外基质，细胞在体内生长时具有分泌细胞外基质的功能，而在体外生长时，随着传代次数的增加这种能力逐渐下降甚至丢失。血清中含有这类物质，如纤连蛋白（FN）、层粘连蛋白（LN）等，它们可以促进细胞贴壁。

⑥其他成分：血清中还含有一些微量元素和离子，它们在代谢解毒中起重要作用，如硒等。血清中还含有蛋白酶抑制剂，保护细胞免受死细胞释放的蛋白酶的伤害。此外，血清中还含有抑制细胞增殖的成分，如与培养细胞有交叉反应的抗体，用热灭活方法可被除掉，而不伤害多肽生长因子，不过有时也难免去除掉一些其他有用的成分。因此热灭活血清比不灭活血清的培养效果也不一定总令人满意。

（3）血清的制备和评价　一般细胞培养多用牛血清，用量较大，现牛血清已商品化。从国外或国内均可定购到各厂家的小牛血清制品，因此已无自制必要。

好的血清应该是透明清亮，土黄色或棕黄色，无沉淀或极少量沉淀，比较黏稠。如发现血清浑浊、不透明、含许多沉淀物，说明血清污染或血清中的蛋白质变性；若血清呈棕红色，说明血清中的血红蛋白含量太高，取材时有溶血现象；如果摇晃时感觉液体稀薄，说明血清中掺入的生理盐水太多。如果要进一步了解血清的质量，则应连续培养某些细胞，观察细胞的生长状况。

（4）血清的使用和储存　正确地使用及保存血清，才能使血清发挥应有的作用。

①血清的解冻：采用逐步解冻的方法。将－70～－20℃低温冰箱中的血清放入4℃冰箱中溶解1 d，然后移入室温，待全部溶解后再分装。在溶解过程中需不断轻轻摇晃均匀（小心勿造成气泡），使温度与成分均一，减少沉淀的发生。切勿直接将血清从－20℃进入37℃解冻，这样因温度改变太大，容易造成蛋白质凝集而出现沉淀。

②血清的热灭活:血清热灭活是指56℃、水浴加热30 min已完全解冻的血清,使血清中的补体成分灭活。血清中的补体成分对细胞有毒副作用,会导致平滑肌细胞收缩,肥大细胞和血小板释放组胺,增强吞噬作用,促进淋巴细胞和巨噬细胞发生化学趋化和活化。加热过程中须规则摇晃均匀。一般不建议做此热处理,因为热处理会造成血清沉淀物显著增多,而且还会影响血清的质量。但若用于细胞融合的话,则必须灭活,否则将影响融合率。

③血清的使用浓度:自从有了合成培养基,血清就是作为一种添加成分与合成培养基混合使用,使用浓度一般为5%～20%,最常用的是10%。过多地使用血清,容易使培养中的细胞发生变化,特别是一些二倍体的无限细胞系,迅速生长之后容易发生恶性转化,如骨髓瘤细胞的培养一般只添加5%的血清。

④血清的保存:需要长期保存的血清必须储存于−70～−20℃的低温冰箱中。4℃冰箱中保存时间切勿超过1个月。由于血清结冰时体积会增加约10%,因此,血清在冻入低温冰箱前,必须预留一定体积空间,否则易发生污染或玻璃瓶冻裂。切勿将血清在37℃放置太久,否则血清会变得浑浊,同时血清中的有效成分会破坏而影响血清质量。

2. 血浆

血浆为最早用于细胞培养的培养基,含有纤维蛋白原和一定的营养成分,当与胚胎汁混合后,能发生凝固,构成细胞生长的环境,利于细胞向三维空间生长,其缺点是易于液化。因制备血浆后不再做无菌处理,全过程必须在严密无菌条件下进行。

3. 胚胎浸出液

胚胎浸出液含有生长因子、大分子核蛋白和小分子氨基酸等,有刺激细胞生长的作用,为早年细胞培养使用的培养用液,常用的有鸡胚、牛胚浸出液,现已被合成培养液所代替,但在某些研究中仍有一定的应用价值。

4. 水解乳蛋白

水解乳蛋白系乳白蛋白经蛋白酶和肽酶水解的产物,也是天然培养基的一种,含有丰富的氨基酸;开始是为猴肾细胞培养设计的,但后来也用于培养其他细胞系,效果较好,近年由于广泛使用合成培养基,已代替了乳白蛋白。但其成分简单,在培养基不足等特殊情况下尚有其应用价值。一般配制成0.5%的溶液,与合成培养基经常按1∶1比例混合使用。

5. 胶原

胶原是细胞生长良好的基质,它是从动物特定组织中用人工方法提取出的,利于组织和细胞的固定。胶原主要用于细胞的附着,能改善细胞表面性质,促进细胞生长。胶原可来自大鼠尾腱、豚鼠真皮、牛真皮、牛眼水晶体等,其中以鼠尾胶原最为常用和制备简便,可配制成0.1%～1%的醋酸溶液。

(二)合成培养基

合成培养基的组成成分固定,有利于控制实验条件的标准化。合成培养基的应用极大地促进了培养细胞的发展,已成为现今普遍使用的培养基。但合成培养基尚未成为十分完全的培养基,它只能维持细胞不死,不能促进细胞增殖生长,使用时还需添加天然培养基构成完全培养基,所以合成培养基又被称为基础培养基。

合成培养基的种类:动物体内所有细胞虽有共同的营养需要,但随细胞的种类不同又有所区别,因此合成培养基的种类也很多。目前常见的有MEM,DMEM,RPMI-1640,HamF12,分别介绍如下。

(1)MEM 培养液即 MEM Eagle 培养液，它仅含有 12 种必需氨基酸、谷氨酰胺和 8 种维生素，成分简单，可广泛适应各种已建成细胞系的培养。同时，易于添加或减少某些成分，也特别适于特殊研究的细胞培养工作。

(2)DMEM 培养液是在 MEM 培养液的基础上改良而成，但其各种成分的用量加倍。葡萄糖用量可选择高糖(1 000 mg/L)或低糖(400 mg/L)。低糖对于生长速度较快、附着性稍差的肿瘤细胞生长有利；高糖则特别适用于附着性较差，但又不希望它脱离原来生长点的克隆培养，效果较好，所以常用于杂交瘤技术中骨髓瘤细胞和 DNA 转染的转化细胞的培养。

二维码 3-11 完全培养基与合成培养基

(3)RPMI-1640 培养液也是一种常用的培养液，最初是针对淋巴细胞的培养而设计。问世后发现它能广泛适应许多种类细胞的培养，包括正常细胞和肿瘤细胞的培养，而且成分简单，和 MEM 一样，应用已极其广泛。

(4)HamF12 培养液与其他合成培养液不同之处是使用了一些微量元素的无机离子，如 Cu^{2+}，Zn^{2+}，Fe^{2+} 等，它的重要特点是成分丰富，常用于无血清培养基的研制。HamF12 可以在血清含量较少(2%～10%)的情况下培养细胞，而且特别适用于单细胞的培养，因此用作单细胞克隆化培养。

除上述几种培养液外，还有许多种其他培养基，但特点不明显，这里不再赘述。

(三)完全培养基

合成培养基(基础培养基)只能维持细胞生存，要想使细胞生长和繁殖，还需添加天然培养基，常用的是牛血清，因为牛血清中含有促细胞增殖的各种生长因子和其他多种有利于细胞生存的物质。此外，为防止污染，培养液中尚需加一定量的抗生素。基础培养基添加血清、抗生素等物质后，叫完全培养基，也叫(血清)细胞培养基。完全培养基根据添加血清量的多少，可分为细胞生长培养基和细胞维持培养基，用于不同的细胞和不同的研究目的。

细胞生长培养基(液)是用以维持细胞生长增殖之用，含血清比例较大。生长培养液是培养细胞工作中最主要的培养用液，其组成为：基础培养基 80%～90%，血清(多用小牛血清)10%～20%，抗生素(多用青霉素 100 U/mL 和链霉素 100 μg/mL)。

这是适用于一般细胞的培养液的组成。为培养特定细胞，还要选择适应性培养基，可能尚需添加基本培养基中缺少或该细胞需要的成分。

细胞维持培养基(液)是为维持细胞缓慢生长或不死的培养液，血清含量甚少。一般细胞因缺少生长因子而不能增殖，生长缓慢；但发生转化或癌细胞因自身有产生促生长增殖因子的能力，虽在血清缺少情况下仍能生长；因此维持液可用于选择发生恶性转化的细胞。另外，当细胞接种病毒后，也需将生长培养基换成维持培养基，因接种病毒后主要是病毒在细胞内进行增殖，不需对细胞继续增殖。其组成成分为：基本培养基 95%，血清 2%～5%，抗生素(多用青霉素 100 U/mL 和链霉素 100 μg/mL)。

此处需注意，如培养正常细胞完全不加血清，可维持细胞不死，但时间过长细胞难免退化。

(四)无血清培养基

通常，动物细胞的培养有赖于血清的存在，在传统的天然培养基和合成培养基中，如果不加血清，绝大部分细胞将不能增殖。但使用血清又存在着道德和科学上的问题，如对实验动物的伤害、存在潜在的污染源、细胞产品不易纯化、不同批次血清间的生物活性和因子的不一致及价格高等诸多弊端。有大量实践证明，无血清培养基不仅能在很大程度上避免或改善血清培养基的缺点，而且也能取得良好的培养效果。

二维码 3-12
无血清培养基

无血清培养基的发展从 1975 年垂体细胞株 Gh3 在无血清介质中生长获得成功到现在，无血清培养基的发展大致经历了三代：第一代为一般意义上的无血清培养基，含有各种可替代血清功能的生物材料，含有大量动植物来源蛋白质和不明成分；第二代为无血清、无动物衍生蛋白质培养基，完全不用动物来源蛋白质，需要的蛋白质来源于重组蛋白或蛋白水解物；第三代为双无培养基，完全不含血清、无蛋白质或蛋白质含量极低，且所含蛋白质成分是明确的。随着科技的进步，第四代（目前处于研发阶段）无血清培养基的研究开发并投入市场将成为发展趋势，此培养基完全无血清、无蛋白质，成分十分明确。

1. 无血清培养基

组成无血清培养基的成分十分复杂，一般由两部分组成，即基础培养基和补充因子。基础培养基是各种营养物质的混合物，是维持组织或细胞生长、发育、遗传、繁殖等一系列生命活动所必不可少的物质。补充因子是无血清培养基中用于代替血清的各种因子的总称。这些补充因子可使培养基既能满足动物细胞培养的要求，又能有效地避免和消除含血清培养基的缺点，可分为必需补充因子和特殊补充因子。胰岛素、转铁蛋白和硒几乎是所有的细胞株在无血清培养基中生长时都需要的，即为必需补充因子。特殊补充因子可分为激素和生长因子、结合蛋白、贴壁和铺展因子、微量元素、低分子量营养因子和酶抑制剂等。

由于无血清培养基的成分相对比较清楚，所以人们可根据培养目的及细胞种类，选择合适的基础培养基或改变补充因子的种类和用量以达到更好的培养目的。

目前无血清培养基的组分主要在以下几方面进行改进：

(1)调整补充因子中生长因子的种类及用量；

(2)改变基础培养基；

(3)采用新的补充因子。

通过对无血清培养基成分的适当调整、改进，人们实现了对某一类细胞或细胞产物快速、专一的培养目的，但目前这种改进还未大规模投入生产，且培养的细胞种类具有一定的局限性。

2. 无血清培养基的优点及应用

由于无血清培养基具有组成成分相对清楚、性能更加一致、易于对细胞产物进行纯化和下游加工、培养细胞的功能可以精确评估、增强细胞的生长和增加细胞产物的分泌、生理反应性可以较好对照、可增强细胞内中介物的检测等诸多优点，从而在动物细胞体外培养中的应用日益广泛，主要体现在以下几方面：

(1)用于生产疫苗、单克隆抗体和生物活性蛋白等生物制品；

(2)用于干细胞的体外培养和研究；

(3)用于肿瘤的研究；

(4)用于从多种细胞混杂的培养中选择目的细胞；

(5)研究细胞体外分化的条件或方法；

(6)用于激素、生长因子和药物等与细胞相互作用的研究。

在无血清培养基出现至今的短短几十年中，已经历了三次大的发展，虽然至今仍有适用范围窄、培养基相对较难保存以及成本较高等诸多不足。但随着人们对细胞营养与代谢、细胞周期、细胞凋亡、信号转导以及外源蛋白表达机制等各方面机理认识的不断深入以及细胞培养基设计与研究中的更多科学便捷的方法技术的成熟和采用，相信无血清培养基必将克服其不足，在适合多种细胞生长，具有广泛适用性、生产高效性，降低成本及安全风险，与发酵罐技术良好结合等方面取得更大的突破，使之更广泛地应用于生产实践和基础研究中，特别是对于细胞和癌症机理的研究，从而为人类造福。

【知识与技能总结】

【知识拓展】

胎牛血清使用中的常见问题

1. 如何储存和解冻血清才不会使产品质量受损？

将血清从冷冻箱取出后，先置于 2～8℃冰箱使之融解，然后在室温下使之全融。但必须注意的是，融解过程中必须规则地摇晃均匀。

长时间储存在 2～8℃时，血清中的各种蛋白和脂蛋白(如冷凝集素、纤维蛋白原、粘连蛋白等)可能聚集而形成沉淀或可见的混浊。因此，推荐在－20℃以下储存血清，并避免反复冻融。

2. 血清中包含絮状沉淀，它们是什么，怎么处理？

沉淀包含纤维蛋白和脂蛋白。这是正常特性，不会影响产品性质。要除去沉淀，离心血清(400 g，1～2 min)或者简单地让其沉淀在瓶子底部，将血清小心地转移到另一个无菌瓶里(一般不建议采用过滤的方法除去沉淀，因为沉淀会堵塞滤膜而无法过滤)。大多情况轻轻摇动沉淀并加热至 37℃就会再溶解。所以，使用产品时要摇动并加热血清至 37℃，沉淀会自然消失。

3. 如何避免血清中产生沉淀？

按如下操作可避免沉淀的产生：

(1)解冻血清时，请随时将之摇晃均匀，使温度及成分均一，减少沉淀的发生。

（2）血清分装冻存时，须规则摇晃均匀（小心勿造成气泡），使温度与成分均一。

（3）勿由－20℃直接至37℃解冻，因温度改变太大，容易造成蛋白质凝结而发生沉淀。

（4）勿将血清置于37℃太久，否则血清会变得浑浊，同时血清中许多较不稳定的成分也会因此受到破坏，从而影响血清的品质。

（5）血清的热灭活非常容易造成沉淀物的增多，若非必要，可以无须做此步骤。

（6）若必须做血清的热灭活，请遵守56℃，30 min的原则，并且随时摇晃均匀。温度过高，时间过久或摇晃不均匀，都会造成沉淀物的增多。

4. 培养基中添加了血清和抗生素后，可长期保存吗？

一旦在新鲜培养基中添加了血清和抗生素，应该在两到三周内使用完。因为一些抗生素和血清中的基本成分在解冻后就会开始降解。

5. 有必要做热灭活吗？

实验显示，经过正确处理的热灭活血清，对大多数的细胞而言是不需要的。经此处理过的血清对细胞的生长只有微小的促进，或完全没有任何作用，甚至通常因为高温处理影响了血清的质量，而造成细胞生长速率的降低。而经过热处理的血清，沉淀物的形成会显著地增多，这些沉淀物在倒置显微镜下观察，像是“小黑点”，常常会让研究者误以为是血清遭受污染，而把血清放在37℃环境中，又会使此沉淀物更增多，使研究者误认为是微生物的分裂扩增。

若非必须，可以不需要做热处理这一步。不但节省时间，更确保血清的质量！

6. 细胞培养中出现黑点是污染吗？如何处理？

一旦在细胞培养的过程中发现有黑点生成，首先，要肉眼观察培养基是否混浊，然后，在镜下观察培养细胞生长的状态，黑点是否游动。如果细胞被污染，微生物则会大量繁殖，培养基就会迅速变黄、变混浊。污染包括细菌污染、支原体污染等。

如果在镜下观察细胞，生长状态良好，与黑点出现前相比，没有任何变化，那么，黑点的出现可能与以下几种情况有关：

（1）细胞生长过老，破碎的细胞残骸；

（2）血清质量不好，反复冻融的结果；

（3）配制培养基的pH偏高，不宜细胞生长；

（4）配制培养基的水质、容器不合格。可应用离心、过滤的方法去除这些黑点；

（5）培养原代细胞中出现小黑点，可能是原代组织中的杂质，多次传代可以消除。

7. 新生牛血清和胎牛血清有何区别与注意事项？

来源不同：胎牛血清（Fetal Bovine Serum ，FBS）是在屠宰怀孕母牛的时候，通过心脏穿刺采血获取的胎牛的血清，新生牛血清（Calf Serum，CS）采自出生10～14 d的小牛。

组分与比例不同：两者所含的促细胞生长因子、促贴附因子、激素及其他活性物质等组分与比例不同。

用途与用法不同：某些细胞必需胎牛血清才能生长，而有些细胞只需新生牛血清即可。

使用浓度不同：一般在5%～10%，有特殊要求的浓度在20%。

【考一考】

❖ 第一关:用心思考,正确填写

1. ________为天然培养基中最为重要和最常使用的天然培养基。

2. pH 常用调整液有________、________。

3. 双抗抗生素液由________、________组成。

4. 谷氨酰胺在培养液中很不稳定,________℃下放置 1 周可分解 50%,故应单独配制,置于−20℃冰箱中保存,用前加入培养液。

5. ________和________都能终止胰蛋白酶对细胞的继续作用。

6. 胰蛋白酶浓度大、温度高、作用时间越长,对细胞分离能力也越大,但超过一定的限度也会 ________。

7. 配制培养用液应使用经石英玻璃蒸馏器三次蒸馏的 ________或超纯水净化装置制备的 ________。

8. 维持培养动物细胞旺盛生长,最适温度为 ________,pH ________,渗透压为________ mOsm/kg。

9. 酚红常用作 pH 指示剂。变色范围 pH ________。pH 7.4 呈 ________色,pH 7.0 变________色,pH 6.5 变 ________色。

10. 牛血清又分 ________血清和 ________血清两种。

11. 基础培养基添加________、抗生素等物质后,叫完全培养基,也叫(血清)细胞培养基。

12. 血清必须储存于 ________℃的低温冰箱中。4℃冰箱中保存时间切勿超过________个月。

❖ 第二关:学以致用,解决问题

1. 部门交给你一个任务,完成本公司促红细胞生成素项目细胞培养的 pH 调整液选定工作,请从多角度完成报告。

2. 同事小李在进行 Hank's 液配制过程中总是出现沉淀,培养基制备完成后 pH 总是超标,请你帮他解决这些问题。

❖ 第三关:挑战极限,超越自我

目前,细胞培养基领域主要品牌还是被国外公司占据,如何改变这种局面,请你谈谈自己的想法。

任务四　种子扩增

子任务一　无菌操作

【任务情境描述】

细胞培养室开展关于促红细胞生成素项目的 CHO 工程细胞培养工作,已经完成培养基及杂用液的准备，接下来将要进行细胞的复苏与扩增等工作，这些工作涉及一个非常关键的技术——无菌操作技术。为确保 CHO 工程细胞培养工作顺利进行，室主任要求培养组组员进行无菌操作训练。

【学习目标】

1. 能力目标

（1）通过完成无菌操作任务，学生能运用动物细胞培养工作的基本要求和注意事项等相关知识，根据相关 SOP，完成细胞培养有关的无菌操作。

（2）通过完成 CHO 细胞生产促红细胞生成素项目的各个任务的任务分析，信息搜集、评价和利用，学生能初步具有信息素养。

2. 知识目标

（1）说明动物细胞培养工作的基本要求和注意事项。

（2）说明细胞培养无菌操作基本技术。

3. 素质目标

（1）建立无菌意识、安全意识和创新思维。

（2）建立责任意识、规范意识。

（3）形成严谨细致的作风。

（4）乐学、善思、笃行。

【任务书】

根据细胞无菌操作的相关 SOP，结合动物细胞培养工作的基本要求和注意事项、无菌操作的方法等相关信息，完成无菌操作（图 3-18）训练，包括明确培养前准备要求、操作野消毒、洗手和着装、火焰消毒、实验中的操作要求、培养注意事项和无菌操作方法，并开展实训工作。注意操作的安全与废物/液的环保处理。

【获取信息】

一、动物细胞培养工作的基本要求和注意事项

（一）动物细胞培养工作的基本要求

1. 培养前准备

在开始实验前要制订好实验计划和操作程序。有关数据的计算要事先做好。根据实验要求，准备各种所需器材和物品（无菌物品的准备数要大于使用数），清点无误后将其放置操作场所（培养室、超净台）内，然后开始对超净工作台进行消毒。

二维码 3-13 动物细胞培养工作的基本要求和注意事项

2. 操作野消毒

无菌培养室每天都要用消毒液拖洗地面一次（拖布要专用），新洁尔灭与来苏儿交替使用，每种可连续一周，紫外线照射消毒 30～50 min。超净工作台台面用紫外线消毒至少 30 min，然后启动超净台风机和照明灯，再用

75%酒精擦拭台面即可开始实验操作。

3. 洗手和着装

平时仅做观察不做培养操作时，可穿着细胞培养室内紫外线照射30 min的清洁工作服。在利用超净台工作时，因整个前臂要伸入箱内，应着长袖的清洁工作服或无菌服，并于开始操作前用肥皂洗手，再用75%酒精擦拭手。如果实验过程中手触及可能污染的物品和出入培养室都要重新用消毒液洗手。进入培养室需彻底洗手还要戴口罩、着消毒衣帽。

4. 火焰消毒

在无菌环境进行培养或做其他无菌工作时，首先要点燃酒精灯或煤气灯。以后一切操作，如安装吸管帽、打开或封闭瓶口等，都需在火焰近处并经过烧灼进行。但要注意：金属器械不能在火焰中烧的时间过长，烧过的金属镊要待冷却后才能夹取非耐热物品。吸管使用前其使用端要经火焰消毒，吸取过营养液后的吸管不能再用火焰烧灼，因残留在吸管头中的营养液能烧焦形成炭膜，再用时会把有害物带入营养液。开启、关闭装有细胞的培养瓶时，火焰灭菌时间要短，防止因温度过高烧死细胞。另外，胶塞过火焰时也不能时间长，以免烧焦产生有毒气体，危害培养细胞。

5. 实验中的操作要求

进行培养时，动作要准确敏捷，但又不必太快，以防空气流动，增加污染机会。不能用手触及已消毒器皿，如已接触，应先用酒精棉擦拭再用火焰烧灼消毒或取备用品更换。为拿取方便，工作台面上的用品要有合理的布局，原则上应是右手使用的东西放置在右侧，左手用品在左侧，酒精灯置于中央。工作由始至终要保持一定的顺序性，细胞在未做处理之前，勿过早暴露在空气中。同样地，培养液在未用前，不要过早开瓶；打开的瓶口要顺风斜放在支架上或远处；试剂用过之后如不再重复使用，应立即封闭瓶口，因直立可增加落菌机会。吸取营养液、PBS、细胞悬液及其他各种用液时，均应分别使用不同吸管，做到专管专用，以防扩大污染或导致细胞交叉污染。工作中不能面向操作野讲话或咳嗽，以免唾液将细菌或支原体带入工作台面发生污染。手或相对较脏的物品不能经过开放的瓶口上方，瓶口最易污染，加液时如吸管尖碰到瓶口，则应将吸管丢掉。

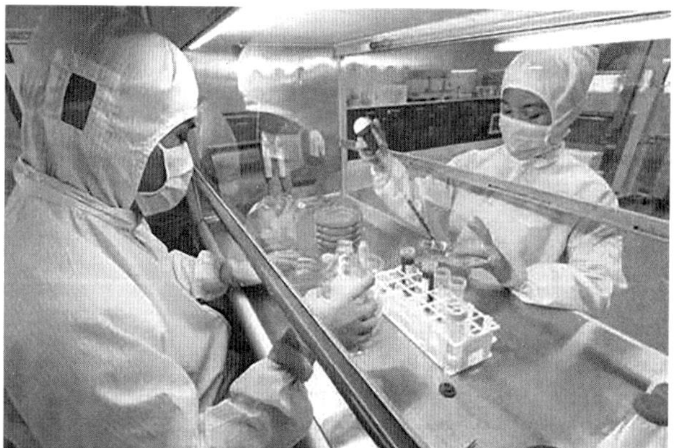

图 3-18　无菌操作

(二)动物细胞培养注意事项

细胞培养是一项程序比较复杂、需求条件多而严格的实验性工作，工作时必须注意以下几点。

(1)将所有的操作程序如洗刷、配液、消毒等制定出统一的规范和要求，并在一定时间内保持相对稳定，同时要求人人遵守。

(2)各种用液(培养液、胰蛋白酶、Hank's 液、$NaHCO_3$、抗生素液)均应由专人负责配制，并保证做到制备浓度精确、灭菌可靠。所有制备好的溶液和试剂瓶上都要贴有标签，注上名称、浓度、消毒与否、制备日期及使用人。

（3）一切培养用品都要有固定的存放地点，其中尤为重要的是：培养用品与非培养用品应严格分开；已消毒与未消毒品应严格分开存放。

一切措施都是为了避免各种杂质混入细胞生存环境，防止微生物感染和细胞“污染”。所谓细胞污染，即细胞间的交叉污染，是指不同的细胞之间因操作不严造成的相互混杂，使细胞群体不纯的现象，近年来世界上不少实验室都出现过这种事故，应引起注意。

二、无菌操作

以超净工作台内更换培养液的无菌操作步骤为例。初学者在正式操作前可反复进行训练，此过程包括以下几个独立的无菌操作技术：

（1）无菌移液管的取出（从包装纸中）、连接（与吸耳球）、移液操作；

（2）瓶塞的无菌起盖操作；

（3）从饭盒中取物品的操作（如果实验中不慎将瓶塞掉在台面等造成瓶塞的可能污染时需更换新的瓶塞）；

（4）无菌操作意识的养成，如吸管用前过火、实验后台面的消毒、所有操作都不能在敞口的瓶口上方进行、手及胳膊不能在敞口的瓶口上方移动等。

二维码 3-14
细胞培养无菌操作技术

【工作计划】

1. 工作方案

计划表 1　无菌操作工作方案

步骤	工　作　内　容	负责人
1		
2		
3		
4		
5		

2. 材料设备清单

计划表 2　主要试剂、材料、设备清单

序号	名称	型号与规格	单位	数量	备注
1					
2					
3					
4					
5					
6					
7					
8					
9					

续表

序号	名称	型号与规格	单位	数量	备注
10					
11					
12					

【工作实施】

请完成引导问题及相关实训操作。

❖ 引导问题 1：无菌操作前，要做好哪些无菌防护？

❖ 引导问题 2：无菌操作前，超净台物品摆放有什么要求？

❖ 引导问题 3：无菌操作前，对超净台应进行哪些操作？

❖ 引导问题 4：无菌操作时，用移液管移取液体有什么要求？

❖ 引导问题 5：无菌操作时，对手的运行轨迹有什么要求？

❖ 引导问题 6：无菌操作时，超净台外物品进入时应做何种处理？

❖ 引导问题 7：无菌操作时，需打开试剂瓶盖取液时应进行怎样操作？应注意哪些事项？

❖ 引导问题 8：无菌操作时，是否必须戴口罩？超净台挡板应落到什么位置？

【工作反思】

____

____

____

____

____

【标准操作规程】

无菌操作

一、操作用品

1. 材料和试剂

0.2%新洁尔灭、75%酒精、培养基。

2. 器材和设备

超净台、酒精喷壶、酒精灯/火焰枪、吸管、培养瓶、250 mL 烧杯、圆头镊、吸耳球、废液缸、污物盒、离心管架。

二、操作步骤

(1)用酒精棉球擦拭超净工作台台面和前屏板的内面。

(2)将实验中所需的操作用具如吸管、胶头滴管、镊子、吸耳球、废液缸、污物盒、离心管架等置于超净工作台内并合理摆放，原则上应是右手使用的东西放置在右侧，左手用品在左侧，酒精灯置于中央。然后打开紫外线消毒 30 min。

(3)肥皂洗手，然后更换无菌工作服、着帽、戴口罩。

(4)超净工作台紫外消毒灭菌 30 min 后，关闭紫外灯，开启照明灯，启动超净台风机，并调节至合适的风速。2 min 后把装有培养液的试剂瓶和长有培养物的培养瓶用 75%酒精棉擦拭后，放到超净工作台台面上。

二维码 3-15
动物细胞无菌操作

(5)点燃酒精灯，用 75%酒精擦拭手。

(6)打开培养瓶。操作时，先在酒精灯附近取下瓶盖，将培养瓶盖口侧放或扣放到超净工作台里边无物品放置区域(若某一时间仅打开一个瓶盖，可以把盖子夹在小指和手掌构成的弯中)，然后拿住培养瓶在火焰中快捷地旋转灼烧瓶口和瓶颈，最后将培养瓶顺风斜放在培养瓶架上或放在手不会在其上方通过的超净工作台较内侧区域。

(7)取吸管，插到吸耳球中。把吸管插入吸耳球中前，先打开包装纸的上部，握住吸管上面部分，再将吸管插入吸耳球中，然后将包装纸往下剥，从包装纸中取出吸管，将包装纸丢入废物筐中。沿着吸管由下向上在火焰上来回移动，边移动、边旋转，这个过程只持续 2～3 s，否则吸管太热，做这步仅仅是为了固定落在吸管上的灰尘。

(8)将培养瓶侧转，用吸管从培养瓶的侧面将原来的培养液吸到废液缸中。

(9)弃去吸管。

(10)打开装有培养液的试剂瓶。操作同第 6 步。

(11)取一根新的吸管，插到吸耳球中。操作同第 7 步。

(12)使试剂瓶向吸管倾斜，以防手移到敞口的瓶子上。用吸管吸出适量的预热至 37℃的新鲜培养液，转移到先前的培养瓶中。

(13)弃去吸管。

(14)重新把试剂瓶或培养瓶的盖子盖好。盖上盖子前，注意在火焰中快捷地旋转灼烧瓶口和瓶颈，瓶盖内侧也快速过一下火焰。

(15)操作完毕，拧紧瓶盖。

(16)把培养瓶放回培养箱中，把培养基放回冰箱中。

(17)清走超净台内开始放入的所有物品，并用 75%酒精擦拭超净工作台台面。

三、注意事项

(1)实验操作前，将所需的各种器材和物品清点无误后，将其放置操作场所内，注意准备量要大于使用量，避免实验中出现失误导致物品不够。这样可以避免开始实验后，因物品不全往返拿取而增加污染的机会。

(2)紫外消毒时超净工作台台面上用品不要过多或重叠放置，否则会遮挡射线降低消毒效果。在超净工作台台面紫外消毒时切勿将培养细胞和培养用液同时照射紫外线。

(3)拿取吸管时，要注意不要接触其使用端；所有操作都避免在敞口的瓶口上方进行。

(4)若在垂直式的超净工作台中操作，不要在开口器皿的上方操作；若在水平式的超净工作台中操作，不要在开口器皿的后方操作。整个操作过程，手和吸管任何部位不要出超净台面。

【学习情境相关知识点】

细胞培养无菌操作基本技术

无菌操作技术分为3个部分：工作环境及表面的处理，细胞培养所用玻璃及塑料制品的处理、培养液与培养细胞的处理。

工作环境的处理使用层流超净工作台是最经济有效的手段。超净工作台正常工作时，向下的气流可阻挡外界空气污染物进入超净台。

超净台或细胞培养通风橱应正确设置，放置于专门用于细胞培养的区域，同时要避免来自门、窗及其他设备的气流，不能有直接的来往通道。

(1)实验前，无菌室及无菌操作台用紫外灯照射30～60 min灭菌，用75%酒精擦拭无菌操作台面，并开启无菌操作台风机运转10 min后，才可开始实验操作。每次操作只处理一株细胞，以免造成细胞交叉污染。实验结束后，将实验物品带出工作台。如需要继续进行下一个实验，则用75%酒精擦拭无菌操作台面，再让无菌操作台风机运转10 min后，才可进行下一个实验操作。

(2)无菌操作工作区域应保持清洁与宽敞，必要物品，如试管架、移液器或吸耳球等可以暂时放置，其他实验用品用完后应及时移出，以利气体流通。在将容器、培养瓶、培养板和培养皿等实验用品放入超净台之前，必须用75%乙醇擦拭其外部。实验操作应在操作台中央无菌区域内进行，勿在边缘非无菌区域操作。

(3)小心取出无菌实验用品，避免造成污染。无菌培养瓶、试剂瓶、培养皿等物品使用时方可揭开盖子，不得将其开放暴露于环境中。操作完成后尽快盖上盖子。使用无菌玻璃吸管或一次性塑料吸管和移液器操作液体；每支吸管只能使用一次，以免交叉污染。使用时方可打开无菌吸管的包装。吸管应始终位于工作区域内。切勿碰触吸管与吸耳球头部或容器瓶口，不要在打开的容器正上方操作实验。容器打开后，用手夹住瓶盖并握住瓶身，倾斜约45°角取用，尽量勿将瓶盖盖口朝上放在台面上。不要从试剂瓶或培养瓶中直接倾倒培养基和试剂。发生液体泼溅时立即吸干并用75%乙醇擦拭该区域。

(4)工作人员应注意自身的安全，必须穿戴实验衣与手套后才进行实验。对于来自人源性或病毒感染的细胞株应特别小心，并选择适当等级的无菌操作台(至少两级)。操作过程中，应避免引起气溶胶的产生，小心有毒性试剂，例如DMSO、TPA等，并避免尖锐物品伤人等。

(5)定期检查下列项目：增湿盘是否有污染；无菌操作台内气流压力是否正常，定期更换紫外灯管及过滤器滤膜、预滤网。

【知识与技能总结】

【知识拓展】

无菌技术核对

为了确保严格执行无菌操作，建议每次进行无菌操作请按照无菌技术核对表(表 3-2)核对。

表 3-2　无菌技术核对表

工作区域
超净台设置是否正确？超净台所在区域有无气流和直接出入通道？
工作台面是否整洁？是否仅仅放置了实验所需的物品？
开始工作前用 75%乙醇擦拭工作台面了吗？
是否定期对培养箱、冰箱、冰柜及其他实验室设备进行清洁和消毒？
个人卫生
您洗手了吗？
您穿戴个人防护设备了吗？
如果您留了长发，您把头发扎在后面了吗？
您是用移液器操作液体吗？
试剂和培养基
您采用适当的方法对实验室中配制的所有试剂、培养基和溶液进行灭菌了吗？
在将容器、培养瓶、培养板和培养皿放入工作台面之前，您用 75%乙醇擦拭其外部了吗？
试剂瓶、培养瓶及其他容器不使用时盖紧了吗？
是否已将所有培养板均放入无菌重复密封袋中？
是否有试剂外观浑浊？是否被污染了？试剂中有漂浮颗粒吗？有难闻气味吗？有颜色异常吗？如果出现上述情况，是否已对其进行去污并丢弃？
操作
您操作时是否缓慢、谨慎、注意无菌技术了？
在将移液器、试剂瓶和培养瓶放入细胞培养超净台之前，用 75%乙醇擦拭其表面了吗？
是否将盖子口朝下放置在工作区域？
您是使用无菌玻璃吸管或者一次性无菌塑料吸管操作液体吗？
无菌吸管是否仅仅使用一次以免交叉污染？
您是否注意到避免使吸管尖端触碰到任何非灭菌物品包括瓶口螺纹的外缘？
发生液体泼溅时是否立即吸干并用 75%乙醇擦拭该区域？

【考一考】

❖ **第一关：用心思考，正确填写**

1. 进行培养时，动作要准确敏捷，但又不必________，以防空气流动，增加污染机会。
2. 工作台面上的用品要有合理的布局，原则上应是右手使用的东西放置在________侧。
3. 吸取营养液、PBS、细胞悬液及其他各种用液时，均应分别使用________吸管。
4. 实验前，无菌室及无菌操作台用紫外灯照射________min 灭菌，用________酒精擦拭无菌操作台面，并开启无菌操作台风机运转 10 min 后，才可开始实验操作。

❖ **第二关：学以致用，解决问题**

同事小张在使用一次性的细胞培养瓶及移液管进行细胞培养的传代后，发现细胞出现了染菌情况，传代用培养基没有出现污染状况，请推断其可能的原因。

❖ **第三关：挑战极限，超越自我**

目前，各细胞培养用品生产公司都在大力推荐一次性用品，请你从多角度分析其利与弊并表达你的观点。

子任务二　种子复苏

【任务情境描述】

细胞培养室进行关于促红细胞生成素项目的 CHO 工程细胞培养工作，已经完成培养基及杂用液的准备，接下来需要启动种子复苏工作。细胞种子为冻存于 3 号液氮罐的工作细胞株。室主任要求培养室迅速开展种子复苏工作，要求注意复苏安全，严格无菌操作。

【学习目标】

1. 能力目标

(1)通过完成种子复苏任务，学生能运用细胞复苏相关知识，根据 SOP，完成冻存于液氮中的细胞复苏操作。

(2)通过完成 CHO 细胞生产促红细胞生成素项目各个任务的任务分析，信息搜集、评价和利用，学生能初步具有信息素养。

2. 知识目标

(1)解释复苏原则。

(2)掌握冷冻细胞复苏方法。

(3)说明细胞复苏失败可能因素。

3. 素质目标

(1)建立无菌意识、安全意识、环保意识和创新思维。

(2)建立责任意识、规范意识。

(3)形成严谨细致的作风。

(4)塑造敬岗爱业精神。

(5)乐学、善思、笃行。

【任务书】

根据细胞种子复苏操作的SOP,结合细胞复苏指导原则等相关信息,完成细胞种子复苏操作,包括明确冷冻细胞的复苏原则、技术要求、安全要求、复苏方案,并开展实训工作。注意操作的安全与废物/液环保处理。

【获取信息】

细胞复苏指导原则

(一)冷冻细胞的复苏

复苏过程会对冷冻的细胞造成不利影响,采用良好的技术快速完成操作可确保较多细胞能在解冻后复苏。与其他细胞培养操作一样,严格遵守所用细胞和试剂附带的操作说明,以便获得最佳结果。在细胞复苏操作过程中,需要遵循以下原则:

(1)在37℃的水浴中迅速将冷冻的细胞解冻(1 min内)。

(2)用预热的生长培养基缓慢稀释解冻的细胞。

(3)将解冻的细胞高密度接种,以提高细胞复苏效果。

(4)必须采用正确的无菌技术,并且在层流通风橱内进行。

(5)必须穿戴个人防护设备,包括面罩或护目镜(储存在液相中的冻存管解冻时有爆炸的危险)。

(6)有些冻存培养基含有DMSO,DMSO可促进有机分子进入组织。操作含DMSO的试剂时,应采用与此类物质安全危害相适应的设备和操作规范。

(二)冷冻细胞复苏方案

以下实验方案介绍了冷冻细胞解冻的一般流程。详细的实验方案,必须参阅针对具体细胞的产品说明书。

(1)将装有冷冻细胞的冻存管从液氮容器中小心取出,迅速放入37℃水浴中。

(2)在37℃水浴中轻轻转动冻存管,使细胞迅速解冻(1 min内)直到冻存管内仅剩余一小块冰芯。

(3)将冻存管转移到层流通风橱内。打开盖子前,用75%乙醇擦拭冻存管外部。

(4)将解冻的细胞完全转移到装有适量经过预热、适合该细胞系的完全生长培养基的离心管内。

(5)以大约200 g的离心力将细胞悬液离心5～10 min。实际离心速度和时间取决于细胞种类。

(6)离心后,检查上清液是否清澈,有无完整的细胞沉淀。在无菌条件下小心倒掉上清液,不要搅动细胞沉淀。

(7)轻轻将细胞重新悬浮在完全生长培养基中,然后转移到37℃、5%CO_2培养箱中培养,次日可以换液,弃去漂浮的死亡细胞,此时存活的细胞大部分可贴壁生长并增殖。

注:培养瓶尺寸取决于冻存管冻存的细胞数量,培养环境取决于细胞和培养基类型。

【工作计划】

1. 工作方案

计划表1　种子复苏工作方案

步骤	工　作　内　容	负责人
1		
2		
3		
4		

2. 材料设备清单

计划表2　主要试剂、材料、设备清单

序号	名称	型号与规格	单位	数量	备注
1					
2					
3					
4					
5					
6					
7					
8					

【工作实施】

请完成引导问题及相关实训操作。

❖ 引导问题1:细胞复苏原则是什么?

❖ 引导问题2:从液氮中取出细胞前应做哪些准备?

❖ 引导问题3:细胞复苏温度是多少? 提供温度的设备是什么?

❖ 引导问题4:冻存管放入水浴锅前,操作人员需要配备什么安全设备?

❖ 引导问题5:细胞冻存管需要在水浴锅中彻底融化吗?

❖ 引导问题6:细胞冻存管中的冻存液需要马上去除吗? 如何去除冻存液?

❖ 引导问题7:细胞从冻存管移到培养瓶后放置到什么设备中培养? 培养条件是什么?

❖ 引导问题8:什么时候检查复苏效果?

❖ 引导问题9:细胞复苏操作哪些环节需要注意哪方面的无菌要求?

❖ 引导问题10:细胞复苏操作有何安全要求?

❖ 引导问题11:细胞复苏操作有何环保要求?

【工作反思】

【标准操作规程】

细胞复苏

一、操作用品

1. 材料和试剂

含10%血清的细胞培养液(DMEM/F12)、液氮中保存的CHO工作细胞。

2. 器材和设备

镊子、37℃水浴锅、离心机、超净工作台、酒精灯、吸耳球、灭菌5mL和10mL的吸管、灭菌细胞培养瓶、记号笔、二氧化碳培养箱等。

二、操作步骤

(1)取　操作者用镊子将要复苏的细胞冻存管从液氮罐中取出。注意佩戴防护用具。

(2)融　将细胞冻存管立即放入37℃水浴中，轻摇至融化仅剩小冰芯。此时要佩戴护目镜，防止因冻存管意外炸裂带来伤害。

(3)离　将融化好的细胞冻存管放入离心机中，补加培养基至10 mL，1 000 r/min，离心10 min，弃上清液。

二维码3-16
细胞复苏操作技术

(4)接　用5mL吸管吸取适量完全培养基吹悬细胞沉淀，使细胞吹散悬浮，转入细胞培养瓶中。

(5)标　在培养瓶上写明细胞的唯一性信息、复苏日期及操作人等信息。

(6)培　接种后的细胞培养瓶置5%CO_2、37℃二氧化碳培养箱培养。次日可以换液，弃去漂浮的死亡细胞，此时存活的细胞大部分可生长并增殖，一般一支细胞冻存管复苏后接种一瓶。24 h后观察细胞。

(7)记录　CHO细胞的复苏工作完成后，操作人员应及时真实填写相应的记录表格。

三、注意事项

(1)整个操作都需在无菌条件下进行，严防污染。

(2)将细胞从液氮罐中拿出时，要戴手套或用镊子夹持冻存管，以防冻伤。

(3)应根据细胞对营养的要求选择不同的培养液对细胞进行复苏，如杂交瘤细胞复苏时所用的营养液为含20%小牛血清的RPMI-1640培养液；一般细胞复苏时用DMEM/F12培养液。

【学习情境相关知识点】

细胞复苏基本知识

细胞置于液氮中，正常情况下，可保存数年至数十年。细胞复苏与冻存的要求相反，应采用快速融化的手段。复苏时融解细胞速度要快，使之迅速通过细胞最易受损的－5～0℃，这样可以保证细胞外结晶在很短的时间内即融化，避免由于缓慢融化使水分渗入细胞内形成胞内再结晶对细胞造成损害，以防细胞内形成冰晶引起细胞死亡。冻存的细胞并非100%复苏成功。失败可能与以下因素有关：

(1)冻存时细胞数量少或生长状态不良。

(2)细胞受细菌或支原体污染。

(3)液氮罐保管不善，没有及时补充液氮。

(4)复苏时培养条件改变，如换用另一批号小牛血清或不同种培养液。

(5)冻存和复苏方法不得当，如冻存和复苏的速度以及冻存液的组成等。

【知识与技能总结】

【知识拓展】

细胞复苏仪器

细胞的存储与转运要在低温冻存条件下实现，细胞的提取与应用通常采用水浴的解冻复苏方式，而传统的水浴解冻复苏又面临着无法程序控制管理，人为的主观错误判断及水浴污染带来了一定的风险。

细胞解冻系统，是一款自动化细胞解冻复苏的仪器。与传统的水浴操作相比，该仪器操作简单、重复性好，可有效避免污染。由于仪器自动执行一系列连续的操作，因此排除了基于推测或主观因素造成的操作和污染的风险，再现性高。系统适用于干冰、－80℃冰箱、液氮等保存的冷冻细胞。操作简单，仅需要插入冻存管等待结束即可，处理完成时，冻存管会自动弹出。

【考一考】

❖ **第一关:用心思考,正确填写**

1. 冻存细胞在 ________ ℃的水浴中迅速将冷冻的细胞解冻(________ min 内)。
2. 将解冻的细胞 ________ 接种,以提高细胞复苏效果。
3. 冻存管放入水浴锅前,必须穿戴个人防护设备,包括 ________ 或 ________ 。
4. 在复苏细胞培养瓶上写明 ________ 、________ 及 ________ 等信息。

❖ **第二关:学以致用,解决问题**

同是承担细胞培养工作的小张是另一公司的技术人员,今天给你打电话来咨询其在细胞复苏工作中的问题,他说其复苏的细胞已经培养 3 d 了,仍然没有扩增迹象,询问你他接下来该如何办,请你帮帮他吧!

❖ **第三关:挑战极限,超越自我**

一天,一位同事问你,细胞复苏操作中,如果把水浴锅改换成为培养箱怎么样,你将如何回答这个问题?

子任务三　种子扩增

【任务情境描述】

CHO 工程细胞培养工作,种子已经复苏完毕,且生长状况良好,在细胞培养瓶中的汇合度已经达到 80%,可以展开下一步扩增工作。室主任要求培养室迅速开展扩增工作,要求严格按照标准操作规程工作,严格无菌操作,注意安全与环保。

【学习目标】

1. 能力目标

(1)通过完成种子扩增任务,学生能运用细胞传代、胰蛋白酶消化、细胞工厂相关知识,根据 SOP,完成细胞从培养瓶到细胞工厂的扩增工作。

(2)通过完成 CHO 细胞生产促红细胞生成素项目的各个任务的任务分析,信息搜集、评价和利用,学生能初步具有信息素养。

2. 知识目标

(1)掌握贴壁细胞的传代方法。

(2)解释胰蛋白酶消化方法。

(3)说明细胞工厂操作方法。

(4)了解贴壁细胞在体外生长时的特点。

(5)解释培养细胞生命期。

(6)了解细胞的“一代”定义。

(7)说明种子细胞扩增过程。

3. 素质目标

(1)建立无菌意识、安全意识、环保意识、成本意识和创新思维。

(2)建立责任意识、规范意识、团队意识。

(3)形成严谨细致、争创一流的作风。

(4)建立劳动光荣信念,塑造敬岗爱业精神。

(5)乐学、善思、笃行。

【任务书】

根据细胞种子扩增的相关SOP,结合动物贴壁细胞传代、胰蛋白酶消化的影响因素及注意事项、细胞工厂操作等相关信息,完成种子扩增工作,包括明确贴壁细胞的传代方法、如何进行细胞工厂接种方法,并开展实训工作。注意操作的安全与废物/液环保处理。

【获取信息】

一、细胞传代

培养细胞传代根据细胞的不同采取不同的方法。贴壁生长的细胞用消化法传代(图3-19),部分轻微贴壁生长的细胞用直接吹打即可传代。

1. 贴壁细胞的传代

常用胰蛋白酶对贴壁细胞进行消化传代,它可以破坏细胞与细胞、细胞与培养瓶之间的细胞连接或接触,从而使它们间的连接减弱或完全消失,经胰蛋白酶处理后的贴壁细胞在外力(如吹打)的作用下可以分散成单个细胞,再经稀释和接种后就可以为细胞生长提供足够的营养和空间,达到细胞传代培养的目的。贴壁细胞的消化法传代一般包括以下步骤。

(1)吸弃或倒掉瓶内陈旧培养液。

(2)加入适量消化液于培养瓶内,轻轻摇动培养瓶,使消化液流遍所有细胞表面,吸掉或倒掉消化液后再加1～2 mL新的消化液,轻轻摇动后再倒掉大部分消化液,仅留少许进行消化。也可不采用上述步骤,直接加消化液进行消化。

(3)把培养瓶放置显微镜下进行观察,消化1～3 min后,发现细胞质回缩、细胞间隙增大后,应立即终止消化。消化最好在37℃或室温25℃以上环境下进行。每次细胞消化的酶浓度、温度条件应当一致。第一次消化时应在显微镜下观察确定最佳消化时间。

(4)吸除或倒掉消化液,如用EDTA消化,需加Hank's液数毫升,轻轻转动培养瓶把残留消化液冲掉后再加培养液。如仅用胰蛋白酶可直接加少许含血清的培养液,终止消化。

(5)用吸管吸取瓶内培养液,按顺序反复吹打瓶壁细胞,从培养瓶底部一边开始到另一边结束,以确保所有底部都被吹到。吹打时动作要轻柔不要用力过猛,同时尽可能不要出现泡沫,以免对细胞造成损伤。细胞脱离瓶壁后形成细胞悬液。

(6)计数后,按要求的接种量接种在新的培养瓶内。

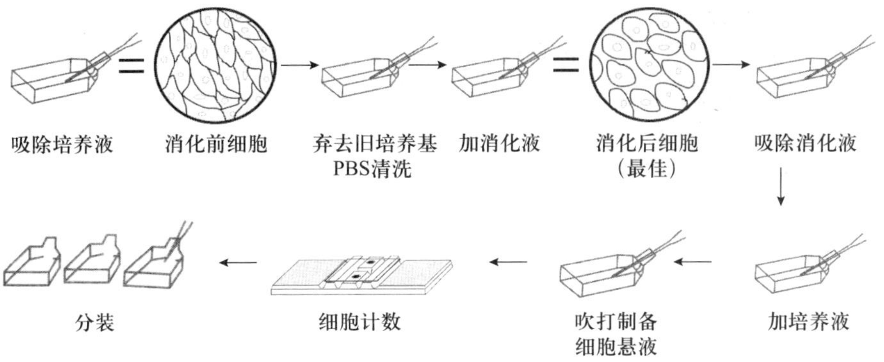

图 3-19　贴壁细胞消化法传代培养操作技术

2. 胰酶消化的影响因素及注意事项

(1)其实绝大部分细胞消化的时候是只要用胰蛋白酶润洗一遍即可，吸去胰蛋白酶后，残留的那些无法计算体积的附着在细胞表面的微量胰蛋白酶，在 37℃条件下，一般不到 2 min 即可消化细胞(绝大部分 1 min 不到)。对于这些细胞原则上不要用胰蛋白酶孵育细胞，连续这样传代，对细胞伤害很大。简单的程序是 PBS 润洗吸去，胰蛋白酶润洗吸去，然后 37℃消化。

(2)不是细胞全部成间隔分布很离散的单个圆形才算消化好了，一般用肉眼观察贴壁细胞层，只要能移动了，多半呈沙状移动，其实已经可以了，很多人喜欢把细胞消化或者吹打成完全分离细胞，这是没有必要的。一般能移动了，说明细胞与培养基质材料的附着已经消失了，细胞之间的附着也已经消失了，细胞已经独立分布了(虽然没有呈现很广的离散分布)。这个时候应该停止消化，不要等到看到镜下所有细胞都分离得非常好，间隙很大，才停止。

二、细胞工厂培养

细胞工厂(Cell Factory)是一种设计精巧的细胞培养装置，它由一组长方形多层小室组成，每个小室类似于长方形培养皿。在有限的空间内利用了最大的培养表面，从而节省了大量的厂房空间，无需进行任何厂房改造即可实现扩大产能的目的。

二维码 3-17
细胞工厂操作技术

【工作计划】

1. 工作方案

计划表 1　种子扩增工作方案

步骤	工　作　内　容	负责人
1		
2		
3		
4		
5		
6		
7		

2. 材料设备清单

计划表 2　主要试剂、材料、设备清单

序号	名称	型号与规格	单位	数量	备注
1					
2					
3					
4					
5					
6					
7					
8					
9					
10					
11					
12					

【工作实施】

请完成引导问题及相关实训操作。

❖ 引导问题 1：胰蛋白酶消化需要借助哪种仪器？消化终止的判断标准是什么？

❖ 引导问题 2：你选择的胰蛋白酶消化浓度、温度及适用量是多少？

❖ 引导问题 3：胰蛋白酶消化有什么需要注意的地方？

❖ 引导问题 4：采用什么方法终止胰蛋白酶消化？

❖ 引导问题 5：可以传代的标准是什么？

❖ 引导问题 6：细胞培养瓶有哪些规格，传代方法是什么？

❖ 引导问题 7：细胞工厂是什么？

❖ 引导问题 8：如何进行细胞工厂的进液与排液操作？

❖ 引导问题 9：种子扩增操作有何安全要求？

❖ 引导问题 10：种子扩增操作有何环保要求？

【工作反思】

【标准操作规程】

细胞传代与细胞工厂接种

一、操作用品

1. 材料和试剂

D-Hank's 液(或 PBS)、消化液(0.25%胰蛋白酶液)、完全 DMEM/F12[含 10%胎牛血清(FBS)+抗生素培养液]、复苏细胞(25 mL 细胞培养瓶)。

2. 器材和设备

超净工作台、倒置显微镜、二氧化碳培养箱、低速离心机、细胞培养瓶(25 cm^2、75 cm^2、150 cm^2)、刻度吸管、助吸器、火焰枪、细胞工厂、蠕动泵。

二、操作步骤

(一)贴壁细胞传代

1. 传代前准备

传代前先把培养基和 0.25%胰蛋白酶液从冰箱放到室温 1～2 h,由于冰箱中的培养基温度与无菌室的温差很大,这样做可以防止细胞"感冒"。超净台台面用 75%酒精擦拭,将操作所需物品按正确位置放入超净台,超净台灭菌 30 min。观察细胞培养瓶内的细胞生长状况及有无污染。细胞状态良好,无污染,细胞培养瓶中的细胞达到贴壁面 80%(汇合度)以上时,即可进行传代操作。

二维码 3-18
贴壁细胞传代技术

2. 传代

(1)弃　从 CO_2 培养箱中拿出细胞培养瓶,对细胞培养瓶表面进行酒精消毒后,放入局部 A 级操作台内。使培养瓶的细胞面向上,用吸管吸出培养液(操作熟练后也可将培养液倒入盛污物的三角瓶内,避免倒出的液体回流,或两瓶口相接触,以免发生污染),弃掉。

(2)洗　用 D-Hank's 液(或 PBS 液)清洗 2～3 次,每次约用 2 mL。

(3)消　向培养瓶内加入消化液约 2 mL,室温下消化。此步为传代的关键步骤。观察消化细胞,掌握好消化程度。

将培养瓶置于倒置显微镜下观察,当发现细胞胞质回缩,细胞与细胞之间相互接触松散、间隙增大、细胞变圆或出现蜘蛛网状结构时,立即将培养瓶直立终止消化(约需 2 min)。用肉眼观察时可见培养瓶的细胞面出现类似水汽的一层结构,即出现发雾现象,这是因为细胞被消化后部分细胞回缩,细胞与细胞间出现间隙,有细胞的地方透光性降低,无细胞的地方透光性增加,使得细胞面透光性变得不均匀,产生水汽样结构。

(4)离　待消化结束后,向培养瓶内加入 2 mL 完全 DMEM/F12 培养基终止消化。拍打培养瓶,促使已松动的细胞从瓶壁脱落。然后用吸管将细胞从瓶壁吹打下来,将细胞悬液转移到 15 mL 无菌离心管中,1 000 r/min,10 min 离心去除胰蛋白酶。

(5)悬　离心完毕,弃去上清,加培养液 5 mL,用吸管吸取培养液轻轻反复吹打细胞,使细胞混匀形成细胞悬液。吹打勿用力过猛,以免伤害细胞。

(6)接　将细胞悬液从 25 cm^2 接种到 75 cm^2 细胞培养瓶[用步骤(5)中的吸管],再向培养瓶补加培养基(重新换 5 mL 吸管)到 15 mL。

(7)标　在培养瓶侧面标记出细胞名称、操作人和操作时间等事项。

(8)观　在倒置显微镜下观察细胞的形状及状态,同时用肉眼观察细胞培养液的颜色。

(9)置于 37℃、5% CO_2 培养箱中培养。此后每 3 d 换液一次培养基,并注意观察细胞传代培养后的形态变化。

3. 记录

CHO 细胞的传代工作完成后,操作人员应及时真实填写相应的记录表格。

4. 75 cm^2 到 150 cm^2 细胞培养瓶传代

75 cm^2 细胞培养瓶中细胞生长状况良好,无污染,汇合度达到 80%以上时,即可进行传代操作。按步骤 2 与 3 进行操作。其中步骤 2(6)为细胞悬液从 75 cm^2 细胞培养瓶传至 150 cm^2 细胞培养瓶。补加培养基至 30 mL。

5. 150 cm^2 到 150 cm^2 细胞培养瓶传代

150 cm^2 细胞培养瓶中细胞生长状况良好,无污染,汇合度达到 80%以上时,即可进行传代操作。按步骤 2 与 3 进行操作。其中步骤 2(6)为细胞悬液按 1∶3 的比例分配,接种到 3 个 150 cm^2 培养瓶内,再向各瓶补加培养基(重新换 5 mL 吸管)至 30 mL。细胞进行传代时,要先进行细胞计数,之后再按要求接种,确保细胞以合适的密度接种,对于经常进行细胞传代的工作者凭经验即可直接估算细胞接种的比例。采用血细胞计数仪按台盼蓝染色法或使用自动细胞计数仪测定总细胞数和活细胞百分比。

注:如果使用培养瓶,将其放入培养箱前应将瓶盖旋松,以便进行充分的气体交换,除非使用的是通气式培养瓶和透气性瓶盖。

(二)细胞工厂接种操作

(1)将 3 个汇合度达到 80%的 150 cm^2 培养瓶中的培养细胞收获,转入无菌补料瓶中,补加 DMEM/F12 培养基至说明书中细胞工厂要求的体积。

(2)将细胞工厂放入超净台中,将两个盖子打开,将其中一个口与接种管连接,通过蠕动泵将补料瓶中种子细胞泵入细胞工厂。

(3)断开接种管,盖紧两个盖子,将细胞工厂翻转 90°,带有进液口的一面在上,另一口在下,静置一段时间,培养基便会自动平均分配到每一层腔室中,也可水平轻晃,帮助培养基分配。

(4)双手握住细胞工厂的两个面,缓慢地将细胞工厂立起,两个口在上方,孔的朝向为水平方向,等待液面稳定后,双手握住细胞工厂的另两个面,缓慢将细胞工厂放倒,两个口在上方,孔的朝向为上。不要抓握第一层边缘,以防造成损坏。

(5)将细胞工厂放入二氧化碳培养箱中,以 37℃、5% CO_2 培养。此后每 3 d 换液一次培养基。

注意事项:

(1)严格无菌操作。

(2)移动细胞工厂的时候要尽量保持水平,否则会造成每层溶液不均匀。

(3)放置细胞工厂的平台或架子一定要水平,防止同层的细胞溶液厚度不同。

(4)由于细胞工厂的进液口是熔点低的材料制成,因此火焰保护时要小心,不要使之变形。

(5)清洗细胞工厂时,如用水流冲洗,切忌用较急的水流冲洗,否则将造成细胞工厂的损坏。

(6)清洗后的细胞工厂放到镜下观察，还可看到少量的细胞残留在上面，不易清洗下来。根据经验，细胞工厂可重复利用3～4次，但不能高压消毒灭菌，需要通过^{60}Co照射之后再利用。

(7)四层细胞工厂放到镜下观察时，只能看到最下一层细胞的状态。10层或40层中细胞状态的观察则需要用四层细胞工厂对照观察。

【学习情境相关知识点】

一、培养细胞的生长特点

贴壁细胞在体外生长时具有一些特点，其中主要是细胞贴附、接触抑制和密度依赖性。悬浮细胞没有细胞贴附、接触抑制的特点。

(一)贴附生长

附着于一定的底物并伸展，是大多数体外细胞培养的基本生长特点。体内细胞接种到培养器皿以后，首先要发生贴附，这是细胞培养开始后能否成功的第一步。一般来说，从底物脱离下来的贴附生长型细胞，不能长期在培养基中悬浮生长而逐渐衰退，除非是转化了的细胞或肿瘤细胞。支持细胞生长的底物可以是其他细胞、胶原、玻璃或塑料等。培养细胞在未贴附于底物之前一般呈球体状，当与底物贴附后，细胞将逐渐伸展而形成一定的形态，呈上皮细胞样或呈成纤维细胞样等。

二维码 3-19 培养动物细胞的生长特点

1. 影响细胞贴附的因素

细胞贴附现象是一个非常复杂的与多种因素相关的过程，主要的影响因素如下。

(1)底物的表面特性　底物表面不洁不利贴附；底物表面带有阳性电荷利于贴附。

一些特殊的促细胞附着的物质(如基膜素、纤维连接素、血清扩展因子等)可能参与细胞的贴附过程。这些促细胞贴附因子均为蛋白质，存在于细胞膜表面、培养基和血清之中。在培养过程中，这些带阳性电荷的促贴附因子先吸附于底物上，悬浮的球形细胞再与已吸附有促贴附物质的底物附着，进而细胞逐渐伸展成一定的形态。

(2)培养液离子的浓度和pH　培养液中钙离子的含量过低、pH过高时不利于细胞的贴附和伸展。

(3)培养液的一些物理因素　低温、培养基流动过快、培养液的悬浮力过高等均可妨碍细胞的贴附。

2. 贴附的过程

细胞附着于生长基质的过程可分为以下4个阶段(图3-20)。

(1)吸附　促贴附因子(带正电荷)对带负电荷的细胞产生静电吸引力，使细胞容易贴附。

(2)接触　细胞以伪足与生长基质初期附着，与生长基质形成一些接触点。

(3)贴壁　细胞完全贴附于生长基质表面。

(4)扩展　细胞在生长基质表面逐渐呈放射状扩展，最终变成极性细胞。

(二)接触抑制

接触抑制是指体外培养的细胞在贴附底物上连接成片、相互接触后失去运动的现象，是

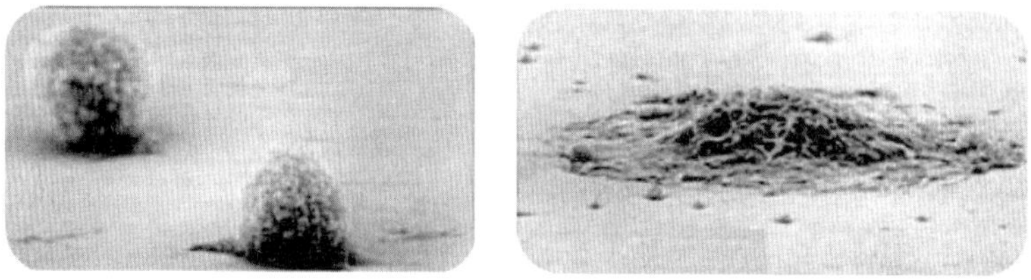

(a) 细胞吸附与接触 (30 min)　　(b) 细胞贴壁 (2 h)

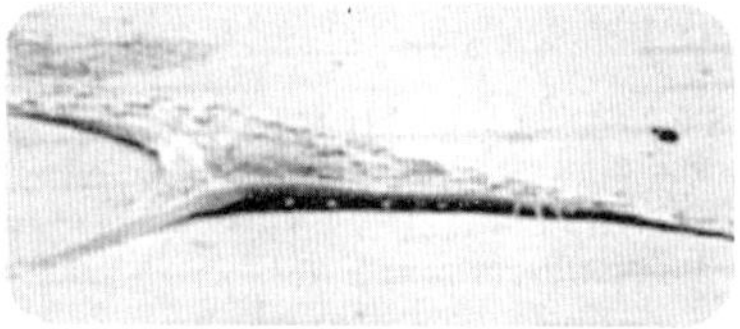

(c) 扩展 (24 h)

图 3-20　细胞贴附的过程

贴附生长型细胞的特性之一。正常细胞在数量适宜的情况下,其在培养中存在不停顿的活动或移动,外周的细胞膜呈现某些特征性的褶皱样活动。但是,当两个细胞移动而互相靠近时,其中之一或两者将停止移动,继而向另一方离开,这保证了细胞不会发生重叠。因此,正常细胞一般不互相重叠于其上而生长,而恶性细胞则无接触抑制现象(图 3-21),因此接触抑制可作为区别正常细胞与癌细胞的标志之一。转化细胞或肿瘤细胞因细胞间无接触抑制作用或不明显,细胞之间可相互重叠生长,导致细胞向三维空间扩展,使细胞发生堆积。

(a) 正常细胞　　(b) 肿瘤细胞

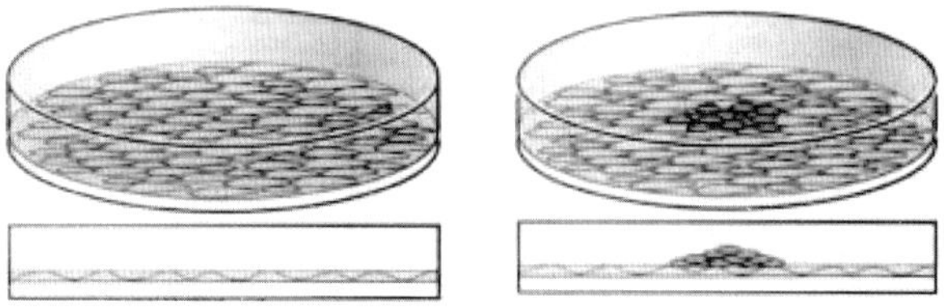

平面观　　失去接触抑制

图 3-21　接触抑制

(三)密度依赖性

培养器皿中细胞过少或过密都会影响细胞的生长、增殖,这种现象称为密度依赖性。当正常细胞生长密度过大时,细胞间变得拥挤,生存空间消失,同时培养基中的一些营养物质被逐渐消耗掉,代谢产物过多,细胞将停止分裂增殖,但细胞可在静止状态维持存活一段时间,细胞的这种特性称为密度抑制。转化细胞或肿瘤细胞的密度抑制程度较低,细胞可生长至较高的终末细胞密度。因此细胞接触抑制和密度抑制是两个不同的概念,不应混淆。当细胞在培养器皿中数量过少时,细胞的生长和增殖也会受到影响,比如单个细胞比群落细胞更难培养。这可能是由于任何一种细胞,既要从培养液中获取营养物质,同时也会向外释放一些物质(包括生长因子)把环境调节到有利于本身生长的状态。单个细胞所释放的物质比不上众多细胞对周围环境的调节能力,所以人们往往在单克隆抗体实验的培养液中加入一些饲养细胞，或在换液时留一些原培养液，以更利于细胞生长。

二、培养细胞的生长和增殖过程

体内细胞生长在动态平衡环境中，而体外培养的细胞生存空间和营养是有限的，当细胞增殖达到一定密度后，则需要分离出一部分细胞和更新营养液，否则将影响细胞的继续生存。另外，很多细胞特别是正常细胞，在体外的生存也不是无限的，存在着一个发展过程。所有这一切，使得体外培养的组织细胞存在着一系列与体内细胞不同的生长和增殖特点。

二维码 3-20
培养细胞的生长和增殖过程

(一)培养细胞生命期

培养细胞生命期，是指细胞在培养中持续增殖和生长的时间。组织和细胞在培养中的生命期如何，要看细胞的种类、性状和原供体的年龄等情况。人胚二倍体成纤维细胞，在不冻存和反复传代条件下，可传 30～50 代，相当于 150～300 个细胞增殖周期，能维持一年左右的生存时间，最后衰老凋亡。如供体为成体或衰老个体，则生存时间相对较短；如培养的为其他细胞如肝细胞或肾细胞，生存时间则更短，仅能传几代或十几代。只有当细胞发生遗传性改变，如获永生性或恶性转化时，细胞的生存期才可能发生改变。但进行正常细胞培养时，不论细胞的种类和供体的年龄如何，在细胞全部生存过程中，大致都要经历原代培养期、传代培养期和衰退期 3 个阶段。

1. 原代培养期

原代培养也称初代培养，是指从体内取出组织细胞开始培养到第一次传代前的这一段时期，一般持续 1～4 周。在原代培养期内，细胞刚刚离体，细胞的结构和功能与体内仍很相似，因此是一些实验研究如药物测试、疫苗制备的良好工具。此期细胞为二倍体核型，呈活跃的移动，可见细胞分裂，但不旺盛，分裂的次数不多。原代培养的细胞群呈异质性，即培养物的细胞成分混杂，细胞相互依存性强。如把这种细胞群稀释分散成单细胞，在软琼脂培养基中进行培养时，细胞克隆形成率很低，即细胞独立生存性差，这也体现了细胞的密度依赖性。

2. 传代培养期

一旦将原代培养细胞分开接种到两个或两个以上的培养器皿内进行培养，就标志着原代培养期结束，培养过程进入了传代培养期。原代培养细胞一经传代后便称作细胞系。传代期在全生命期持续时间最长。在这一时期内，最主要的特征是细胞分裂增殖旺盛。在传代期的早期，细胞尚能维持二倍体核型，称为二倍体细胞系，但随着传代次数的增多，细胞有可能失掉二倍体性质或发生转化。为保持二倍体细胞性质，细胞应在原代培养期或传代期的早期冻存。当前世界上常用细胞系均在十代内冻存。

除持续时间长、增殖旺盛等特点，传代期内细胞还将逐渐进入去分化状态。原本成分混杂的培养物中，某一种增殖能力较强的细胞会逐渐处于优势，而将其他数量较少的细胞逐渐淘汰掉。比如，体外培养的皮下结缔组织细胞，经过多次传代，其中成纤维细胞的数量将会很快增大，而其他细胞将越来越少直至消失。

一般情况下传代 10～50 次，细胞增殖逐渐缓慢，以至完全停止，细胞生长进入衰退期。

3. 衰退期

培养到一定的代数时,细胞的生命活动明显减弱,细胞虽然生存,但增殖很慢或不增殖,培养物很难长满培养空间,即使换液也无济于事,培养过程进入衰退期。衰退期细胞的主要特征是形态轮廓增强,色泽变暗,细胞质内出现暗的颗粒样结构以及空泡状结构,胞质突起回缩,最后衰退凋亡。

在细胞生命期阶段,少数情况下,在以上三期任何一点(多发生在传代末或衰退期),由于某种因素的影响,细胞可能发生自发转化。转化的标志之一是细胞可能获得永生性,也称不死性,即细胞获持久性增殖能力,这样的细胞群体称无限细胞系,也称连续细胞系。无限细胞系的形成主要发生在第二期末,或第三期初阶段。细胞获不死性后,核型大多变成异倍体。细胞转化亦可用人工方法诱发,转化后的细胞也可能具有恶性性质。

(二)一代——贴附生长细胞的生长过程

所谓细胞"一代"一词,是仅指细胞自接种至新培养皿中到下一次再传代接种的一段时间,这已成为培养工作中的一种习惯说法,它与细胞倍增一代非同一含义。如某一细胞系为第 153 代细胞,即指该细胞系已传代 153 次,在细胞一代中,细胞能倍增 3～6 次。每代细胞的生长过程,一般要经过以下 3 个阶段:生长缓慢的潜伏期、增殖迅速的指数生长期和最后生长停止的停滞期(或平顶期),如图 3-22 所示。

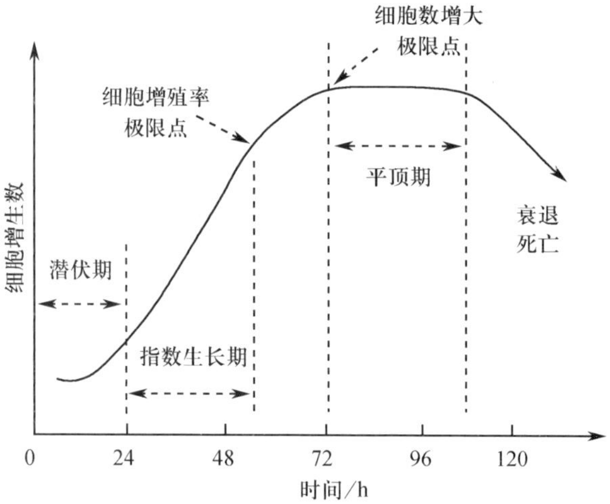

图 3-22　一代细胞生长曲线

(引自:兰蓉,细胞培养技术,2017)

1. 潜伏期

潜伏期即细胞对接种操作所致损伤的恢复期和对新的生长环境的适应期,细胞接种培养后,先经过一个在培养液中呈悬浮状态的悬浮期,此时细胞胞质回缩,胞体呈圆球形。短时间后细胞开始附着或贴附于底物表面上,并逐渐伸展。各种细胞贴壁时间长短不同,原代培养细胞贴附慢,可长达 10～24 h 或更多;连续细胞系和恶性细胞系快,10～30 min 即可贴附。细胞贴附于支持物后,除先经过前述延展过程变成极性细胞,还要经过一个潜伏阶段,才进入生长和增殖期。细胞处在潜伏期时,可有运动活动,基本无增殖,少见分裂象。细胞潜伏期与细胞接种密度、细胞种类和培养基性质等密切相关。细胞接种密度大时潜伏期短;原代培养细胞潜伏期长,为 24～96 h 或更长,连续细胞系和肿瘤细胞潜伏期短,仅为

6～24 h。当细胞分裂象开始出现并逐渐增多时，标志着细胞已进入指数生长期。

2. 指数生长期

指数生长期又称对数生长期，它是细胞增殖最旺盛的阶段，培养物中的细胞数量呈指数增长。指数生长期内细胞分裂象数量可作为判定细胞生长旺盛与否的一个重要标志。一般以细胞分裂指数（mitotic index，MI）和细胞群体倍增时间来表示。细胞分裂指数（MI）是指细胞群中每 100 个细胞中的分裂象数量。细胞群体倍增时间指的是培养物中细胞数量翻倍的时间。体外培养细胞分裂指数受细胞种类、培养液成分、pH、培养温度等多种因素的影响。一般细胞的分裂指数介于 0.1%～0.5%，原代细胞分裂指数低，连续细胞和肿瘤细胞分裂指数可高达 3%～5%（肿瘤细胞偏高）。pH 和培养液血清含量变动对细胞分裂指数有很大影响。指数生长期是细胞一代中活力最好的时期，因此是进行各种实验最好的和最主要的阶段。在接种细胞数量适宜的情况下，指数生长期持续 3～5 d 后，随细胞数量不断增多、生长空间渐趋减少，最后细胞相互接触汇合成片。

3. 停滞期（平顶期）

细胞长满瓶壁后，细胞数量达到饱和密度，产生接触抑制和密度抑制，细胞就停止增殖，进入停滞期。此时细胞数量持平，故也称平顶期。停滞期细胞虽不增殖，但仍有代谢活动，继而培养液中营养渐趋耗尽，代谢产物积累、pH 降低。此时需进行传代，否则细胞会中毒，发生形态改变，甚至脱落死亡，故传代应越早越好。传代过晚能影响下一代细胞的机能状态。在这种情况下，虽进行了传代，因细胞已受损，需要恢复，至少还要再传 1～2 代，通过换液淘汰掉死细胞，使受损轻微的细胞得以恢复后，才能再用。

停滞期不同于上面讲到的培养细胞生命期的衰退期。处于停滞期的细胞可通过传代进行挽救，而处于衰退期的细胞以任何方法都不能阻止其向死亡方向发展。

三、细胞工厂

（一）工作原理

细胞工厂（图 3-23）的培养小室通过特殊设计彼此连通。由于各培养小室连通开口位置的原因，将细胞工厂按说明书朝某个方向放置，培养液才能在各培养小室之间流动。将细胞工厂水平正向放置，每个培养小室的液体将被分隔开，但气相仍可通过供应管到达各个培养小室。

(a) 多层细胞工厂

(b) 细胞工厂自动操作设备

图 3-23 细胞工厂

（二）优势和劣势

细胞工厂特别适合于贴壁细胞，也可用于悬浮培养，在进行规模放大时不会改变细胞生长的动力学条件,低污染风险,节省空间。特有的设计能有效保证操作的无菌性,最大限度降低批间差异,实现操作规程化。同时,与细胞工厂自动化操作设备结合使用,可全面实现细胞培养的自动化,从而大大地减低劳动强度和密集度,快速替代传统的转瓶培养技术,实现大规模的细胞培养。但细胞工厂也有一些使用的不便之处:如消化细胞时由于无法进行吹打或使用刮刀辅助,较难将细胞全部都消化下来;可重复利用的次数较少;产品价格较贵;消毒需要用^{60}Co钴照射;清洗不方便。

(三)应用

细胞工厂培养技术在疫苗行业广泛应用,如甲肝疫苗,其利用细胞工厂进行细胞培养和病毒扩增的技术已经非常成熟。另外,在其他基于贴壁细胞培养的疫苗生产,如水痘疫苗、麻风腮疫苗、脊灰疫苗等产品生产中逐渐替代传统的转瓶工艺,并在用生物反应器生产乙脑、狂犬疫苗的工艺中,细胞工厂也在其前期细胞快速大量扩增步骤中起到了不可替代的作用。同时,细胞工厂在细胞治疗、单克隆抗体制备等领域里,也有较好的应用。细胞工厂培养技术已经是非常成熟和普遍的体外大量培养细胞的技术。如 V79-4、鸡胚成纤维细胞、L929、HEL299 细胞培养、EPO 表达、干细胞培养等。

四、种子细胞扩增过程

(一)细胞培养瓶传代

目视培养及颜色正常,澄清,显微镜下观察 25 cm^2 细胞培养瓶内细胞大小均一,边缘清晰,细胞长满底壁。将 25 cm^2 细胞培养瓶内细胞接种至 75 cm^2 细胞培养瓶,培养体积 15 mL,于(37±0.5)℃,5% CO_2 条件下进行培养。

12～24 h 后,目视培养及颜色正常,澄清,显微镜下观察 75 cm^2 细胞培养瓶内细胞大小均一,边缘清晰,细胞长满底壁。将 75 cm^2 细胞培养瓶内细胞接种至 2 个 150 cm^2 细胞培养瓶,每个培养体积 30 mL,于(37±0.5)℃,5% CO_2 条件下进行培养。

12～24 h 后,目视培养及颜色正常,澄清,显微镜下观察 150 cm^2 细胞培养瓶内细胞大小均一,边缘清晰,细胞未长满底壁,继续培养。12～24 h 后,目视培养及颜色正常,澄清,显微镜下观察 150 cm^2 细胞培养瓶内细胞大小均一,边缘清晰,细胞长满底壁。将 2 个 150 cm^2 细胞培养瓶内细胞接种至 4 个 150 cm^2 细胞培养瓶,每个培养体积 30 mL,于(37±0.5)℃,5% CO_2 条件下进行培养。

(二)细胞工厂培养

24 h 后,目视培养及颜色正常,澄清,显微镜下观察 150 cm^2 细胞培养瓶内细胞大小均一,边缘清晰,细胞长满底壁。按每 3 个 150 cm^2 细胞培养瓶内细胞接种至 1 个 6 层细胞工厂,于(37±0.5)℃,5% CO_2 条件下进行培养。

24 h 后,目视培养及颜色正常,澄清,观察细胞工厂内细胞大小均一,边缘清晰,细胞未长满壁,继续培养。24 h 后,目视培养及颜色正常,显微镜下细胞大小均一,边缘清晰,细胞长满底壁。胰蛋白酶消化,收获细胞,补加血清培养基至约 400 mL,活细胞计数,达到 $(1\sim1.5)\times10^9$ 个,接入 5 L 反应器。

【知识与技能总结】

【知识拓展】

一、原代培养的首次传代

细胞由原培养瓶内分离稀释后传到新的培养瓶的过程称之为传代；进行一次分离再培养称之为传一代。原代培养后由于细胞游出数量增加和细胞的增殖，单层培养细胞相互汇合，整个瓶底逐渐被细胞覆盖。这时需要进行分离培养，否则细胞会因生存空间不足或密度过大，以及代谢产物的蓄积毒性和营养缺乏，影响细胞生长。初代培养的首次传代是很重要的，是建立细胞系关键的时期。在首次传代时要特别注意以下几点：

1. 传代时机

待细胞生长到足以覆盖瓶底壁的大部分表面后再传代。

2. 消化时间

传代时，不同的细胞有不同的消化时间，因而要根据需要注意观察并及时进行处理。原代培养的细胞较传代培养的细胞消化时间相对较长。

3. 接种数量

首次传代时细胞接种数量要多一些，使细胞能尽快适应新环境而利于细胞生存和增殖。随消化分离而脱落的组织块也可一并传入新的培养瓶。

二、贴壁昆虫细胞传代的注意事项

虽然昆虫细胞传代的一般步骤与哺乳动物细胞相同，但是这些培养系统的一些关键要求有所不同。为了获得最佳结果，实验中必须严格遵守所有产品附带的操作说明。

（1）昆虫细胞应在对数期传代。如果培养的是强贴壁性昆虫细胞，则可在细胞达到汇合状态或者刚刚开始从培养瓶底部脱离时进行传代，因为此时细胞容易脱离，虽然此时细胞更容易从培养容器上解离下来，但是如果反复将昆虫细胞在密度超过汇合的状态下传代，细胞的倍增次数会减少，活力会降低，贴壁能力也会下降。

(2)细胞密度低于汇合状态的20%时,细胞生长会受到抑制。健康状态最好的细胞是对数期收获的细胞。

(3)贴壁细胞传代需在细胞长成单层(如下定义),然后1∶5(细胞体积:最后培养基体积)稀释维持对数生长。

例如:T75培养瓶装12 mL培养基长成单层。将细胞吹下来,取2 mL移入新的装有8 mL培养基的T75培养瓶,这就是1∶5稀释(最终10 mL体积中含2 mL细胞)。

(4)培养昆虫细胞时建议不要进行二氧化碳交换。

(5)昆虫细胞应于27℃、非湿化环境中培养。在避光条件下可将细胞放在操作台上或者放入抽屉中于室温下培养。但是,建议使用温度控制在27℃的环境。

(6)使用昆虫细胞专用的培养基。

(7)在无血清培养条件下,昆虫细胞与基质贴附极为牢固,需要花费较大力气才能使其脱落。要使细胞脱落,可以采用拍掌的动作快速振摇一下培养瓶。为了避免污染,进行此操作前必须盖紧盖子。

警告:建议不要剧烈摇晃培养瓶,因为这样可能会造成细胞损伤。

【考一考】

❖ 第一关:用心思考,正确填写

1. 贴壁细胞消化常用胰蛋白酶,可以用终止________其消化。
2. 贴壁细胞汇合度达到________可以进行传代。
3. 25 cm^2 培养瓶一般加入胰蛋白酶________mL。以刚好完全覆盖细胞表面为宜。兼顾消化效果及成本控制。
4. 胰蛋白酶消化的温度可以选择________或________。
5. 传代制备的细胞悬液按________的比例分配。
6. 贴壁细胞在体外生长时具有一些特点,其中主要是________、________、________。
7. 在细胞全部生存过程中,大致都要经历________培养期、________培养期和________期三个阶段。
8. 所谓细胞“________”一词,是仅指细胞自接种至新培养皿中到下一次再传代接种的一段时间,这已成为培养工作中的一种习惯说法,它与细胞倍增一代非同一含义。

❖ 第二关:学以致用,解决问题

同事进行细胞传代工作,发现传过几代后,细胞状态逐渐不好。而其他同事采用同样培养基进行传代,传代时间间隔及传代比例相同,但细胞状态很好。而且细胞来源于同一个复苏细胞冻存管。你觉得最可能导致该不良结果的原因是什么?请从技术角度,职业素养,对职业的热爱等方面深入分析这一问题。

❖ 第三关:挑战极限,超越自我

早期,种子扩增都是从细胞培养瓶到转瓶,现在的观点认为应当用细胞工厂替代转瓶,请查找相关信息,结合所学,分析两者的优势与劣势,并给出你的观点。

子任务四　种子冻存

【任务情境描述】

促红细胞生成素项目的种子扩增阶段正在有条不紊地进行，项目组讨论认为应当复苏一株主细胞库细胞，重新做一批工作细胞，进行冻存备用。培养组组长已经完成了一株主细胞的复苏与扩增工作，将冻存任务交给了你们小组。要求注意复苏安全，严格无菌操作。

【学习目标】

1. 能力目标

(1)通过完成种子冻存任务，学生能运用细胞冻存相关知识，根据 SOP，完成细胞冻存于液氮中的操作。

(2)通过完成 CHO 细胞生产促红细胞生成素项目的各个任务的任务分析，信息搜集、评价和利用，学生能初步具有信息素养。

2. 知识目标

(1)解释细胞冻存原则。

(2)说明细胞冻存方法及注意事项。

3. 素质目标

(1)建立无菌意识、安全意识、环保意识、质量意识。

(2)建立责任意识、规范意识。

(3)形成严谨细致、争创一流的作风。

(4)建立劳动光荣信念，塑造敬岗爱业精神。

(5)乐学、善思、笃行。

【任务书】

根据种子冻存的 SOP，结合细胞冻存原则、细胞冻存保护剂、保存方法及注意事项相关信息，完成种子冻存操作，包括明确保护剂、冻存流程、冻存细胞要求等，并开展实训工作。注意操作的安全，将细胞状态调整到最好进行冻存，严格标准操作。

【获取信息】

细胞低温冷冻储存已成为细胞培养室的常规工作和通用技术。通常培养细胞存储在液氮中，液氮温度低达−196℃，能长时间保存细胞活力，理论上在液氮内细胞的储存时间是无限的。细胞冷冻储存在−80℃冰箱中可以保存一年之久，适于细胞的短期保存。

二维码 3-21
细胞冻存操作技术

一、细胞冻存原则

为了最大限度地保存细胞活力，细胞冻存及复苏的基本原则是慢冻快融。

二、细胞冻存保护剂

为了减少细胞内冰晶的形成对细胞造成的伤害，通常在保存液中加入一定浓度的冷冻保护剂。目前多采用甘油或二甲基亚砜（DMSO）作保护剂。细胞冻存时，二甲基亚砜使用浓度范围在5%～10%，常用10%的浓度。

三、保存方法

1. 传统方法

冻存管置于4℃、10 min→ −20℃、30 min→ −80℃ 、16～18 h（或隔夜）→液氮罐长期储存。−20℃不可超过1 h，以防止冰晶过大，造成细胞大量死亡，也可以跳过此步骤直接放入−80℃冰箱中，只是存活率会稍微降低一些。

2. 程序降温

利用已设定程序的等速降温机以1～3℃/min的速度由室温降至−120℃以下，再放在液氮罐中长期储存。

四、注意事项

（1）欲冷冻保存的细胞应选择在对数生长期，生长良好，活力大于90%，为80%～90%汇合度。细胞冻存前应保证细胞的状态好，无污染。

（2）冷冻前检测细胞是否仍保有其特有性质，即生产促红细胞生成素的CHO工程细胞能大量高质量表达EPO。

（3）注意冷冻保护剂的品质。DMSO必须是细胞培养级别的，无菌且无色。新买的DMSO本身处于无菌状态，第一次开瓶后应立即以5～10 mL小体积分装于无菌试管或瓶中，4℃避光保存。避免反复冻融造成DMSO裂解产生有害物质。并可减少污染机会。如要过滤DMSO，必须选用耐DMSO的尼龙滤膜。

（4）将冻存管放入液氮容器，要做好防护工作，以免冻伤。

（5）冻存用新配制的培养液，完全细胞生长培养液中血清浓度大于20%。冻存密度约为1×10^7个/mL。

【工作计划】

1. 工作方案

计划表1　种子冻存工作方案

步骤	工　作　内　容	负责人
1		
2		
3		
4		
5		
6		

2. 材料设备清单

计划表2　主要试剂、材料、设备清单

序号	名称	型号与规格	单位	数量	备注
1					
2					
3					
4					
5					
6					
7					
8					
9					
10					
11					
12					

【工作实施】

请完成引导问题及相关实训操作。

- 引导问题1:细胞冻存原则是什么?
- 引导问题2:你选择哪种冻存保护剂,在冻存液中的终浓度为多少?
- 引导问题3:你选择的冻存方法是什么?选择的理由是什么?
- 引导问题4:如果你选用DMSO作为保护剂,应当注意些什么?
- 引导问题5:你准备冻存多大浓度细胞,如何实现你的浓度要求?
- 引导问题6:你的冻存液中血清比例为多少?
- 引导问题7:你认为过程中哪些环节需要特别注意,为什么?
- 引导问题8:如何保证你冻存的细胞状态最好?
- 引导问题9:细胞冻存操作有何安全要求?
- 引导问题10:细胞冻存操作有何环保要求?

【工作反思】

【标准操作规程】

种子细胞冻存

一、操作用品

1. 材料和试剂

0.25%胰蛋白酶、细胞冻存液(用含 20%小牛血清的完全培养液配制的 10%二甲基亚砜)、培养瓶生长的 CHO 工程细胞、DMEM/F12 完全培养基、PBS。

2. 器材和设备

超净工作台、1 mL 可调移液器及吸头、助吸器、吸管、离心管、塑料细胞冻存管、冻存管架、低速离心机、-80℃超低温冰箱、液氮罐、火焰枪。

二、操作步骤

(1)备　准备对数生长期细胞,在冻存前一天传代或换一次培养液。

(2)悬　制备细胞悬液。弃去培养瓶中培养基,用 PBS 洗涤,用胰蛋白酶消化,用培养基终止消化并用吸管吹打制备分散的细胞悬液。主要步骤包括弃、洗、消、悬(注:悬浮生长的细胞可直接进行下一步离心操作)。

(3)离　把消化好的细胞收集于离心管,以 1 000 r/min 离心 10 min,离心完毕,弃去上清胰蛋白酶及培养液。

(4)悬　加入配制好的冻存液重悬细胞。细胞计数。

冻存液的配制比例如下:

①血清 90%, DMSO 10%;

②培养 CHO 细胞用的完全培养液 90%,DMSO 10%。

根据细胞的状态和培养特性选择不同的冻存液,一般来说第一种冻存液的冻存效果好于第二种。

(5)分　根据细胞密度换算公式算出需要补足的冻存液,调整冻存液中细胞的最终密度为 1×10^{7} 个/mL,加入后用吸管轻轻吹打使细胞分散均匀,然后分装入无菌冻存管中,每支 2 mL 冻存管加细胞悬液 1.5 mL。

(6)标　旋紧冻存管的盖子,在管上写明细胞的名称、冻存日期及操作人或实验室名称等信息。

(7)冻　将冻存管分别置于 4℃、-20℃、-80℃冰箱中放置 10 min、30 min 和过夜,然后将冻存管装入已做标记的小袋或支架内,投放入液氮罐中,同时做好记录。投入液氮罐中时注意做好防护,避免接触到液氮而受伤。

(8)记录　细胞冻存工作完成后,操作人员应及时真实填写相应的记录表格。

【学习情境相关知识点】

一、细胞冻存的意义

细胞培养的传代及日常维持过程中,在培养器具、培养液及各种准备工作方面都需大量的耗费，而且细胞一旦离开活体开始原代培养，它的各种生物学特性都将逐渐发生变化并随着传代次数的增加和体外环境条件的变化而不断有新的变化。因此，及时进行细胞冻存十分必要。从其他实验室购买回的细胞株，经过1～2次稳定传代后，更应及时冻存。

在制备单克隆抗体时，在没有建立一个稳定分泌抗体的细胞系的时候，细胞培养过程中随时可能发生细胞的污染、分泌抗体能力的丧失等，为了保证杂交瘤细胞不致因传代污染或因变异而丢失，杂交瘤细胞株一经建立应及时冻存原始孔的杂交瘤细胞、每次克隆化得到的亚克隆细胞，特别是每次克隆化的同时或稍后，均应冻存部分阳性克隆。这样，一旦克隆化失败或增殖过程中丢失，还可将冻存的杂交瘤细胞重新复苏。如果没有原始细胞的冻存，则因为上述的意外而前功尽弃。对每株亲本骨髓瘤细胞和稳定的杂交瘤细胞，至少应冻存保留5～10支不同批号或日期的细胞，并应定期进行复苏，检查抗体分泌情况，并进一步传代后再冻存，而不要长期培养于培养液中。

二、细胞的冻存原理

冻存细胞时要缓慢冷冻。主要原因是细胞在不加任何保护剂的情况下直接冷冻时，细胞内外的水分会很快形成冰晶，冰晶的形成将引起一系列的不良反应。首先是细胞因脱水而使局部电解质浓度增高，pH发生改变，部分蛋白质因此而变性，细胞内冰晶的形成和细胞膜上蛋白质、酶的变性，可损伤溶酶体膜，释放的溶解酶可破坏细胞内结构成分，并且使线粒体肿胀、功能丧失，导致细胞能量代谢障碍。另一方面胞膜上的类脂蛋白复合体在冷冻中易发生破坏引起胞膜通透性改变，使细胞内容物流失。位于细胞核内的DNA也是冷冻时易受损伤部分，如细胞内冰晶形成较多，随冷冻时温度的降低，冰晶体积膨胀易造成DNA的空间构型发生不可逆的损伤性变化，引起细胞死亡。

甘油或二甲基亚砜(DMSO)作保护剂。这两种物质分子量小，溶解度大，易穿透细胞，可以使冰点下降，提高胞膜对水的通透性；加上缓慢冷冻方法可使细胞内的水分渗出细胞外，在胞外形成冰晶，减少细胞内冰晶的形成，从而减少由于冰晶形成造成的细胞损伤。DMSO是目前最好的细胞冻存保护剂，但又有一定的毒性。一般使用时浓度控制在终体积10%，对于耐受力弱的细胞可以再降低到10%以下，如8%。注意细胞复苏时要尽快洗掉二甲基亚砜，否则会造成细胞严重的毒性。研究结果表明，培养液中DMSO浓度为10%时，细胞生长抑制率近100%；1%浓度时抑制率为35%，即使是0.04%的浓度，DMSO对细胞的生长也有不利的影响。但是，有些细胞系不能用DMSO作为冷冻保护剂，如人白血病细胞系HL-60。因为，DMSO能诱导HL-60细胞分化。

三、细胞冻存培养基

1. 对于包含有血清的培养基，成分可能如下：

(1)包含10%甘油的完全培养基。

(2)包含10%二甲基亚砜(DMSO)的完全培养基。

(3)细胞条件培养基和50%含有10%甘油的新鲜培养基。

(4)细胞条件培养基和50%含有10%二甲基亚砜的新鲜培养基。

2. 对于无血清培养基，一些普通的培养基成分可能是：

(1)50% 细胞条件无血清培养基和50%包含有7.5%二甲基亚砜的新鲜的无血清培养基。

(2)包含有7.5%二甲基亚砜和10%细胞培养级新鲜无血清培养基。

四、DMSO使用中的注意事项

(1)避免皮肤接触　研究发现DMSO分子量小,容易经皮肤吸收,若皮肤长期接触DMSO会表现出较小的局部刺激反应,如局部的皮肤刺激反应、瘙痒、烧灼感。实验时可以准备1%～5%的氨水备用,皮肤沾上之后要用大量的水以及稀氨水洗涤;同时也应要避免接触含有其他毒性物质的二甲基亚砜溶液,因二甲基亚砜会渗入肌肤,在一定条件下会将有毒物质带入肌肤。

(2)避免吸入DMSO　吸入DMSO最常见的为恶心、呕吐、和呼出的气体中发出大蒜、洋葱、牡蛎味。高浓度大面积使用能影响神经机能和导致溶血,用的时候要避免其挥发。

【知识与技能总结】

____

____

____

____

____

____

____

____

____

____

【知识拓展】

一、程序性降温设备

1. 程序降温冻存盒

可实现梯度降温,以1℃/min从室温降低到－80℃。可用于干细胞、原代细胞、细胞系的冻存。使用方法为:将装有细胞的冻存管放入消毒后的冻存盒(室温)中,直接放入－80℃冰箱中。冷冻过夜后,转移到液氮罐。

2. 程序降温仪

程序控制冷冻装置俗称程序降温仪,也称为程序冷冻仪、胚胎冷冻仪、细胞冷冻仪、程控降温仪;广泛用于冻存细胞、胚胎等。生物样品的成功冻存取决于冷冻的速率,精确的温度控制和合理的温度梯度(50℃～－180℃)。当温度降至－180℃时,大部分生物样品可转移至液氮中长期保存。采用微机控制技术,软件,能较准确地控制液氮的施放量,从而保证被冻存的生物制品以适宜的冷冻速率降温冷冻。

生物样品在降温冷冻过程中,当由液态向固态变化的相变期内会释放一定热量,使其温度回升,不控制降温速率的冷冻过程将会导致组织细胞死亡。程序降温仪可以准确地测定生物样品的相变点,用微机编制降温程序,以便在样品相变时加大液氮输入量,克服相变样品温度的回升，使细胞安全而迅速地度过相变期，有助于提高被冻样品存活率。

二、干细胞的冻存技术

生物细胞冷冻多采用细胞外冷冻，即在细胞外面形成冰的结晶。生物被冷却时，一般首先在细胞外部结冰。但如果冷却速度不特别快，冰的形成就会被原生质膜隔断。而且温度一旦下降，细胞内部的水溶液成为过冷状态，对于位于细胞外面的冰表面的水分子就会产生化学电势差。因此，细胞内的水分会向细胞外的冰表面移动，在原生质膜（或细胞壁）和冰的分界处变成冰。细胞外的冰和细胞之间有水溶液时，从细胞脱出的水可通过浓缩溶液进行二次冷冻。因此，只要继续冷却，细胞就会由于脱水而收缩。在医学和研究领域多采用细胞外冷冻法，即使在温度相当低的情况下细胞也不会致命。但在冷冻前要检查细胞是否为生长旺盛并且存活率较高的细胞，并且在储存前 1～2 d 应检查是否细胞已产生抗体。

干细胞冻存法又可以分为玻璃化冻存法和非玻璃化冻存法。

(一)玻璃化冻存法

玻璃化冻存法是指利用各种高浓度的冷冻保护剂联合形成的玻璃冷冻保护液保护悬浮细胞，直接投入液氮进行冻存的方法。以这种方法冻存的细胞悬液没有冰晶的形成。玻璃化冻存法对细胞活性的保存具有较好的效果，其存活率可达 90%以上，不要复杂的仪器设备，具有液氮储存设备即可使用。因为玻璃化冷冻保护液中的冷冻保护剂的浓度较高，室温下对细胞具有毒性(但在 4℃时毒性大为减弱)。所以，冷冻保护液的滴加全过程必须在 4℃冰浴中进行。另外，滴加速度要缓慢，如果滴加速度过快，则在细胞外产生很高的渗透压，造成细胞膜的损伤，导致细胞死亡，故要缓慢滴加，让冷冻保护剂有足够的时间缓慢渗透到细胞内，达到细胞内外的平衡。目前，该方法已在胚胎干细胞冷冻方面得到广泛应用，但很少应用于一般细胞的冻存。这可能与需要配制较复杂的冻存液以及冷冻前和复苏后较烦琐的操作有关。

(二)非玻璃化冻存法

非玻璃化冻存法是用各种温级的冰箱分阶段降温至－70～－80℃，然后直接投入液氮进行保存。或者是利用计算机程控降温以及利用液氮的气、液，按一定的速率从室温降至－100℃ 以下，再直接投入液氮的保存方法。这种冻存方法也能获得较高的细胞存活率。在使用 DMSO 前，不要对其进行高压灭菌，因其本身就有灭菌作用。高压灭菌反而会破坏其分子结构，以致降低冷冻保护效果。在常温下，应注意控制冻存细胞的质量。既要在冻存前保障细胞具有高活力，还要确保无微生物污染，这样的细胞才具有冻存价值。另外，在每批细胞冻存一段时间后，要复苏 1～2 管，以观察其活力以及是否受到微生物的污染。冻存管宜采用塑料冻存管，不宜使用玻璃安瓿。因为在复苏时，需要从－196℃的液氮中取出冻存管，立即投入 37℃温水中，温差很大，玻璃安瓿瓶容易爆炸而发生危险。

无论采用哪种冻存方法，液氮都是必需的。在使用时选择质量较好的液氮罐十分重要，这里有一些小建议仅供参考。首先 ，罐子在使用过程中，每天都应随时检查罐子的使用情况，在罐子内有液氮的前提下，发现罐子瓶盖上和上部有水珠或结霜情况，说明罐子质量有问题，应立即停止使用；其次，在罐子瓶盖上和上部无水珠或结霜现象时，用手触摸外壳 ，感觉上部冷，下部热，说明罐子质量有一些问题，即液氮日增损较大，应注意观察，防止液氮耗损完后，所贮存的物质损坏，必要时，最好停止使用；若上下温度一致，说明罐子质量没有问题。最后，打开瓶塞后，瓶口内的雾气不往外溢，而往下沉，说明罐子是好的。

【考一考】

❖ **第一关：用心思考，正确填写**

1. 为了最大限度地保存细胞活力，细胞冻存及复苏的基本原则是________。

2. 细胞冻存时，二甲基亚砜使用浓度范围在5%～10%，常用________的浓度。

3. 如要过滤DMSO，必须选用耐DMSO的________滤膜。

4. DMSO必须是________级别的。

5. 冻存用新配制的培养液，冻存密度约为________个/mL。

6. 欲冷冻保存的细胞应选择在对数生长期，生长良好，活力大于________，约为________汇合度。细胞冻存前应保证细胞的状态好，无污染。

❖ **第二关：学以致用，解决问题**

1. 冻存完成后，如果发现移液枪是有问题的，冻存保护剂和血清加入量比预计偏低5%，你将如何对待？

2. 对于一些比较敏感，冻存后复苏效果不好的细胞，你能想到哪些方法提高其复苏效果？

❖ **第三关：挑战极限，超越自我**

设计昆虫细胞冻存方案。

子任务五　细胞常规观察

【任务情境描述】

促红细胞生成素项目已经进行种子扩增。在扩增阶段必须定期对细胞进行检查，及时掌握细胞状态并及时进行应对，此项工作十分重要，目前扩增的25 cm^2 培养瓶细胞共有十二瓶，室主任将本次细胞检查任务交给你来完成。并要求一定要细致观察，严格规范操作。本着高度负责精神完成此项工作任务。

【学习目标】

1. 能力目标

(1)通过完成细胞常规观察任务，学生能运用培养液状态、细胞生长情况、细胞形态变化、细胞污染情况的相关知识，根据SOP，完成细胞常规观察的相关操作。

(2)通过完成CHO细胞生产促红细胞生成素项目的各个任务的任务分析，信息搜集、评价和利用，学生能初步具有信息素养。

2. 知识目标

(1)解释培养液状态、细胞生长情况、细胞形态变化、细胞污染情况。

(2)了解培养细胞的生长类型和形态特征。

(3)说明微生物污染的途径及微生物污染的表现与排除方法，细胞交叉污染的预防。

(4)说明细胞污染的预防方法。

3. 素质目标

(1)建立无菌意识。

(2)建立责任意识、规范意识。

(3)形成严谨细致的作风。

(4)乐学、善思、笃行。

【任务书】

根据细胞常规观察的相关SOP，结合培养液颜色及透明度、倒置显微镜观察生长情况和细胞形态变化、污染的观察等相关信息，完成细胞常规观察工作，包括明确培养液的颜色和透明度的变化原因、细胞生长速度、细胞正常与不良生长情况、各种污染情况表现等，并开展实训工作。注意细致严谨，严格标准操作。

【获取信息】

细胞一经培养，就需随时进行观察。一般应每日观察1次，及时记录细胞的生长状态，在条件允许的情况下最好通过照相来记录细胞的生长情况。发现异常情况要采取相应措施进行处理。细胞的常规观察主要是检查培养液的变化、细胞生长情况、细胞形态及有无微生物污染等。

二维码 3-22
培养细胞的
常规观察

一、培养液的观察

重点观察培养液的颜色和透明度的变化，观察方式为肉眼直接观察。培养液正常为清亮透明，出现浑浊多为污染(悬浮细胞培养除外)。一般培养液中均含有酚红作为指示成分，以此来显示培养液的pH。正常新鲜的培养液为桃红色，这种颜色代表培养液的pH为7.2～7.4。加入细胞培养后由于细胞代谢产生酸性产物，培养液pH下降使颜色变浅变黄。一旦发现培养液变黄，说明培养液中代谢产物已堆积到一定量，需换液或传代处理。一般正常情况生长稳定的细胞需2～3 d换液1次，生长慢的细胞需3～4 d换液1次。

目前细胞培养多采用CO_2培养箱，这样使pH相对稳定，利于细胞生长。传代和换液后，如果发现培养液很快变黄，可能是由以下因素造成：有细菌污染发生；培养器皿没有洗干净，有残留物；细胞接种数量较大。

二、细胞生长情况的观察

用倒置显微镜观察。新种入培养瓶的细胞，绝大多数并不马上开始增殖，都会经历一段适应期或潜伏期，其时间长短不同。原代培养潜伏期较长，从几天到数周不等；细胞系细胞一般时间很短，多为24 h以内；一般胚胎组织细胞的潜伏期较短，而成年组织细胞和部分癌细胞潜伏期较长。原代培养中最先可见从组织块边缘“长出”细胞，这些细胞通常并不是增殖产生而是从原代组织块中游走出来的，因而原代早期较少见到分裂细胞。成纤维细胞是最易生长的细胞，生长速度快，适应性强，最早游出的细胞多以成纤维细胞为主。

细胞传代后，经过悬浮、贴壁伸展进入潜伏期，然后开始生长进入对数生长期，细胞开始大量繁殖，逐渐相连成片而长满瓶底后进入平台期，生长受到抑制。贴壁生长的细胞在长满瓶底80%就应及时传代，否则细胞可由于营养物质缺乏和代谢产物的堆积，进入平台期并衰退。这时细胞轮廓增强，细胞变得粗糙，胞内常出现颗粒状堆积物。严重时细胞甚至可从瓶壁脱落。悬浮生长的细胞当增长显著、培养液开始变黄时也应及时传代。

三、细胞形态变化的观察

生长状况良好的细胞镜检观察时透明度大、边缘整齐、折光性强、轮廓不清；用相差显微镜观察能看清部分细胞细微结构，细胞处于对数生长期时可以见到很多分裂期细胞。细胞生长状态不良时，细胞折光性变弱，轮廓增强，边缘不整齐，细胞发暗、胞质中常出现空泡、脂滴、颗粒样物质，细胞之间空隙加大，细胞变得不规则，失去原有特点，上皮样细胞可能变成纤维样细胞的形状，有时细胞表面和周围出现丝絮状物，如果情况进一步严重，可以出现部分细胞从瓶壁脱落、死亡、崩解、漂浮。只有生长状态良好的细胞才适合进一步传代和实验。对生长状态不良的细胞首先要查明原因，采取相应措施进行处理，如换液、排除污染、废弃等。

四、细胞污染的观察

细胞污染分为三种，分别是微生物污染、细胞交叉污染和化学物质污染。微生物污染主要包括细菌、霉菌、酵母菌、支原体的污染。细菌（图3-24）由于分布广泛、生长迅速以及体积小的特点，与酵母和霉菌一起构成了细胞培养中最常遇到的微生物污染物，表现为培养液浑浊，液体内漂浮菌丝或细菌。念珠菌和酵母菌呈卵圆形散在细胞周边和细胞之间，一般酵母的大小为(1～5) μm×(5～30) μm，菌体形态有卵圆形、圆形、圆柱形以及柠檬形，有的有芽孢。培养物被细菌污染后，几天内即可通过简单的肉眼观察发现；被感染的培养物通常呈云雾状（即浑浊状），有时表面会覆盖一层薄膜。另外，经常还会发现培养基的pH突然降低。在低倍显微镜下可见，细菌为细胞之间移动的微小颗粒，在高倍显微镜下观察可以分辨出各个细菌的形状。支原体污染时则不同，对于传代稳定、生长规律的细胞系，往往表现为培养条件没有改变而细胞生长却明显变缓、胞质内颗粒增多、有中毒表现，但培养液多不发生浑浊，即可考虑为支原体污染。细菌和霉菌的污染多发生在传代、换液或其他实验操作之后，因而在进行上述操作后24～48 h要密切注意是否有污染发生。

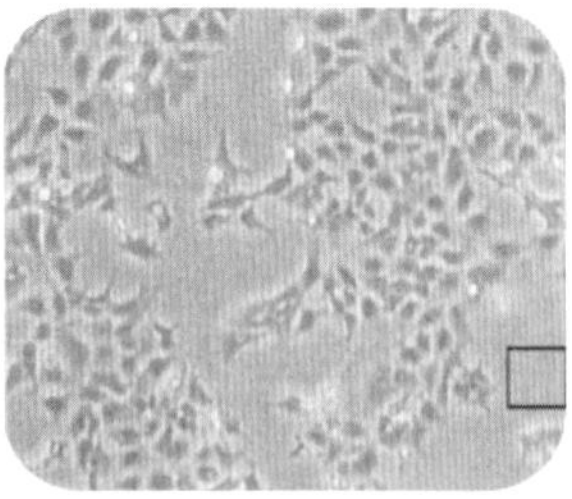

(a) 低倍显微镜下可见黑色方框区微小颗粒

(b) 黑色方框区放大后显示杆菌细胞

图3-24　模拟相差图像显示杆菌污染

【工作计划】

1. 工作方案

计划表 1 细胞常规观察工作方案

步骤	工　作　内　容	负责人
1		
2		
3		
4		
5		

2. 材料设备清单

计划表 2 主要试剂、材料、设备清单

序号	名称	型号与规格	单位	数量	备注
1					
2					
3					
4					
5					

【工作实施】

请完成引导问题及相关实训操作。

❖ 引导问题 1：培养液浑浊，颜色变黄是什么原因？培养液清亮，但颜色变黄又是什么原因？

❖ 引导问题 2：细胞生长缓慢可能是什么原因造成的？

❖ 引导问题 3：细胞生长状态不良有什么表现？

❖ 引导问题 4：细胞被细菌、霉菌、酵母菌、支原体污染都是什么表现？

❖ 引导问题 5：贴壁的 CHO 细胞是什么形态的？

❖ 引导问题 6：细胞什么时候需要传代？

【工作反思】

【标准操作规程】

细胞的常规观察

一、操作用品

1. 材料和试剂

CHO 细胞(正常细胞、pH<6.8 细胞、细菌污染细胞、霉菌污染细胞、酵母菌污染细胞、衰老死亡细胞)、DMEM/F12 完全培养基。

2. 器材和设备

倒置显微镜、超净工作台、吸管、助吸器等。

二、操作步骤

(一)营养液 pH 的检查

新鲜培养液呈红色或橙红色(pH 7.2 左右),适合多数细胞生长。细胞生长旺盛或细胞接种量过大,代谢产生酸性物质积累增多,pH 下降,营养液变黄;若培养瓶瓶塞刷洗不洁,残留碱性物质,或细胞接种量过少,细胞生长缓慢,致营养液 pH 升高,颜色变紫红色。上述两种情况对细胞都将产生不利影响,严重时细胞脱落死亡,要及时更换营养液。更换营养液的时间可依营养物消耗而定,一般情况下,每周换液 2 次,每次换半量或 1/3 量。

1. 培养液全换方法

(1)无菌操作翻转培养瓶,使细胞面朝上。

(2)火焰消毒瓶口后倒去原培养液。

(3)从培养瓶侧面加入新培养液。

(4)再翻转培养瓶,使培养液覆盖细胞面,瓶口消毒加塞。

2. 培养液换半量方法

(1)瓶口消毒。

(2)从瓶侧面吸去原培养液量的一半。

(3)从瓶侧面补加等体积新培养液。

(4)翻转培养瓶,使培养液覆盖细胞面,瓶口消毒加塞。

(二)细菌污染的检查

培养液变浑浊,常由细菌污染所致。将污染的培养物置于倒置显微镜下观察,可见大量黑色细沙状物质,形状可能不同,有运动趋势,细胞出现死亡,并有大量细胞碎片。

(三)真菌污染的检查

霉菌污染时易于发现,用肉眼观察即可见到生长的霉菌菌落。菌落大多为白色或浅黄色小点,漂浮于培养液表面,有的散在生长。镜检时可见纵横交错的丝状、瘤状或树枝状菌丝,穿行于细胞之间。念珠菌或酵母菌形态呈卵圆形,散在细胞周边和细胞之间。

(四)健康细胞与衰老死亡细胞的观察

通过倒置显微镜观察,生长状态良好的细胞表现为均质、明亮、透明度大、折光性强;生长状态不好的细胞、衰老的细胞，细胞质中常出现黑色颗粒、空泡或脂滴，细胞间空隙加大，细胞形态变得不规则、边缘不整齐、发暗或失去原有特性，严重时只剩下细胞碎片。

（五）记录

CHO 工程细胞的常规检查工作完成后，操作人员应及时真实填写相应的记录表格。

三、注意事项

（1）细胞生长与否，不能作为评价细胞生长状态好坏的唯一标准，必须做全面分析。在很多情况下，细胞虽机能状态不良，但仍可生长，如支原体轻度污染时即如此。

（2）良好的无菌操作技术是控制微生物污染细胞的基础。

（3）细胞污染时，应首先找出细胞污染的原因，根据情况及时做出相应处理。

【学习情境相关知识点】

一、培养细胞的生长类型和形态特征

体外培养细胞，其生长方式主要有贴壁生长和悬浮生长两种，分别称为贴壁型细胞和悬浮型细胞。还有一些细胞兼具上述两种生长方式，称为兼性贴壁细胞。

（一）贴壁型细胞

贴壁型细胞必须贴附于支持物表面才能生长，因此又称为贴壁依赖性细胞。贴附生长是大多数动物细胞在体内生存和生长发育的基本方式。贴附有两种含义：一是细胞之间相互接触；二是细胞与细胞外基质结合。正是基于这种贴附生长特性，才使得细胞与细胞之间相互结合形成组织，也才使细胞与周围环境保持联系。贴附生长的细胞，大多只附着一个平面，因而在外形上一般与体内明显不同，在形态上常表现单一化的现象，并常反映其胚层起源。

二维码 3-23　培养动物细胞的生长类型和形态特征

一般可将贴壁生长的体外培养细胞大体分为成纤维细胞型、上皮细胞型、游走细胞型、多形细胞型 4 种类型，最常见的为前两种。

1. 成纤维细胞型

本型细胞因形态与体内成纤维细胞的形态相似而得名。细胞体呈梭形或不规则三角形，中央有卵圆形核，胞质向外伸出 2～3 个长短不同的突起，成群细胞在生长时多呈放射状、火焰状等（图 3-25）。除真正的成纤维细胞外，凡由中胚层间充质起源的组织如心肌、平滑肌、成骨细胞、血管内皮等常呈本类形态。人胚肺细胞在显微镜下可观察到典型的成纤维样细胞型。另外，在培养中的细胞凡形态与成纤维细胞类似时，皆可称之为成纤维细胞，因此细胞培养中的成纤维细胞一词是一

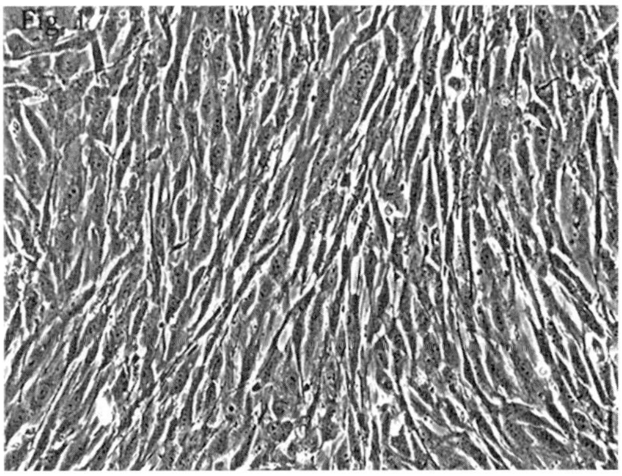

图 3-25　成纤维细胞

种习惯上的称法，与体内细胞不同。

2. 上皮细胞型

体外培养的这类细胞泛指那些形状上类似上皮细胞的细胞。这类细胞具有扁平不规则多角形，中有圆形核，细胞紧密相连，形成单层膜。因为相互拥挤而呈现“铺路石状”(图 3-26)，局部可以形成单层的上皮状“膜片组织”，细胞增殖数量增多时，整块上皮膜随之移动；处于上皮膜边缘的细胞多与膜相连，很少脱离细胞群单独活动。起源于内、外胚层细胞如皮肤表皮及其衍生物、消化管上皮、肝、胰和肺泡上皮等组织培养时，皆呈上皮型形态。上皮型细胞生长时，尤其是外胚层起源的细胞，细胞之间常出现所谓的“拉网”现象，即在构成上皮膜状生长的细胞群中一些细胞常相互分离卷曲，致使上皮细胞膜中形成网眼状空洞。拉网的形成可能与细胞分泌透明质酸酶有关。

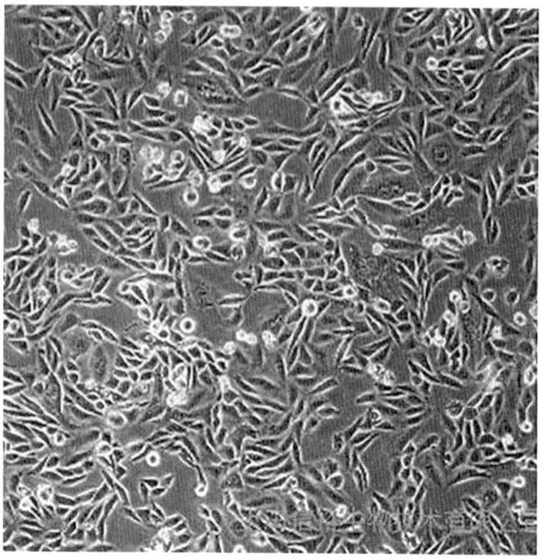

图 3-26 CHO 细胞

3. 游走细胞型

体外培养的游走型细胞具有类似巨噬细胞样的特征。本型细胞在支持物上散在生长，一般不连接成片，形成群落；细胞质经常伸出伪足或突起；在培养器皿壁上生长位置不固定，呈活跃的游走或变形运动，速度快而且方向不规则。此型细胞不很稳定，外形不规则且不断变化。在一定条件下，由于细胞密度增大连接成片后，可呈类似多角形，或因培养基化学性质变动等，可能变成形状类似于成纤维型细胞或上皮型细胞，因此有时难以和其他型细胞相区别。呈现这种细胞形态的主要是那些具有吞噬作用的单核巨噬细胞系统的细胞，如颗粒性白细胞、淋巴细胞、单核细胞、巨噬细胞、肿瘤细胞等(图 3-27)。

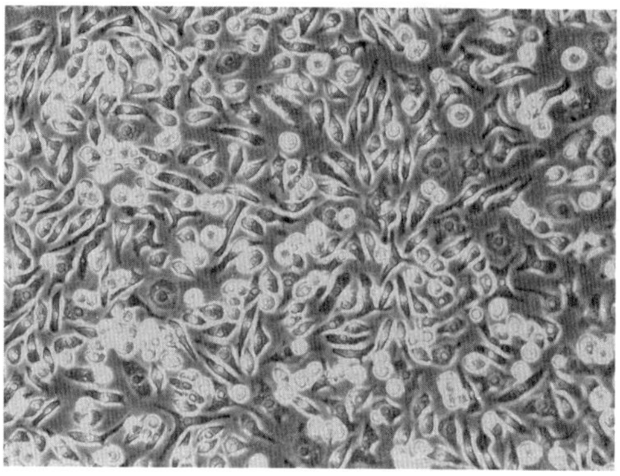

图 3-27 大鼠巨噬细胞

4. 多形细胞型

多形型细胞是一些形态上不规则的细胞，但它不像成纤维细胞那样，不规则形态是由宽扁的胞质突起所致，而是一般分胞体和胞突两部分，其中胞突为细长形，类似丝状伪足；胞体虽然也略呈多角形，但没有成纤维细胞那样不规则。多形型细胞不常见，只有像某些神经组织的细胞等难以确定其稳定形态时，可统归入多形型细胞。体外培养呈现多样性的细胞最常见的是神经元和神经胶质细胞。

上述对贴附型细胞形态的分类，主要根据细胞在培养中的表现以及描述上的方便而定。当细胞处于较好的培养条件时，形态上有相对的稳定性，在一定程度上能反映细胞的起源。但必须意识到，培养细胞的一般形态，并不是一项很可靠的指标，它可受很多因素的影响而发生改变，如 HeLa 细胞本属上皮型，但在过酸或过碱的情况下可变成梭形，pH 适宜时又可恢复；又如上皮型细胞在刚接种后不久，因细胞数量较少，细胞可能呈星形或三角形。只有当细胞数量增多后，多角形态特点和上皮膜状结构才逐渐变得明显起来。由于培养细胞形态的易变性，在利用形态学指标判定细胞类型和其他一些性状时应持谨慎态度。不应仅仅依赖光学显微镜观察所见，必要时需做超微结构和其他方法的分析，如电镜下观察到桥粒时，可确认为上皮型细胞，因桥粒是上皮细胞所特有的结构，但在光镜下不可见，只有在电子显微镜下才能观察到。因此，电子显微镜所提供的形态学依据显然更为可靠。

(二)悬浮型细胞

悬浮型细胞（图 3-28）在体外生长时不需要贴附于支持物表面，可以悬浮状态在培养液中生长，这种细胞又称为非贴壁依赖性细胞。只有少数动物细胞能进行悬浮生长，如血液白细胞、淋巴组织细胞，某些肿瘤细胞、杂交瘤细胞、转化细胞系等均属此类细胞。这类细胞形态学特点是胞体始终为球形，观察时不如贴附型方便。

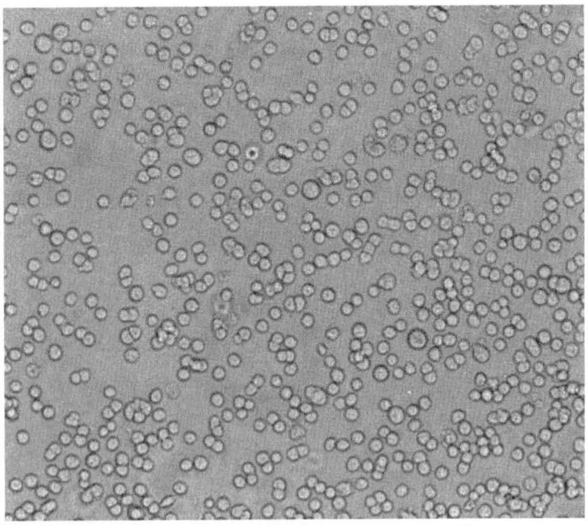

图 3-28　悬浮细胞

由于是悬浮生长，细胞生存空间大，容许长时间生长，因此悬浮培养的细胞密度一般都较高。另外，传代繁殖也较容易（只需稀释而不需消化处理）。可惜能在悬浮状态下生长的细胞种类有限。淋巴细胞等不附壁生长的细胞已被成功地进行了悬浮培养。大规模培养可采用培养微生物细胞用的发酵罐，但需将其稍加改进，如将搅拌转速减慢、搅拌叶改用螺旋桨式、通气装置通过硅橡胶扩散的方式等。

(三)兼性贴壁细胞

兼具上述两种生长方式的细胞，称为兼性贴壁细胞，如 Vero 细胞、小鼠 L929 细胞。当它们贴附在支持物表面上生长时呈上皮或成纤维细胞的形态，而当悬浮于培养基中生长时则呈圆形。

二、细胞污染

细胞污染物一般包括微生物（真菌、细菌、病毒和支原体）、化学物质（影响细胞生存、非细胞所需的化学成分）及细胞（非同一种的其他细胞）。其中以微生物污染最多见。

(一)微生物污染及排除

1. 微生物污染的途径

微生物的污染可通过多种途径发生，主要有以下几种。

(1)空气　空气是微生物传播的最主要途径。工作时减少空气流动是防止污染的重要环节。培养设施不能设在通风场所，一般培养室环境中每立方米含菌数不应超过 1～5 个。如果培养操作场地与外界隔离不严或消毒不充分，外界不洁空气很容易侵入造成污染。超净工作台能通过过滤产生无菌的屏障气流，可有效防止不洁空气的侵入，但如使用过久，滤器受尘埃阻塞，可使净化工作不能正常进行。工作时不戴口罩或面对操作野大声讲话、咳嗽等使外界气流过强，污染空气可侵入操作野，造成污染。

（2）器材及试剂　主要是细胞培养用器材清洗消毒不彻底或培养用液等灭菌不彻底使污物残留或导致细菌污染。另外，有些血清在生产时就已被支原体或病毒等污染，也可成为污染的来源。此外，CO_2 培养箱培养细胞时为开放式培养，如培养箱没有定期消毒，由于培养箱内湿度大，温度适宜，再加上取存细胞时不慎将培养液漏出，就易使细菌、霉菌滋生，形成污染。

二维码 3-24
细胞污染

（3）实验操作　操作无菌观念不强、动作不准确、使用污染的器具或封瓶时不严都可发生污染。培养两种以上细胞时，操作不规范、交叉使用吸管或培养液等有可能导致细胞交叉污染。

2. 微生物污染的检测与排除

（1）真菌的污染及排除　污染培养细胞的真菌种类很多，常见的有烟曲霉、黑曲霉、毛霉菌、孢子霉、白念珠菌、酵母菌等。霉菌污染一般肉眼可见，较易被发现，短期内培养液多不浑浊，在培养液中形成白色或浅黄色漂浮物，污染初期培养物 pH 会维持稳定，污染加重后 pH 会迅速升高，导致培养物浑浊。倒置显微镜下可见在细胞之间有纵横交错穿行的丝状、管状及树枝状菌丝，并悬浮漂荡在培养液中。很多菌丝在高倍镜下可见到有链状排列的菌珠；培养物被酵母污染（图 3-29）后也会变得浑浊，特别是进入污染后期时。培养物被酵母污染后 pH 变化极小，污染严重时 pH 才会升高。在显微镜下，酵母呈单个卵圆形或球形颗粒，有些会芽生出较小的颗粒。有时通过显微镜观察可能发现瓶底外面生长的菌丝，不要错当培养瓶内的污染。瓶外的污染物，需及时用酒精棉球擦洗清除，以防其通过瓶口传入瓶内。如被污染可考虑采用制霉菌素 25 μg/mL 或酮康唑 10 μg/mL 对细胞进行处理。

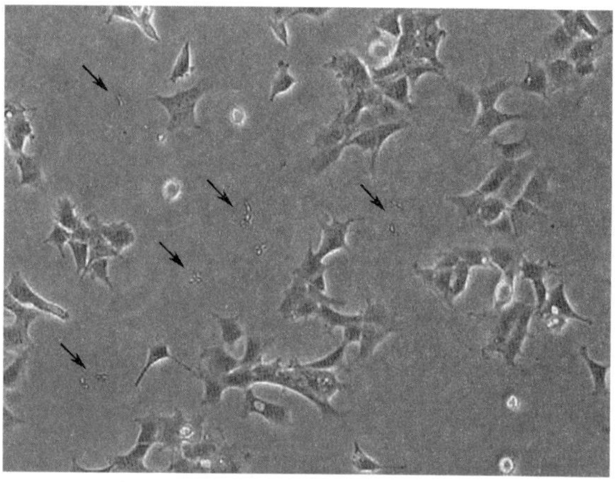

图 3-29　模拟相差图像细胞被酵母污染

（2）细菌污染及排除　常见的污染菌有大肠杆菌、白色葡萄球菌、假单胞菌等。细菌污染后容易发现，多数情况下培养液短期内颜色变黄，且有明显浑浊现象；有时静置的培养瓶液体初看不浑浊，但稍加振荡，就有很多浑浊物漂起。倒置显微镜下观察，可见培养液中有大量圆球状颗粒漂浮，有时在细胞表面和周围有大量细菌存在，细胞生长停止并有中毒表现。必要时可取少量培养液涂片染色检查以证实细菌种类；有的培养液改变不明显而又疑有污染，亦可向肉汤培养基内滴加少量培养液，37℃培养可以检测是否污染。

抗生素对预防和杀灭细菌有一定效果。抗生素联合使用比单独使用效果好。预防性应用比污染后使用效果好。已发生细菌污染，再使用抗生素，常难以根除。有的抗生素对细菌仅有抑制作用，而无杀菌效应，反复使用抗生素可使微生物产生耐药性，且对细胞本身也产生一定的影响。有价值的细胞被污染后，可试用 5～10 倍常用剂量的冲击方法，加药作用 24～28 h，再换入常规培养液中，有时可奏效。

(3)支原体污染的检测及排除　支原体是一类缺乏细胞壁的原核细胞型微生物，呈高度多形性，有球形、杆形、丝状、分枝状等多种形态。它广泛存在于自然界中，有80余种，污染细胞最严重的支原体包括发酵支原体、猪鼻支原体、口腔支原体、精氨酸支原体、梨支原体、唾液支原体和人型支原体等。

细胞培养中被支原体污染是一个较普遍的问题，污染率高达30%～60%。其污染来源主要包括工作环境的污染、操作者本身的污染(一些支原体在人体是正常菌群)、培养基的污染、污染支原体的细胞造成的交叉污染、实验器材带来的污染和用来制备细胞的原始组织或器官的污染。

检测细胞培养物中的支原体方法有很多，各有优缺点。可根据具体情况，选择不同的方法，或者几种方法联合使用。

1)培养法检测支原体：培养法是利用营养丰富的精氨酸肉汤培养基、支原体琼脂培养基(半流体)，直接对待检细胞、血清等进行支原体培养。培养结束时，精氨酸肉汤培养基如有支原体生长，则液体颜色改变(粉色或黄色)。半流体培养基中如有支原体生长，则出现絮状沉淀。此种方法最为可靠且成本低廉，但培养周期较长，工作量大。常用于细胞及临床治疗细胞的支原体检查。

2)染色法检测支原体：

①吉姆萨或地衣红染色法：细胞液体培养物直接涂片，用姬姆萨(1∶20)染色3 h以上，可在光学显微镜下见到呈淡紫色或蓝色，形态为球形、球杆形、杆形、螺旋形、分枝的长丝状等；地衣红染色后，镜下观察可见支原体呈暗紫色小点，位于细胞周围或细胞之间。

②荧光染色法：利用荧光试剂Hoechst33258标记细胞核支原体DNA，在紫外光(630 nm)激发下产生黄绿色荧光，利用荧光显微镜观察支原体是否存在。正常细胞核区见边缘整齐清晰的荧光，胞质区无荧光。支原体污染的细胞不仅在细胞核而且在细胞核外及细胞膜上均可见散在的亮绿色小点，即支原体。该方法操作较为简便，但轻度污染不易检出，一般要求培养无污染的指示细胞作为对照。

③扫描电子显微镜法：利用电子显微镜的超级放大功能，直接观察培养细胞中的支原体污染情况。在电镜下可观察到支原体多分布在细胞周围和细胞间隙，有的直接吸附在细胞表面膜上，在细胞基质内未见支原体存在。该方法非常直观、准确，但对环境要求高，操作复杂，实验周期较长，常作为样品的最后定性检测。

④PCR法：PCR检测方法可快速检测细胞培养物中的支原体污染。该方法根据常规PCR反应原理和实验步骤即可完成对培养物中支原体的快速检测，检测时可选用支原体PCR检测试剂盒。该方法具有灵敏度高、特异性强以及检测快速等特点，比常规培养法和荧光染色法快5～10 d，但这种方法对实验环境要求严格，实验成本较高，有时还会出现假阳性的现象。弥补的方法是对怀疑的样品要经过3次PCR检测，或配合使用培养法检测。

去除细胞培养中支原体污染的方法均较麻烦，且效果不确定，所以一旦发生支原体污染，除非有特别重要的价值，一般均弃之重新培养，去除细胞中支原体污染的努力只应当作为最后的手段来考虑。

(4)病毒污染　病毒是一种微观感染性物质，利用宿主细胞结构进行复制。病毒体积极小，因而要检测培养物中有无病毒以及将其从细胞培养实验室所用试剂中去除都十分困难。

由于大多数病毒对宿主有非常严格的要求，因此一般不会对与其宿主物种不同的细胞培养物造成不良影响。但是，使用病毒感染的细胞培养物时却会对实验室工作人员造成严重的健康威胁，特别是当实验室培养的是人或灵长类动物细胞时。通过电子显微镜检查、一组抗体的免疫染色、ELISA 实验或者采用适当病毒引物的 PCR 技术可以检测出细胞培养物的病毒污染。

(二)细胞交叉污染及排除

随着实验室同时培养的细胞种类增多，不同种细胞交叉污染也时有发生，从而造成细胞不纯。在细胞培养工作中要注意防止细胞间交叉污染。细胞交叉污染是由于在细胞培养操作过程中，多种细胞培养同时进行时，器材和培养用液混杂所致。这种污染使细胞形态和生物学特性发生变化，某些变化不易察觉。有些污染细胞具有生长优势(如 HeLa 细胞等)，最终压过其他细胞，使这些细胞生长抑制，最终死亡，细胞交叉污染导致细胞种类不纯，不能进行实验研究。防止细胞交叉污染的措施主要有：

(1)实验器材(如吸管)不能混用。几种细胞同时实验时，器材要做好专用标记。

(2)细胞培养用液不能混用。几种细胞同时做实验时，也要尽量做到专液专用。如实验条件所限，细胞培养用液需公用时，要做到勤换吸管，千万不能用混有细胞的吸管直接吸细胞培养液。吸培养液的吸管尖端不要触及培养瓶瓶口，以免把细胞带到培养液瓶中，以防止进行其他细胞培养操作时导致细胞污染。

(3)所有从别处转来的细胞或自己所建的细胞系都要在早期留有充足的冻存备用，一旦发生细胞交叉污染，可以复苏早期冻存细胞使用。

(三)化学物质污染及排除

化学污染物质包括残存洗涤剂、细胞残余、解体的微生物等，细胞直接接触物(如培养皿、生长基质、培养基等)或间接接触物(如配制培养基的器皿、瓶塞、瓶盖等)一旦被化学物质污染，将导致细胞死亡。因此，化学污染是细胞培养失败的重要原因。故细胞实验所使用的全部器材都要严格消毒，并正确掌握器材操作要领。

三、细胞污染的预防

体外培养的细胞受到严重污染时，有时即使想尽各种办法也难以挽回。因此，对于细胞污染，预防是关键。只有将预防措施贯穿于整个细胞培养的始终，才能将发生污染的可能性降到最低。一般预防可从以下几方面着手：

1. 从物品、用品消毒灭菌着手

细胞培养所用物品清洗、消毒要彻底，各种溶液灭菌除菌要仔细，并在取样检菌后确认无菌才能使用。同时，在无菌过滤操作中，随着滤过体积的增大，滤膜破损的可能性增加，故应选择最后过滤的液体进行检测。定期对二氧化碳培养箱进行消毒。具体操作：75%的酒精擦拭培养箱后，使用可移动的紫外灯至少消毒 30 min，加入高压灭菌过的超纯水于培养箱水槽中保持湿度。也可配制 300 mL 的饱和硫酸铜加 3 L 灭菌超纯水混合成硫酸铜溶液加入水槽中。

二维码 3-25
细胞污染的
预防

2. 添加抗生素

各种抗生素性质不同，对各种微生物的作用也不同，联合应用比单用效果好，预防性应用比污染后使用好。但反复使用抗生素会使微生物产生耐药性，且对细胞本身也有一定影响，因此为避免诱导抗药细菌，应定期更换培养系统中的抗生素，或尽可能不用抗生素处理。

3. 从操作者做起

(1)进无菌室前要彻底洗手，按规定穿隔离衣。开始操作前要用75%酒精棉球擦手、擦瓶口和烧灼瓶口。

(2)操作者动作要轻，安装吸管帽、打开或封闭瓶口等操作应在火焰近处并经过烧灼进行。但要注意，烧过的器械要冷却后才能使用；已吸过培养液的吸管不能再用火焰烧灼，因残留在吸管内的培养液成分如蛋白质等烧焦后会产生有害物质，吸管再用时会将其带到培养液中；胶塞、橡皮乳头及塑料的细胞培养用品过火焰时也不能时间太长，以免烧焦产生有毒气体，危害培养细胞，同时塑料细胞培养用品也会产生变形影响使用。

(3)操作时尽量不要谈话，咳嗽，防止来自唾沫和呼出的气流所造成的污染。

(4)使用培养液前不宜过早开瓶，开瓶后的培养液应保持斜位，避免直立，以防止下落细菌的污染。不再使用的培养液应立即封闭瓶口，培养的细胞在处理之前勿过早暴露在空气中。

(5)操作完毕后应整理好工作台面，用消毒水浸泡的纱布擦拭台面。

(6)吸取培养液、细胞悬液时，应专管专用，一旦发现吸管口接触了手和其他污染物品应弃去，以防止污染扩大或造成培养物之间的交叉污染。

4. 防止细胞交叉污染

所有从别处转来的或是自己所建的细胞系都要早期留有充足的冻存储备，一旦怀疑发生交叉污染，可做细胞遗传学方面的鉴定，如发现原有的细胞遗传物发生改变，可以复苏早期冻存的细胞使用。重要细胞系(株)的传代工作应由两人独立进行。

5. 无菌室的彻底消毒

(1)新洁尔灭和来苏儿交替使用全面彻底擦洗无菌室。使用前应稀释即配即用。

(2)甲醛熏蒸法：甲醛是一种广谱灭菌剂，其水溶液和气体对各种细菌、芽孢及真菌等微生物均有杀灭作用。

其主要用法为：

①熏蒸消毒：每立方米空间甲醛用量为10～15 mL，熏蒸消毒时应密闭门窗，封闭至少4 h以上。高锰酸钾加40%甲醛(1∶1)混合后放入一敞开容器中，立即可见白色甲醛烟雾。消毒后可放入25%氨水蒸发中和刺激气味。氨水用量为所用甲醛水溶液的一半，时间为30 min。甲醛气体毒性非常强，所以操作时一定需带上防毒面具。

②自然挥发：将较大量的甲醛水溶液放入一敞开容器中，室内温度保持在18℃以上，同时室内喷水以保持相对湿度在70%以上，经16 h可达到室内消毒的目的。

【知识与技能总结】

【知识拓展】

RT-PCR 技术检测病毒

(一)原理

提取培养液和细胞中的总 RNA，以其中的 mRNA 作为模板，采用 Oligo(dT)或随机引物利用逆转录酶反转录成 cDNA。再以 cDNA 为模板进行 PCR 扩增，而获得目的基因或检测基因表达。RT-PCR 使 RNA 检测的灵敏性提高了几个数量级，使一些极为微量 RNA 样品分析成为可能。

(二)反转录酶的选择

(1)Money 鼠白血病病毒(MMLV)反转录酶：有强的聚合酶活性，RNA 酶 H 活性相对较弱。最适作用温度为 37℃。

(2)禽成髓细胞瘤病毒(AMV)反转录酶：有强的聚合酶活性和 RNA 酶 H 活性。最适作用温度为 42℃。

(3)*Thermus thermophilus*、*Thermus flavus* 等嗜热微生物的热稳定性反转录酶：在 Mn^{2+} 存在下，允许高温反转录 RNA，以消除 RNA 模板的二级结构。

(4)MMLV 反转录酶的 RNase H 突变体：商品名为 *Superscript* 和 *SuperScript* Ⅱ。此种酶较其他酶能将更大部分的 RNA 转换成 cDNA，这一特性允许从含二级结构的、低温反转录很困难的 mRNA 模板合成较长的 cDNA。

(三)合成 cDNA 引物的选择

(1)随机六聚体引物：当特定 mRNA 由于含有使反转录酶终止的序列而难于拷贝其全长序列时，可采用随机六聚体引物这一不特异的引物来拷贝全长 mRNA。用此种方法时，体系中所有 RNA 分子全部充当了 cDNA 第一链模板，PCR 引物在扩增过程中赋予所需要的特异性。通常用此引物合成的 cDNA 中 96%来源于 rRNA。

(2)Oligo(dT)：是一种对 mRNA 特异的方法。因绝大多数真核细胞 mRNA 具有 3’端 Poly(A)尾，此引物与其配对，仅 mRNA 可被转录。由于 Poly(A)RNA 仅占总 RNA 的 1%～4%，故此种引物合成的 cDNA 比随机六聚体作为引物和得到的 cDNA 在数量和复杂性方面均要小。

(3)特异性引物：特异的引发方法是用含目标 RNA 的互补序列的寡核苷酸作为引物，若 PCR 反应用二种特异性引物，第一条链的合成可由与 mRNA 3’端最靠近的配对引物起始。用此类引物仅产生所需要的 cDNA，导致更为特异的 PCR 扩增。

(四)试剂准备

1. RNA 提取试剂

2. 第一链 cDNA 合成试剂盒

3. dNTP mix:含 dATP、dCTP、dGTP、dTTP 各 2mM

4. Taq DNA 聚合酶

(五)操作步骤

(1) 总 RNA 的提取。

(2)cDNA 第一链的合成:目前试剂公司有多种 cDNA 第一链试剂盒出售,其原理基本相同,但操作步骤不一。

①在 0.5 mL 微量离心管中,加入总 RNA 1~5 μg,补充适量的 DEPC H_2O 使总体积达 11 μL。在管中加 10 μmol/L Oligo(dT)12~18 μL,轻轻混匀、离心。

②70℃加热 10 min,立即将微量离心管插入冰浴中至少 1 min。

然后加入下列试剂的混合物:10×PCR buffer 2 μL;25 mmol/L $MgCl_2$ 2 μL;10 mmol/L dNTP mix 1μL;0.1 mol/L DTT 2 μL,轻轻混匀,离心。42℃孵育 2~5 min。

③加入 SuperscriptⅡ 1 μL,在 42℃水浴中孵育 50 min。

④于 70℃加热 15 min 以终止反应。

⑤将管插入冰中,加入 RNase H 1 μL,37℃孵育 20 min,降解残留的 RNA。−20℃保存备用。

(3)PCR:

①取 0.5 mL PCR 管,依次加入下列试剂:第一链 cDNA 2 μL;上游引物(10 pmol/L) 2 μL;下游引物(10 pmol/L) 2 μL;dNTP(2 mmol/L) 4 μL;10×PCR buffer 5 μL;Taq 酶(2 U/μL) 1 μL。

②加入适量的 ddH_2O,使总体积达 50 μL。轻轻混匀,离心。

③设定 PCR 程序。在适当的温度参数下扩增 28~32 个循环。为了保证实验结果的可靠与准确,可在 PCR 扩增目的基因时,加入一对内参的特异性引物,同时扩增内参 DNA,作为对照。

④电泳鉴定:行琼脂糖凝胶电泳,紫外灯下观察结果。

⑤密度扫描、结果分析:采用凝胶图像分析系统,对电泳条带进行密度扫描。

(六)注意事项

(1)在实验过程中要防止 RNA 的降解,保持 RNA 的完整性。在总 RNA 的提取过程中,注意避免 mRNA 的断裂。

(2)为了防止非特异性扩增,必须设阴性对照。

(3)内参的设定:主要为了用于靶 RNA 的定量。常用的内参有甘油醛-3-磷酸脱氢酶、β-肌动蛋白等。其目的在于避免 RNA 定量误差、加样误差以及各 PCR 反应体系中扩增效率不均一、各孔间的温度差等所造成的误差。

(4)PCR 不能进入平台期,出现平台效应与所扩增的目的基因的长度、序列、二级结构以及目标 DNA 起始的数量有关。故对于每一个目标序列出现平台效应的循环数,均应通过单独实验来确定。

(5)防止 DNA 的污染:

①采用 DNA 酶处理 RNA 样品;

②在可能的情况下,将 PCR 引物置于基因的不同外显子,以消除基因和 mRNA 的共线性。

【考一考】

❖ **第一关:用心思考,正确填写**

1. 一般培养液中均含有酚红作为 pH 指示成分。正常新鲜的培养液为________色。

2. 加入细胞培养后由于细胞代谢产生酸性产物,培养液 pH 下降使颜色________。

3. 一般正常情况生长稳定的细胞需________d 换液 1 次,生长慢的细胞需________d 换液 1 次。

4. 生长状况良好的细胞镜检观察时________、________、________、________。

5. 微生物污染主要包括________、________、________、________的污染。

6. 支原体、细菌、酵母菌污染,按容易被发现排序为________、________、________。

7. 体外培养细胞,其生长方式主要有贴壁生长和悬浮生长两种,分别称为________细胞和________细胞。还有一些细胞兼具上述两种生长方式,称为________细胞。

8. 一般可将贴壁生长的体外培养细胞大体分为________细胞型、________细胞型、________细胞型、________细胞型 4 种类型,最常见的为前两种。

❖ **第二关:学以致用,解决问题**

1. 请根据所学细胞污染方面知识,编制细胞培养防污染守则。

2. 如果你发现自己培养的细胞生长缓慢,应做如何应对?

❖ **第三关:挑战极限,超越自我**

我国各行各业的创新已经成为一种潮流,是推动国家发展的强大动力。创新立足于本职岗位,才能有更强大力量,岗位创新只有建立在对职业与岗位的热爱与敬畏、全情投入的基础上,才能取得成果。请针对细胞污染防护方面提出自己的建设性意见或改进性方法。

子任务六　细胞活力检测

【任务情境描述】

促红细胞生成素项目已经进行种子扩增。细胞活力是细胞可以进行下一步扩增的重要指标,而且由于细胞的密度依赖性,传代时需要知道细胞的数量,所以活力检测和细胞计数都是细胞培养中不可或缺的技术。目前培养在 25 cm^2 培养瓶中的细胞已经达到 80%汇合度,需要进行传代,室主任安排你进行该细胞的活力检测和细胞计数工作。由于该检测的结果准确性对细胞培养质量有重要影响,因此室主任要求一定要严谨细致,严格规范操作。本着敬岗爱业、高度负责精神完成此项工作任务。

【学习目标】

1. 能力目标

(1)通过完成细胞活力检查任务，学生能运用细胞计数与细胞活力检测相关知识，根据SOP，完成各种细胞计数及活力检查操作。

(2)通过完成CHO细胞生产促红细胞生成素项目的各个任务的任务分析，信息搜集、评价和利用，学生能初步具有信息素养。

2. 知识目标

(1)了解细胞计数方法，掌握血细胞计数板计数法方法。

(2)了解细胞活力检查方法，掌握台盼蓝染色法测细胞活力方法。

(3)说明细胞生长曲线的测定方法。

3. 素质目标

(1)建立安全意识、环保意识、质量意识和创新思维。

(2)建立责任意识、规范意识。

(3)形成严谨细致的作风。

(4)塑造敬岗爱业精神。

(5)乐学、善思、笃行。

【任务书】

根据细胞活力检查及细胞计数的相关SOP，结合细胞计数法、台盼蓝染色法测细胞活力等相关信息，完成细胞活力检查及细胞计数任务，包括明确如何使用血细胞计数板和血细胞计数板计数法方法与注意事项、台盼蓝染色法及注意事项，并开展实训工作。注意操作的安全与废物/液环保处理。

【获取信息】

一、细胞计数

细胞计数法是细胞学实验的一项基本技术，在细胞培养过程中，加入培养瓶的细胞数量都应在一定的范围内，细胞才能达到其最佳生长状态。常用的细胞计数法有血细胞计数板计数法和电子细胞计数仪计数法。

(一)血细胞计数板计数法

计数板是一块特制的长方形厚玻璃板(图3-30)，板面的中部有4条直槽，内侧两槽中间有一条横槽把中部隔成两长方形的平台。此平台比整个玻璃板的平面低0.1 mm，当放上盖玻片后，平台与盖玻片之间的距离(即高度)为0.1 mm。平台中心部分各以3 mm长、3 mm宽精确划分为9个大方格，称为计数室，每个大方格面积为1 mm^2，体积为0.1 mm^3，既0.1 μL。用倒置显微镜观察计数板四角的大方格，可见每个大方格又分为16个中方格，适用于细胞计数。

二维码3-26 血细胞计数板细胞计数操作技术

细胞计数及密度换算操作过程如下：

(1)准备血细胞计数板：用酒精清洁计数板表面及盖玻片，然后用干净纱布轻轻拭干，注意不要划伤计数板表面。

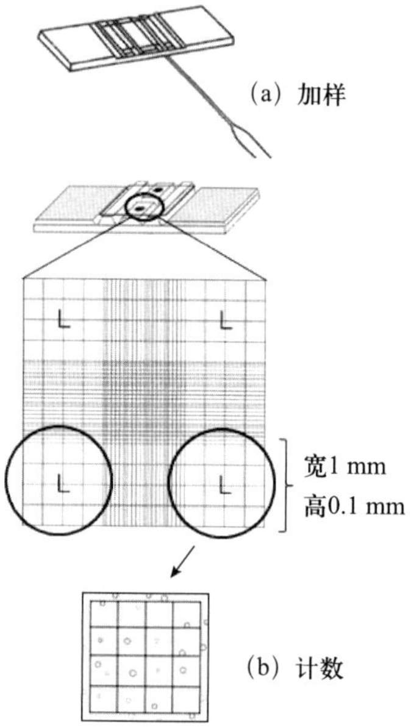

图 3-30　血细胞计数板细胞计数

(2)制备细胞悬液：用消化液分散单层培养细胞或直接收集悬浮培养细胞，吹打制成单个细胞悬液。本法要求细胞密度不低于 10^5 个/mL，若细胞数很少，应将悬液离心(1 000 r/min，2 min)，重悬于少量培养液中。

(3)加样：将盖玻片放在计数板正中。用微量移液器轻轻吹打细胞悬液使其混合均匀后，取少许细胞悬液，从计数板与盖玻片之间加少量细胞悬液，使细胞悬液充入计数室内。加样量不要过少或带气泡，也不要溢出盖玻片。如滴入溶液过少，经多次充液，易造成气泡；如滴入过多，溢出并流入两侧深槽内，使盖玻片浮起，体积改变，会影响计数结果。如出现上述情况，应洗净计数室，干燥后重做。

(4)计数：细胞培养液滴入计数室后，需静置 2～3 min，然后在低倍镜下计数。在显微镜下，用低倍物镜观察计数板四角大方格中的细胞数(图 3-30)。计数时应循一定的路径，对横跨刻度上的细胞，依照“数上不数下，数左不数右”的原则进行计数，即细胞压中线时，只计左侧和上方的细胞，不计右侧和下方的细胞。计数细胞时，数四个大方格的细胞总数。如发现大方格的细胞数目相差 8 个以上，表示细胞分布不均匀，必须把稀释液摇匀后重新计数。

(5)计算：将计算结果代入下式，得出细胞密度。

细胞密度(细胞数/mL 原液)＝(4 大格细胞数之和/4)$\times 10^4$

若原液稀释一定倍数后，再进行细胞计数，则：

原液中细胞密度(细胞数/mL)＝(4 大格细胞数之和/4)$\times 10^4 \times$稀释倍数

例如，若已知 4 个大方格的细胞数为 120 个，试计算原液中的细胞密度(细胞数/mL 原液)？

根据上式得：细胞密度(细胞数/mL 原液)＝$(120/4)\times 10^4 = 3\times 10^5$ 个/mL。

(6)细胞密度的换算：细胞密度换算是根据溶液稀释公式进行计算，即溶液稀释前后溶质含量保持不变。公式为：

$$c_1 \times V_1 = c_2 \times V_2$$

式中，c_1、V_1 分别代表溶液稀释前的浓度和体积；c_2、V_2 分别代表溶液稀释后的浓度和体积。

例如，欲配制 10mL、密度为 1×10^6 个/mL 的细胞悬液，现有 1×10^8 个/mL 的细胞悬液若干毫升，应如何稀释？

已知：$c_1 = 10^8$ 个/mL，$c_2 = 10^6$ 个/mL，$V_2 = 10$mL，求 V_1。根据上式得：

$$V_1 = c_2 \times V_2 / c_1 = 10^6 \times 10/10^8 = 0.1\text{mL}$$

即取密度为 1×10^8 个/mL 的细胞悬液 0.1 mL，补加 9.9 mL 培养液，即成 10 mL、密度为 1×10^6 个/mL 的细胞悬液。

(二)自动细胞计数仪计数法

血细胞计数法计数时存在操作较烦琐、耗时长、误差较大等缺点，逐渐被自动细胞计数仪所代替。自动细胞计数仪计数快速，操作简单，计数更准确。早期使用细胞计数仪计数，第一步需要将细胞用台盼蓝染色。现在已经有不需台盼蓝染色的计数仪销售。

二、台盼蓝染色法测细胞活力

(一)台盼蓝染色法的原理

正常的活细胞，胞膜结构完整，能够排斥台盼蓝；而丧失活性或细胞膜不完整的细胞，胞膜的通透性增加，可被台盼蓝染成蓝色。

通常认为细胞膜完整性丧失，即可认为细胞已经死亡，这与中性红作用相反。注意凋亡小体也有台盼蓝拒染现象。

二维码 3-27
台盼蓝染色原理

(二)染色方法

使用 0.4%台盼蓝进行染色，台盼蓝有潜在致癌性，配制应谨慎。台盼蓝染色的细胞密度应不低于 10^5 个/mL。细胞悬液与 0.4%台盼蓝溶液按 9∶1 混合，室温下染 3 min，注意染色时间过长正常细胞也可能被染色。将染色细胞加入细胞计数板的计数室，倒置显微镜下观察计数活细胞与死细胞，细胞活率计算公式：

$$细胞活率＝活细胞/观察的细胞总数\times 100\%$$

(三)台盼蓝染色法注意事项

(1)消化单层细胞时，应使细胞分散良好，制成单个细胞悬液，否则会影响细胞计数结果。

(2)取样计数前，应充分混匀细胞悬液。否则，前后计数结果会有很大误差。

(3)镜下计数时，遇见 2 个以上细胞组成的细胞团，应按单个细胞计算。如细胞团占 10%以上，说明消化不充分；或细胞数每 10 mm^2 少于 200 个或每 10 mm^2 多于 500 个时，说明稀释不当，需重新制备细胞悬液、计数。

(4)台盼蓝有潜在致癌性，应做好防护，谨慎操作。

【工作计划】

1. 工作方案

计划表 1　细胞活力检查工作方案

步骤	工　作　内　容	负责人
1		
2		
3		
4		
5		
6		
7		

续表

步骤	工　作　内　容	负责人
8		

2. 材料设备清单

计划表 2　主要试剂、材料、设备清单

序号	名称	型号与规格	单位	数量	备注
1					
2					
3					
4					
5					

工作实施

请完成引导问题及相关实训操作。

❖ 引导问题 1：血细胞计数板的结构与各种结构的用途是什么？

❖ 引导问题 2：血细胞计数板的网格是如何划分的？在细胞计数时，应该如何使用这些网格？

❖ 引导问题 3：使用血细胞计数板计数，细胞压线时的计数原则是什么？

❖ 引导问题 4：血细胞计数板如何加样？有什么需要注意的地方？

❖ 引导问题 5：血细胞计数板计数法如何计算细胞浓度？

❖ 引导问题 6：血细胞计数板计数法操作程序是什么？过程中哪个环节有什么特别要求？

❖ 引导问题 7：台盼蓝染色法需要使用哪些工具？

❖ 引导问题 8：使用台盼蓝有什么地方需要注意？

❖ 引导问题 9：台盼蓝染色时间有什么要求？与细胞悬液按什么比例混合？

❖ 引导问题 10：台盼蓝染色后如何分辨活细胞与死细胞？

❖ 引导问题 11：细胞活力如何计算？

❖ 引导问题 12：台盼蓝染色操作程序是什么？过程中哪个环节有什么特别要求？

❖ 引导问题 13：血细胞计数和细胞活力操作有何安全要求？

❖ 引导问题 14：血细胞计数和细胞活力操作有何环保要求？

【工作反思】

____

____

____

【标准操作规程】

细胞活力检测

一、操作用品

1. 材料和试剂

擦镜纸、吸头（10 μL、200 μL、1 000 μL）、1.5 mL 离心管、台盼蓝、0.25%胰蛋白酶、CHO 工程细胞、酒精、PBS 液。

2. 器材和设备

血细胞计数板、倒置显微镜、可调移液器（10 μL、200 μL、1 000 μL）、助吸器、吸管、三角瓶（0.1 L）、量筒（0.1 L）。

二、操作步骤

(1)用 PBS 液配制 0.4%台盼蓝溶液。

(2)准备计数板：用酒精清洁计数板及专用盖玻片，然后用绸布轻轻拭干。

(3)悬浮细胞直接进行第 5 步。

(4)贴壁细胞用 0.25%胰蛋白酶消化培养的贴壁细胞；镜下观察细胞变圆，接近脱落，弃去胰蛋白酶，加入适量 PBS，吹打使得细胞脱落；制成细胞悬液密度不低于 2×10^5 个/mL。

(5)细胞悬液与 0.4%台盼蓝溶液按 9∶1 混合，室温下总染色时间 3 min。

(6)将盖玻片放在计数板正中。染色过的细胞材料，用移液器轻轻吹打细胞悬液，取少量细胞悬液，在计数板上盖玻片的一侧加微量细胞悬液，使细胞悬液借毛细血管现象而自动流入计数室。放高倍镜下，静置 2 min。

(7)计数活细胞和死细胞数目：死亡的细胞着浅蓝色并膨大，无光泽。活细胞不着色并保持正常形态，有光泽。

(8)可按公式计算出细胞活率。

(9)细胞活率＝未染色的细胞数/观察的细胞总数×100%

(10)密度计数：密度在 10^7 以上需要稀释后计数，在显微镜下，观察计数板四大方格中的细胞数。细胞压中线时，只计左侧和上方者，不计右侧和下方者。细胞培养液滴入计数室后，须静置 2～3 min，然后在低倍镜下计数。计数时，如发现大方格的细胞数目相差 8 个以上，表示细胞分布不均匀，必须把稀释液摇匀后重新计数。

计算：将计算结果代入下式，得出细胞密度。

细胞密度＝(4 大格细胞数之和/4)$\times10^4\times N$

N 为细胞液稀释倍数

(11)记录　CHO 工程细胞的活力检测工作完成后，操作人员应及时真实填写相应的记录表格。

【学习情境相关知识点】

一、细胞活力检测

细胞活力检测是细胞培养的基本技术。在细胞冻存和复苏过程中，由于细胞遭受非生理性的低温打击等,不可避免地对细胞产生影响,引起部分细胞活力下降或死亡。通过细胞活力检查可快速检验细胞冷冻效果,是衡量细胞冻存、复苏效果的一种简便易行的方法。在细胞传代培养及细胞表达过程中,细胞活力也必须维持在较高水平。同时细胞活力检查也是了解细胞受不同药物、生化物质等处理效果的直观简便手段。

(一)染色法

细胞损伤或死亡时,某些染料可穿透变性的细胞膜,与解体的 DNA 结合,使其着色。而活细胞能阻止这类染料进入细胞内,因此可以鉴别死细胞与活细胞。常用的染料有台盼蓝、苯胺黑、结晶紫等。

(二)四唑盐(MTT)比色法

四唑盐(MTT)商品名为噻唑蓝,化学名为 3-(4,5-二甲基噻唑-2)-2,5-二苯基四氮唑溴盐。四唑盐比色法的原理是活细胞中脱氢酶能将四唑盐还原成不溶于水的蓝色产物——甲臜(formazan),并沉淀在细胞中,而死细胞没有这种功能。二甲基亚砜(DMSO)能溶解沉积在细胞中的蓝紫色结晶物,溶液颜色的深浅与所含甲臜量成正比。再用酶标仪测定 OD 值。MTT 法简单快速、准确,该方法已广泛用于一些生物活性因子的活性检测、大规模的抗肿瘤药物筛选、细胞毒性试验以及肿瘤放射敏感性测定等,具有灵敏度高、经济等特点。

二、细胞生长曲线的测定

(一)意义

在细胞生长特性观察中,生长曲线的测定是最为基本的指标之一,是观察细胞生长基本规律的重要方法。只有具备自身稳定生长特性的细胞才适合在观察细胞生长变化的实验中应用。同时生长曲线也为细胞规模化培养的生产与研究提供重要的指示。

(二)方法

(1)取生长状态良好的细胞,用胰蛋白酶消化。

(2)用培养液制备成细胞悬液。经细胞计数后,将细胞浓度调整为(1～5)×10^4 个/mL,精确地将细胞分别接种于 30 个大小一致的 10 mL 培养瓶内或两块 24 孔培养板中,要求每瓶(孔)加入的细胞总数和培养液的量是一致的。

(3)每天取 3 瓶(孔)细胞消化,进行细胞计数,计算平均值。一般需连续计数 10 d 左右。从接种后培养开始,每 3 天需给未计数的细胞换液。

(4)以培养时间为横轴、细胞浓度为纵轴,将每天所得的细胞浓度标在坐标纸上,各点连线即得细胞生长曲线(图 3-31)。

二维码 3-28
细胞生长曲线的测定

(三)结果分析

标准的细胞生长曲线近似"S"形,一般在传代后第一天细胞数有所减少,经过几天的滞留期,进入对数生长期。达到平台期后生长稳定,最后到达衰老。

细胞倍增时间:是在生长曲线上细胞数量增加一倍的时间,可以从曲线上换算出。细胞倍增的时间区间为细胞对数生长期,细胞传代、实验等多应在此区间进行。细胞群体倍增时间的计算方法有以下两种。

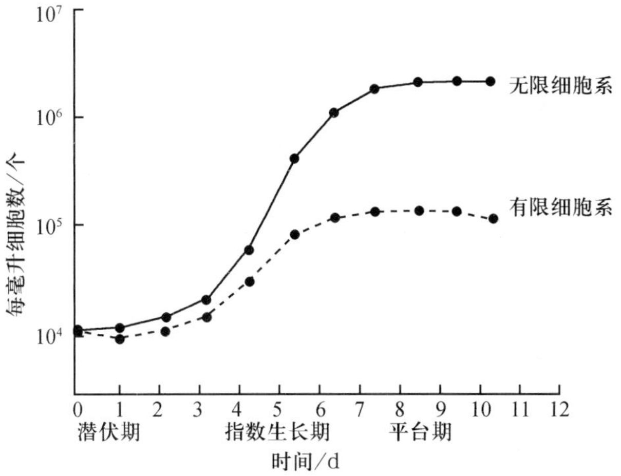

图 3-31　细胞生长曲线

（引自：司徒镇强、吴军正，细胞培养，1996）

（1）作图法　在细胞生长曲线的对数生长期找出细胞增加一倍所需的时间，即倍增时间。

（2）公式法　按细胞倍增时间计算细胞群体倍增时间（doubling time，DT）。

$$DT = t\ \frac{\lg 2}{\lg N_t - \lg N_0}$$

式中，t 代表培养时间；N_0 代表首次计数获得的细胞数；N_t 代表培养 t 时间后的细胞数。一般情况下，首次计数在细胞接种 24 h 后进行。

（四）说明

（1）细胞接种浓度不能过多也不能过少，在合适的浓度下细胞在 7～10 d 内能长满而不发生生长抑制；细胞数量太少，细胞适应期太长；数量太多，细胞将很快进入增殖稳定期，在短时间内需进行传代，曲线不能确切反映细胞生长情况。同种细胞的生长曲线先后测定要采用同一接种密度，这样才能做纵向比较；不同的细胞也要接种细胞数相同，才能进行比较。

（2）细胞生长曲线虽然最为常用，但有时其反映数值不够精确，可有 20%～30%的误差，需结合其他指标进行分析。

（3）不同细胞在不同培养液内的细胞生长曲线和细胞倍增时间可以直接反映细胞在该种培养液内的增殖速度，通过不同培养液内细胞生长曲线的差异，可筛选出有利于细胞生长的最合适的培养液。

（4）通过对细胞生长曲线的绘制，可比较不同的培养液对细胞生长曲线变化的影响；在条件允许的情况下，分析培养液中添加不同的生物活性物质（如生长因子、激素等）对细胞生长的影响，从而筛选出合适的细胞培养液。

【知识与技能总结】

【知识拓展】

一、自动细胞计数仪

原理：自动细胞计数仪，运用先进的光学和智能图像识别技术实现自动化技术，利用台盼蓝染色技术精准地计算活细胞、死细胞以及细胞总数等。其强大的分析软件系统集基础计数功能，细胞形态分析，细胞统计图表分析和数据管理功能于一体。

优势：快速检测，可区分活细胞和死细胞。计数时间不超过 20 s，可以直接给出细胞浓度（总细胞，活细胞，死细胞）、细胞存活率（台盼兰染色）、细胞平均直径、细胞圆度、细胞聚团率、细胞直径分布图 、细胞增长曲线及统计曲线叠加等。方便保存、打印和输出测量结果及细胞图片，可将数据直接保存到闪存中。

二、MTT 比色法

随着免疫学、血液学和肿瘤学研究的不断深入和发展，科研部门和临床医院检测各种细胞和细胞因子活性等方面的工作日益增多，检测方法虽然很多，但却不尽如人意。目前，细胞和细胞因子活性检测多采用同位素法、台盼蓝法以及 ELISA 法等。这些方法虽各具优点，但都存在着一定的局限性，如操作过程烦琐，检测周期长，需特定仪器设备，易污染环境等。所以长期以来，人们一直在不断探索新的更快速更准确的检测方法来满足工作的需要。自从 1983 年美国学者 Mossman 建立了 MTT 比色法以来，因其快速、灵敏、简便、准确等优点受到人们的普遍重视。现已广泛应用于各个领域，例如检测细胞对化学药物的敏感性，刺激剂对免疫细胞的反应、免疫细胞毒活性、细胞因子活性等。

（一）MTT 比色法的特点

（1）特异性强：因为琥珀酸脱氢酶只存在于活细胞线粒体内，而不存在于上清液中，所以死细胞和红细胞均不影响测定结果。

（2）灵敏度高：MTT 法在检测巨噬细胞毒活性、LAK 细胞毒活性等时灵敏度均高于同位素法；在检测抗癌药物敏感性方面比台盼蓝法准确、灵敏、特异。

（3）快速、准确、重复性好：培养和比色过程不需要洗涤细胞，省时并可避免细胞的丢失，而且比色测定可半自动化，受人的主观因素影响较小，从而减少了样品误差，可同时对大样本，多种因素进行检测。

（4）操作简便：节省材料、不需特定仪器，无同位素污染，便于实验室开展应用。

(二)MTT 比色法的应用

(1)细胞因子活性测定中的应用：MTT 比色法利用各种细胞因子依赖的细胞系，如 IL-2 依赖的鼠杀伤性 T 细胞系 CTLL-2 为测试手段，通过测定依赖细胞系在一定范围的细胞因子存在下，还原 MTT 的量来推算出细胞因子的活性单位。用 MTT 比色法替代同位法检测 IL-2 活性已经为人们首选。也有人用此方法来检测其他一些细胞因子如 IL-4、IL-6 等。

(2)细胞毒性试验中的应用：活细胞线粒体呼吸链上的脱氢酶(如琥珀酸脱氢酶和心肌黄酶等)能将黄色的 MTT 还原成蓝紫色的甲臜(FMZ)，且 FMZ 生成量与活细胞量成正比。基于上述原理的 MTT 比色法可用来检测活细胞数，与较为精确的同位素渗入法所得结果无显著差异。但要获得更加可靠的实验结果，还必须充分了解不同的受试细胞数量与 MTT 还原产物吸光值之间的线性关系，并考虑接种细胞量、MTT 作用浓度及反应时间等影响因素。

(3)肿瘤放射敏感性测定中的应用：目前在肿瘤的治疗中，化学药物疗法仍然占有重要的地位，特别是白血病的治疗，首选的疗法仍然是化学药物疗法。由于不同类型的白血病对化疗的反应不同，临床采取的治疗方案也有所不同。因此，体外化疗敏感性试验就显得尤为重要。Sargent 根据白血病细胞还原 MTT 的原理，测定了 23 例急性粒细胞白血病患者对化疗药物的敏感性。在体外的白血病细胞加入欲化疗药物培养 48 h，终止培养前 4 h 加入 MTT 溶液，然后比色测定细胞存活率。结果显示，白血病细胞数与其产生的甲臜吸光度之间有良好的线性关系，体外药物的敏感性与体内疗效有较高的一致性，但是不同的病例对药物的敏感性不同。由此可见，MTT 比色法可作为急性粒细胞白血病体外药物敏感性的检测方法，在测定单个病例对各种药物不同浓度的敏感性以及选择治疗药物，判断疗效均具有重要参考价值。

【考一考】

❖ 第一关：用心思考，正确填写

1. 血细胞计数板计数室，每个大方格面积为 1 mm^2，体积为________ mm^3，即________ μL。
2. 血细胞计数板加样量不要过少或________，也不要溢出盖玻片。
3. 血细胞计数板对横跨刻度上的细胞，依照“________”的原则进行计数。
4. 血细胞计数板计数如发现大方格的细胞数目相差________个以上，表示细胞分布不均匀，必须把稀释液摇匀后重新计数。
5. 台盼蓝染色法，活细胞为________色。
6. 台盼蓝有潜在________性，配置应谨慎。
7. 镜下计数时，遇见________个以上细胞组成的细胞团，应按单个细胞计算。如细胞团占________%以上，说明消化不充分。
8. 细胞数每 10 mm^2 少于________个或每 10 mm^2 多于________个时，说明稀释不当，需重新制备细胞悬液、计数。

❖ 第二关：学以致用，解决问题

同事小明采用台盼蓝染色法检查细胞活性，得到结果后，组长让你再做一次复检，你的结果比小明检出的高出了 20%。这已经超出了误差允许范围，请分析一下可能的原因。这件事对你今后工作有什么启示？

❖ **第三关:挑战极限,超越自我**

对于科技型企业,国家有很多政策进行支持。最近,你公司获得一笔科技专项支持拨款,公司准备用这笔钱进行设备升级改造,由各个部门提供设备采购调研报告,你负责细胞室细胞计数与活力检查设备升级,请做出你的调研报告。包括品牌类型,功能对比,精确度对比。

任务五　促红细胞生成素生产

子任务一　工作准备

【任务情境描述】

细胞培养室关于促红细胞生成素项目的 CHO 工程细胞培养工作,已经进入种子扩增阶段的最后一步,细胞工厂培养。下一步就要进入促红细胞生成素生产阶段。因为细胞生长不能暂停,所以需要并行开启反应器生产的准备工作。室主任给你们生产组下达了生产准备指令,要求生产组迅速开展有关工作,要求注意安全与环保,细致严谨,严格标准操作。

【学习目标】

1. 能力目标

(1)通过完成促红细胞生成素生产的工作准备任务,学生能运用电极矫正、反应器灭菌、无菌验证相关知识,根据 SOP,完成反应器生产前的准备工作。

(2)通过完成 CHO 细胞生产促红细胞生成素项目的各个任务的任务分析,信息搜集、评价和利用,学生能初步具有信息素养。

2. 知识目标

(1)了解细胞培养监测电极种类、矫正方法及适用要求。

(2)掌握反应器灭菌及无菌验证方法。

(3)说明贴壁细胞大规模培养主要方法。

(4)了解动物细胞培养反应器种类,说明机械搅拌式生物反应器的结构、搅拌桨特点、控制功能。

(5)解释动物细胞大规模培养技术的操作方式。

(6)掌握细胞工厂细胞消化方法。

3. 素质目标

(1)建立无菌意识、安全意识、环保意识、质量意识、成本意识和创新思维。

(2)建立责任意识、规范意识、团队意识。

(3)形成严谨细致的作风。

(4)建立劳动光荣信念,塑造敬岗爱业精神。

(5)乐学、善思、笃行。

【任务书】

根据促红细胞生成素生产前工作准备的相关 SOP，结合电极矫正、反应器清洗与灭菌、无菌验证等相关信息，完成准备工作，包括明确电极种类与矫正方法、电极安装和注意事项、反应器清洗方法、小型可拆卸反应器安装方法、小型反应器灭菌方法、小型反应器操作及无菌验证方法，并开展实训工作。注意操作的安全与废物/液环保处理。

【获取信息】

在使用生物反应器进行细胞大规模培养前，需要做好三方面的准备工作，分别为电极矫正、反应器灭菌（小型多采用湿热灭菌、大型为在位蒸汽灭菌）、无菌验证。

二维码 3-29
工作准备

一、电极矫正

（一）电极种类

生物反应器的电极是用来对培养条件进行实时监测及实现培养条件自动化控制的主要部件，对实现细胞培养的精确控制十分重要。电极有 3 类：

1. pH 电极

pH 电极又称 pH 探头、pH 传感器，用来测定培养环境的 pH。

2. 溶氧电极（DO）

溶氧电极又称 DO 电极，用来测定培养环境的氧气含量，其测定值为相对值，结果以百分数显示。

3. 温度电极

用来实时监测培养液温度。

（二）电极矫正与安装

pH 电极在灭菌前矫正，DO 电极在接种前矫正。

1. pH 电极矫正

首先 pH 电极接到反应器上，开启电源，放置 3～5 h，然后进行 pH 电极矫正。矫正方法为：

pH 电极用纯化水清洗干净，轻轻用滤纸吸干水分（切勿摩擦 pH 敏感膜）。采用两点矫正法。

第一点：用 6.86 缓冲液，校正值设为 6.86。将 pH 电极放入到准确可靠的 6.86 缓冲液中，待值稳定后，按下确定键，等待值变为 6.86 后，再进行下一个点的校正。

第二点：用 9.18 缓冲液，校正值设为 9.18。将 pH 电极清洗拭干后放入到准确可靠的 9.18 缓冲液中，待值稳定后，按下确定键，等待值变为 9.18。

检测校正结果：重新将 pH 电极清洗拭干后放入到准确可靠的 6.86 缓冲液中，如果实测值与 6.86 偏差≤±0.06，校正可靠。如果实测值与 6.86 偏差较大，重复上述校正步骤，在 6.86 与 9.18 之间来回校正几次，待实测值符合要求即可。

2. 溶氧电极矫正

DO 电极插入反应器之前应检查膜的完整和加入电极液。验菌结束后，加入细胞前将溶氧调100%。

3. 电极安装

安装DO电极和pH电极：小心地将电极插入孔中，在插入的过程中要慢慢旋转；当安装到位后，用手指拧紧螺母。pH电极插入反应器之前应校正好，高压时盖上盖，用时取掉。

可拆卸反应器温度电极不能高压灭菌。发酵罐高压灭菌完毕待完全冷却后，将温度电极插入特定位置。

(三)注意事项

pH电极和DO电极的使用次数一般不同的厂家寿命不同，其寿命一般由灭菌的次数决定，一般在灭菌40次左右，对于pH电极和DO电极判断是否需要更换的标准一般为响应时间和在发酵过程中的漂移程度。

二、反应器灭菌

(一)反应器清洗

大型反应器在位清洗。对于可拆卸的反应器，在每次反应器培养完成后，都必须将各部分拆卸下来进行清洗。不锈钢罐盖及不锈钢管，快接头，硅胶管，瓶盖等材料先用洗洁精浸泡清洗，然后用自来水将洗洁精彻底冲洗干净后，再用1%氢氧化钠溶液浸泡过夜，取出后用纯化水冲洗10遍以上，再用注射用水冲洗10遍以上。清洗时使用软布或软刷，碱液或酸液浸泡时，要保证管路及内壁等充分浸泡到。

pH电极用纯化水清洗干净后，将电极头部浸泡在饱和KCl溶液中，放在电极包装盒内。溶氧电极用纯化水清洗干净后，沥干放在电极包装盒中。温度电极一般不需要清洗，妥善放置即可。

贴壁细胞培养需要载体，将其用纯化水清洗干净后，再用注射用水冲洗3遍。玻璃罐体及补料瓶等玻璃器皿先用洗洁精浸泡清洗，然后用自来水将洗洁精彻底冲洗干净后，再用浓硫酸-重铬酸钾洗液浸泡过夜，取出后用纯化水冲洗10遍以上，再用注射用水冲洗10遍以上。

清洗后的上述设备若要马上准备投入使用，则装配连接后灭菌待用。若暂时一段时间不用，既可以装配连接灭菌后放置也可以彻底烘干后放置。

(二)可拆卸反应器的安装

以NBS 5L聚酯片培养反应器为例，其他反应器参考说明书。

(1)O型圈涂抹硅油后，安装到罐体上端盖；将篮式搅拌桨底座滑入玻璃容器，直至容器底部。

(2)用铝箔纸盖住中心管，然后装入200 g聚酯片介质填充成床，堆积完成后移走盖片，盖上聚酯片上盖板。

(3)安装罐体顶盖，并确保叶轮穿过筛网床的中央管，确保罐体顶盖上各个管路位置的正确。

二维码3-30
发酵罐的安装

(4)向罐体内加入PBS溶液。

(5)依照对角线原则拧紧管顶盖螺丝，并确保顶盖的每个螺丝拧紧的程度保持一致(确保罐体和罐顶盖密封良好，受力均匀)。

(6)安装补料、收获、取样、碱液、接种、排气等外部管路。然后在补料、收获、碱液、接种管路上接上空气滤器及接头，用铝箔纸保护接头，取样管路末端用铝箔纸包裹。

(7)安装DO电极和pH电极。安上电极后检查气密性，一个进气管接入压力表，另一进气管进气，待压力升高后，停止进气，封闭进气，查看压力表示数是否降低。

(三)发酵罐灭菌

大型反应器在位灭菌；采用一次性培养袋内胆的反应器不需灭菌，每次更换一次性内胆。可拆卸的小型反应器，将安装好后连同管道，一并搬入高压蒸汽灭菌设备内进行高压灭菌。灭菌条件为121℃、0.11 MPa、60 min。

三、无菌验证

(一)可拆卸反应器培养前的检查与准备

(1)将已灭菌的罐体搬至主机旁，安装在特定的位置。

(2)检查各管道是否完好；检查主机的水源连接：先连接出水管，后连接进水管，然后打开冷却水循环机。水源连接正常后检查主机排水管的连接。最后连接罐体夹套的进出水管。

(3)在温度探头套管中加入5 mL甘油，插入温度探头。

(4)确保搅拌电动机处于连接状态。

(5)摘除pH电极的顶端盖帽，连接pH电极电缆。摘去DO电极保护帽，连接DO电极电缆。将消泡/液位电极连接。

(6)将温度控制回路设为AUTO。在温度设置处输入一个数值，这个数值至少要小于目前数值10℃，控制器将会自动打开电磁阀，进入冷却程序，向夹套里加水。

(7)检查罐体夹套进水情况和底座密封圈处是否漏水。

(8)对泵流量进行标定。

(9)将搅拌转速设定到80 r/min，之后将其控制模式设为AUTO。

(10)将温度设定到25℃，之后将其工作模式设为AUTO。搅拌到温度稳定后进行下一步操作。

(二)无菌检查

(1)移除罐体内的PBS溶液将罐体的排液导管和收获容器导管在火焰保护下对接，将罐内的PBS溶液抽完，在火焰保护下，无菌断开罐体收获导管和收获容器导管的连接，将玻璃接头套上橡皮筋并包上铝箔纸。

(2)在火焰保护下，将罐体进液管与含血清培养基、碱液连接，向罐内加入含血清培养基，以培养基液面触到搅拌桨下沿为宜。将温度设定到37℃。启动，过夜，取样做无菌检查。

【工作计划】

1. 工作方案

计划表1　促红细胞生成素生产工作准备方案

步骤	工　作　内　容	负责人
1		

续表

步骤	工　作　内　容	负责人
2		
3		
4		
5		
6		
7		
8		

2. 材料设备清单

计划表 2　主要试剂、材料、设备清单

序号	名称	型号与规格	单位	数量	备注
1					
2					
3					
4					
5					
6					
7					
8					
9					

【工作实施】

请完成引导问题及相关实训操作。

❖ 引导问题 1:pH 电极和溶氧电极哪个是玻璃的？你矫正 pH 电极准备用哪两种缓冲液？

❖ 引导问题 2:pH 电极如何矫正，校正后实测偏差应在什么范围内？

❖ 引导问题 3:DO 电极什么时候矫正？如何进行矫正？

❖ 引导问题 4:安装 DO 电极和 pH 电极需要注意什么？

❖ 引导问题 5:可拆卸的小型反应器包含哪些结构和部件？

❖ 引导问题 6:可拆卸的小型反应器怎么清洗，载体如何处理？

❖ 引导问题 7:可拆卸的小型反应器怎么安装？

❖ 引导问题 8:小型反应器发酵罐灭菌采用湿热灭菌的参数及注意事项是什么？

❖ 引导问题 9:小型反应器发酵罐灭菌后还需进行哪些操作准备？

❖ 引导问题 10:控制塔参数如何调控？

❖ 引导问题 11:怎样进行无菌验证？

❖ 引导问题 12:工作准备的各种操作有何安全要求？

❖ 引导问题13：工作准备过程中有何环保要求？

【工作反思】

【标准操作规程】

反应器生产前准备

一、操作用品

1. 材料和试剂

擦镜纸、载体、PBS液、75%酒精、pH 4.01标准缓冲液、pH 7.0标准缓冲液、灭菌DMEM液体培养基、硅油。

2. 器材和设备

pH电极、溶氧电极、蒸汽灭菌柜、生物反应器（小型可拆卸）。

二、操作步骤

（一）电极校正

1. pH电极校正

（1）将pH电极用75%的酒精棉球反复擦拭，再用注射用水反复冲洗干净。

（2）打开反应器主电源，将屏幕切换到标定页面。将电极与反应器的电极接口相连，取下电极的下端保护套，用干擦镜纸擦干电极下端，并将其浸没在pH 6.86的缓冲液中。

（3）待电极读数稳定10 min后，根据相应生物反应器操作说明，确定第一标定点pH 6.86。

（4）将电极从pH 6.86的缓冲液中取出，用注射用水冲洗2～3遍，用软干擦镜纸擦干电极下端，并将其浸没在pH 9.18的缓冲液中。

（5）待电极读数稳定10 min后，根据相应生物反应器操作说明，确定第二标定点pH 9.18。

（6）将电极从pH 9.18的缓冲液中取出，用注射用水冲洗2～3遍，用干擦镜纸擦干电极下端，再将其浸没在pH 6.86的缓冲液中。

（7）待电极读数稳定10 min后，若pH读数不是pH 6.86，则重复上述步骤；若屏幕显示pH 6.86，将电极从pH 6.86的缓冲液中取出，用注射用水冲洗2～3遍，用干擦镜纸擦干电极下端。

2. 溶氧电极校正

（1）取溶氧电极，检查电解液是否充足，如果不足，戴手套添加电解液，然后用注射用水反复冲洗干净，再用擦镜纸擦干，将溶氧电极与控制塔连接。

(2)将溶氧电极浸没在饱和亚硫酸钠溶液中校正溶氧电极的 0 点。

(3)无菌验证后,加入新鲜培养基,进行溶氧 100%校正(见反应器连接及溶氧电极的校正)。

3. 温度探头校正

将温度电极用注射用水反复冲洗干净,再用软纸擦干,将温度电极与控制塔连接。将温度电极下端浸入 45℃和 15℃水中进行校正。

(二)反应器灭菌

(1)聚酯片作为载体的,将固定篮子放在罐体的正中央,装入 200 g 载体/5 L 反应器,盖上盖子,均匀推入罐体底部,在罐体的顶端四周均匀涂上硅油。盖上顶盖,拧紧,插入排气冷凝器。

(2)调试:将装好的罐体在反应器上运行一下,检查组装是否安全,搅拌桨是否与其边缘摩擦。

(3)加入 3.5 L PBS,安装补料、收获、取样、碱液、接种、排气等外部管路。然后在补料、收获、碱液、接种管路上接上空气滤器及接头,用铝箔纸保护接头,取样管路末端用铝箔纸包裹。凡与液面接触的管道(如出液口,取样口,抽弃液口,进气口)要用夹子夹紧。

(4)将 pH 电极和溶氧电极插入相应的孔内,确保溶氧电极已添加电极液,戴上保护帽,pH 电极盖上保护帽。

(5)将反应器湿热灭菌 121℃、0.11 MPa、60 min。

(6)灭菌好的反应器待冷却后搬到反应器室。

(三)反应器连接及溶氧电极的校正

1. 连接

(1)将已灭菌并冷却好的罐体搬到反应器的底座上,并将罐体夹套及排气冷凝水的进出水管与自来水管连接好。

(2)打开反应器的主电源,将进气管道与控制器的出气口连接,并打开管道夹。

(3)将 pH 电极和 DO 电极与相应的线缆相连,在温度探头的不锈钢管道中加入适量的甘油,将温度探头插到底,并用医用胶布固定好。将消泡/液位电极连接。

2. 溶氧电极的校正

(1)使罐体夹套充满水,温度设置为 37℃,搅拌速度设置为 90 r/min。

(2)将屏幕切换到气体界面,气体的控制模式设为手动,设置空气 100%,打开气体控制阀,调节控制阀,使气体的流量在 120~150 个气泡/min 之间(在排气空气滤膜的尾端连接一段硅胶管,并插入装有注射用水的瓶中)。通空气过夜。

(3)通空气过夜后,将屏幕切换到"标定",根据反应器说明书将溶氧标定为 100%。

(四)系统无菌实验

溶氧电极校正好后,将气体阀门关闭,将装有培养基的灌注桶与进料的管道相连,并打入 3 L 左右的培养基。温度 37℃,搅拌速度 90 r/min。过夜,取样做无菌检查。

【学习情境相关知识点】

一、贴壁细胞大规模培养主要方法

体外培养的动物细胞有的可在悬浮状态下生长,称为非贴壁依赖型细胞;有的必须贴附在某些基质上才能生长，称为贴壁依赖型细胞；有的则在两种条件下都能生长，称为兼性贴壁细胞。

贴壁培养是指细胞贴附在一定的固相表面进行的培养。与悬浮培养法相比，贴壁培养的优点有：容易更换培养液，细胞紧密黏附于固相表面，可直接倾去旧培养液，清洗后直接加入新培养液；容易采用灌注培养，从而达到提高细胞密度的目的；因细胞固定表面，提取产物时不需过滤系统去除细胞；适用于所有类型的细胞。贴壁培养的缺点主要是扩大培养比较困难，投资大，占地面积大等。在动物细胞大规模培养中，能为细胞提供贴附表面的培养基质目前主要有转瓶、微载体、中空纤维和细胞工厂等。其中微载体培养兼具悬浮培养和贴壁培养的优点，是目前公认的最有发展前途的一种动物细胞大规模培养技术。

二维码 3-31
大规模动物细胞培养之贴壁培养法

(一)微载体培养

微载体培养是在培养容器内加入培养液及对细胞无害的颗粒——微载体，作为载体，使细胞在微载体表面附着并呈单层生长繁殖，通过低速持续搅动使微载体始终保持悬浮状态的培养方法。这种细胞培养方法由 Van Wezel 于 1967 年首先创立，它是一种适用于培养贴壁依赖型细胞的大规模培养方法。经过多年的发展，该技术目前已渐趋完善和成熟，并成为公认的最有发展前途的一种动物细胞大规模培养技术。现在，微载体培养已广泛用于培养各种类型细胞，生产疫苗、蛋白质产品，如 293 细胞、成肌细胞、Vero 细胞、CHO 细胞等。

1. 微载体

微载体是指直径在 60～250 μm，能适用于贴壁细胞生长的微珠，一般是由天然葡聚糖或者各种合成的聚合物组成(图 3-32)。

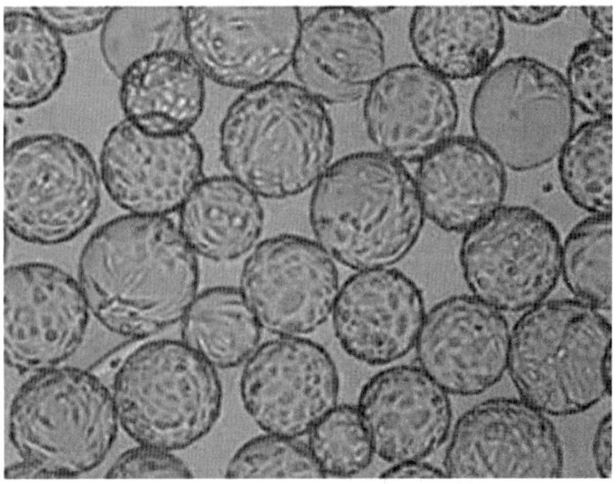

图 3-32　生长细胞的微载体

微载体的具体要求为：①微载体表面性质要适于细胞附着、伸展和增殖，如使其表面带少量正电荷；②微载体材料没有毒性，且不会与培养基成分发生化学反应，也不会吸收培养基中的营养成分；③微载体的密度一般为 1.03～1.05 g/mL，以便于换液和收获；④微载体直径尽可能小，最好控制在 60～250 μm，要尽可能均一，这样可以增大单位体积内表面积，对细胞的生长非常有利；⑤要具有良好的光学透明性，以利于观察；⑥能承受 121℃高温，以便于高压蒸汽灭菌；⑦制作原料充分，价格便宜，制作简便，且经适当处理后能反复使用。

2. 微载体的类型

自 Van Wezel 用离子交换剂 DEAE-Sephadex A-50 研制的第一种微载体问世以来，国际市场上出售的微载体商品的类型已经有很多种。就制造材料而言，微载体可分为葡聚糖微载体、聚苯乙烯微载体、中空玻璃微载体、交联明胶微载体、纤维素微载体、壳聚糖微载体等；根据物理学特性主要分为固体微载体和液体微载体两类，以前者为常见，又分为实心微载体和大孔/多孔微载体。

(1)实心微载体　易于细胞在微球表面贴壁、铺展和病毒生产时的细胞感染。因此在大规模细胞培养中,一般采用实心微载体作为培养介质。Cytodex 系列是当前应用较为广泛的一种实心微载体。

(2)大孔/多孔微载体　实心微载体比表面积和可获得的细胞浓度均较小,细胞易受搅拌、球间碰撞、流动剪切力等动力学因素破坏。为克服传统的实心微载体的不足,1985 年 Verax 公司开发出了大孔微载体。大孔微载体内部具有网状结构的小孔,因而能使细胞在其内部生长,保证了细胞充分的生长空间,使细胞免受机械损伤,增加了细胞贴壁的稳定性。自 Verax 系列大孔微载体开发成功以来,已不断涌现出一些新的大孔微载体产品,具有逐步取代传统实心微载体的趋势。

3. 微载体培养的操作过程

微载体培养的操作过程大致可以分为 5 个阶段:接种前平衡阶段、黏附贴壁阶段、维持培养阶段、细胞收获阶段、微载体培养的放大阶段。

培养初期阶段要保证培养基与微载体处于稳定的 pH 和温度,对数生长期接种细胞至终体积 1/3 的培养液中,以增加细胞与微载体接触的机会。不同的微载体所用浓度及接种细胞密度不同,常使用 2～3 g/L 的微载体含量。在培养黏附贴壁阶段,此时缓慢加入培养液至工作体积,并且增加搅拌速度保证完全均质混合。其后进入维持培养阶段,在这一阶段可以进行细胞计数、葡萄糖测定及细胞形态镜检。随着细胞增殖,微球变得越来越重,需增加搅拌速率。经过 3 d 左右,培养液开始呈酸性,需换液,停止搅拌,让微珠沉淀 5 min,弃掉适量体积的培养液,缓慢加入新鲜培养液(37℃),重新开始搅拌。第四阶段为细胞收获阶段,在这一阶段首先排干培养液,至少用缓冲液漂洗一遍,然后加入相应的酶,快速搅拌(75～125 r/min) 20～30 min,然后解离收集细胞及其产品。最后为微载体培养的放大阶段,可以通过增加微载体的含量或培养体积进行放大,使用异倍体或原代细胞培养生产疫苗、干扰素,已被放大至 4 000 L 以上。

4. 微载体培养的优缺点

微载体培养的主要优点有:表面积/体积(S/V)大,因此单位体积培养液的细胞产率高;把悬浮培养和贴壁培养融合在一起,兼有两者的优点;可用简单的显微镜观察细胞在微珠表面的生长情况;简化了细胞生长各种环境因素的检测和控制,重现性好;培养基利用率较高;放大容易;细胞收获过程不复杂;劳动强度小;培养系统占地面积和空间小。

微载体培养的缺点是细胞生长在微载体表面,在培养过程中的连续搅拌会损伤微载体表面的细胞,而且培养后期细胞容易从微载体上脱落下来。

(二)中空纤维培养

在传统的动物细胞培养方法中,能够给培养物提供的生长空间只有培养瓶皿的表面,这是一种二维的生长空间。在这种条件下,培养细胞一般只能沿着培养瓶皿的表面呈单层生长,细胞生长密度低。而动物细胞在活体内的生存空间是一种立体的三维空间,广泛存在于细胞周围的毛细血管为体内细胞的高密度生长提供了营养保证。

中空纤维培养技术就是模拟细胞在体内生长的三维状态,利用一种人工的“毛细血管”即中空纤维来给培养的细胞提供物质代谢条件而建立的一种大规模培养方法。这种培养动物细胞的方法最先由 R. A. Knazek 等于 1972 年首先创立,这一技术的创立标志着动物细胞培养技术从过去的二维生长条件跨越到三维生长条件的新阶段。

中空纤维是一种细微的管状结构，外径一般在100～500 μm不等，管壁厚度为50～75 μm，其构造类似于动物组织的毛细血管，一般是用乙酸纤维素、聚氯乙烯—丙烯复合聚合物、多聚碳酸硅或者聚砜等材料制成。中空纤维的管壁为极薄的半透膜，能截留分子量为1万、5万、10万的物质，但水分子、小分子营养物质和气体可通过。中空纤维的管壁表面有许多海绵状多孔结构，细胞能在上面贴壁生长。

中空纤维大规模培养细胞时，细胞接种到中空纤维的外表面，而充氧的培养液则灌流到中空纤维的内腔。贴附在中空纤维外表面的细胞吸取从中空纤维的内腔渗出的营养，迅速生长繁殖。一段时间后细胞可占据中空纤维外壁所有空间，并在纤维表面堆积。此时细胞分裂停止，但其代谢和分化仍可持续数月之久，并且细胞依然保持较高的存活性以及健康的形态。

中空纤维培养为体外培养的细胞提供了一个近似生理条件的三维生长基质和生存空间。在这种培养条件下，细胞可以不断增生和生长，形成类似活体组织的多层细胞培养物。如今，中空纤维培养技术已经成熟，已经有商品化产品供应。

（三）细胞工厂培养

细胞工厂是目前贴壁细胞培养的热门技术，多在反应器培养之前扩增细胞使用。具体内容详见子任务三 种子扩增。

二、动物细胞培养反应器

随着生物制品生产规模的不断扩大和工艺水平的不断提高，传统的转瓶培养模式已不能满足要求，而生物反应器细胞培养技术的应用正适应了工业化大规模细胞培养的客观需要。最早应用生物反应器进行大规模细胞培养的是Doel等。1965年，他们成功地在不锈钢发酵罐中悬浮培养BHK-21细胞生产口蹄疫疫苗。经过半个世纪的发展与完善，细胞生物反应器技术在设备制造和应用方面均达到了相当的水平。

用于动物细胞培养的生物反应器主要有机械搅拌式生物反应器、气升式生物反应器、中空纤维生物反应器和旋转壁式生物反应器。

（一）机械搅拌式生物反应器

搅拌式生物反应器（简称生物反应器或反应器）是开发较早也是在研究、中试和生产中应用最为广泛的一类生物反应器，主要由培养罐，管、阀、泵、马达及仪器组成。搅拌式生物反应器通常由马达带动桨叶混合培养液，利用搅拌器（Impeller）的旋转驱动细胞培养液流动混合，使细胞和养分在培养液中均匀分布的反应器。此类反应器与传统的微生物生物反应器类似，但针对动物细胞培养的特点，要求搅拌器转动时产生的剪切力小，混合性能好，同时通气应尽量减小对细胞的损伤程度而又能达到充分供氧的目的，采用了不同的搅拌器及通气方式。目前根据搅拌器结构的不同，可将搅拌式生物反应器分为笼式通气搅拌式、双层笼式通气搅拌式、机械搅拌式（搅拌釜式）、海船式搅拌式及离心式搅拌式等。搅拌式生物反应器的罐体材质有所不同，小型生物反应器罐体通常采用硅硼酸盐玻璃制作。可以在高压灭菌锅内进行灭菌，用于实验室规模的研究；大型生物反应器罐体采用不锈钢材质。灭菌方式采用高压蒸汽在线灭菌，常用于中试及大规模生产。罐体上安装的不同传感器在线持续检测细胞培养液的pH、温度、溶氧、葡萄糖消耗、氨积累等参数。

机械搅拌式生物反应器上述特点使其成为大规模动物细胞培养用的主流生物反应器，在工业生产中为欧美国家广泛使用。目前，FDA推荐的生物制品的主流生产工艺是在搅拌式生物反应器中采用悬浮培养方式进行生产，这也反应了工业界对悬浮细胞培养和贴壁细胞工业化培养平台的共同取向。

1. 生物反应器的特点和应用

机械搅拌式生物反应器的最大优点是能培养各种类型的动物细胞，培养工艺容易放大，产品质量稳定，非常适合工厂化生产，但不足之处是机械搅拌所产生的剪切力对细胞有一定的损伤，适用于培养悬浮生长细胞或进行微载体细胞培养。尽管如此，搅拌式生物反应器目前在生物制品大规模生产中的应用水平是其他同类产品无可比拟的。现在，全球10 000 L及以上体积的反应器达一百多台，最大的为25 000 L，这些反应器几乎都是机械搅拌式反应器，主要为Genetech，Amgen，Boehringer Ingelheim和Lonza等制药公司所拥有。

2. 生物反应器搅拌桨

细胞培养常用的搅拌桨(图3-33)主要有以下几种：旋转过滤器，带有滤网和消泡腔的细胞提升式搅拌桨，细胞提升式搅拌桨，倾角搅拌桨，船桨式搅拌桨。

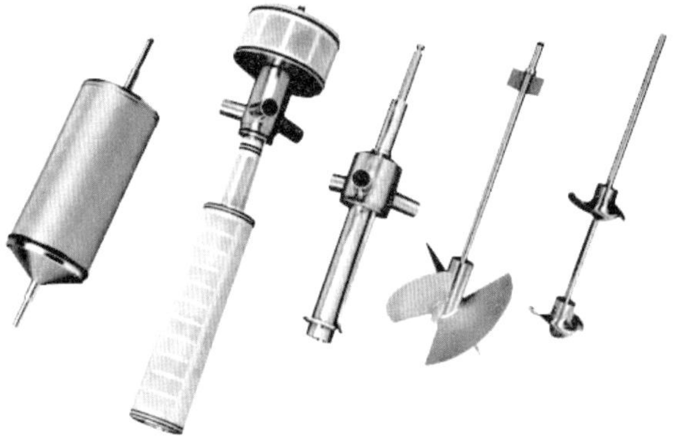

图3-33 细胞培养常用的搅拌桨

A：旋转过滤器 B：带有滤网和消泡腔的细胞提升式搅拌桨

C：细胞提升式搅拌桨 D：倾角搅拌桨 E：船桨式搅拌桨

带有滤网和消泡腔的细胞提升式搅拌桨的具体结构，它主要由中空的搅拌轴、消泡腔、中心管、三个导流筒、通气腔及单层丝网等部分构成。当三个导流筒随搅拌同步转动(30～60r/min)时，由于离心力的作用，使搅拌器中心管内产生负压，迫使搅拌器外培养基流入中心管，沿管螺旋上升，再从三导流筒口排出，绕搅拌器外缘螺旋下降，使培养基反复循环，达到混合均匀的目的。气体经环形分布器进入通气腔内，培养液则经过200目的丝网截留住细胞后与通入的空气进行气液交换，而细胞不进入通气腔内，杜绝了气泡引起的细胞损伤现象，交换后培养液又经丝网排出进入培养液主体供细胞培养用。通气过程所产生的泡沫则经管道进入液面上部的由200目不锈钢丝网制成的笼式消泡腔内，泡沫经丝网破碎，达到深层通气而不产生泡沫的目的(图3-34)。

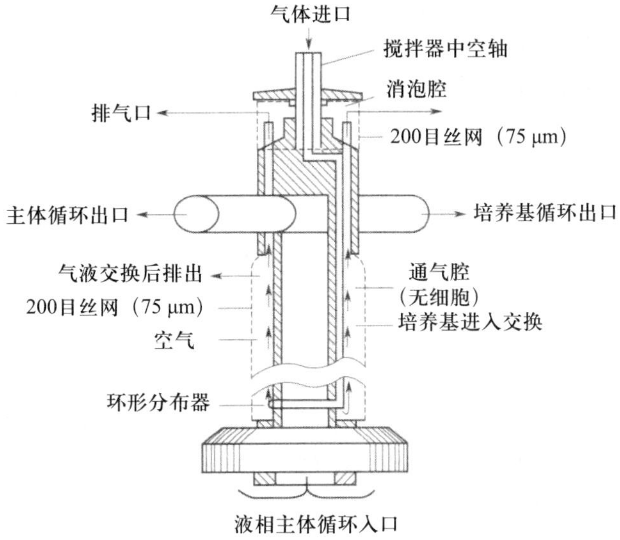

图 3-34 笼式通气搅拌器结构示意图

3. 生物反应器的结构

大型生物反应器主要由罐体、支架管路和控制器三大部分组成。通常采用触摸屏软件控制，并具有计算机终端远程控制功能，可实现反应器搅拌转速、温度、pH、溶氧、称重等自动控制及在位清洗及灭菌，并具备数据记录和查询功能。

(1)罐体

工业应用生物反应器罐体通常由不锈钢制造，按照耐压容器要求进行设计。依靠各种不同的传感器，在整个培养过程中，生物反应器能够在线(on line)连续监测和调整与细胞生长、分化、增殖、凋亡有关的参数。罐体顶端或底部安装马达，驱动桨叶进行搅拌，带动料液的流动，实现混合和传质效果。罐体顶端或侧面安装的在线传感器(pH、温度、溶氧等)，与控制器相连，可以连续测定罐体培养液的培养参数；生物反应器自动化程度越高，相应配备的传感器数量也越多；在整个培养过程中，依靠各种不同的传感器，生物反应器能够在线连续监测并控制与细胞生长、分化、增殖、凋亡有关的参数，使它们始终保持最佳组合。侧面安装有取样阀，便于取样。顶部具有灯镜和视镜，用于反应器内部观察。罐体底部安装隔膜阀，用于料液排放。罐体的设计利于在线清洁和灭菌，避免了死角的出现。

(2)支架管路

生物反应器的支架管路是反应器提供气(汽)体、液体的通道。通过各种阀门进行管路的开启和关闭控制。通过电加热、增压泵、蠕动泵、气体过滤器、气体流量计、气体比例调节阀等装置的检测，维持反应器运行过程中参数的稳定。

依据功能分为气体管路系统和工艺管路系统，主要用于实现夹套水循环、工艺水循环、蒸汽灭菌、罐体保温等功能。设有蒸汽入口、夹套循环水进回、工艺水进回、排污疏水出口及压缩空气进口等。

气体管路系统带有压缩空气、氧气、二氧化碳进气管口及控制阀门。工艺管路系统分别包括碱泵、消泡泵、物料泵及控制单元等。

(3)控制器

反应器的控制器，用以采集反应器运行时的各种状态参数，并进行自动或手动控制。搭配触摸屏、溶氧变送器、pH 变送器、称重控制器、数据记录仪来实现整个反应器系统的控制功能。

4. 生物反应器功能

(1)搅拌控制功能

搅拌组件分为两种，顶部机械搅拌和底部磁力搅拌。

顶部机械搅拌采用卫生级唇形密封装置，可在各种强腐蚀性及其他严酷工况下长期使用。只有一个与介质接触的“O”形辅助密封圈。唇片和密封圈材料符合国家标准，带清洁灭菌功能腔体，确保产品安全卫生，三者结合清除死角，压紧唇口，确保泄漏量在 PPM 级。

底部采用磁力搅拌，搅拌叶轮与反应器形成一定夹角，带动料液转动产生涡流，实现料液充分混合。搅拌电机与罐体内部介质无接触部位，确保密封严紧、无泄露。

顶部机械搅拌和底部磁力搅拌电机采用无级变速，运行平稳，搅拌转速在一定范围内可调。

(2)温度控制

采用夹套对反应器进行温度控制。夹套系统配备蒸汽混合器和电加热器，当罐体设定温度与测试温度温差大于设定时，系统自动启动蒸汽加热；当设定温度与测试温度温差小于设定时，系统自动启动电加热。蒸汽混合器提高反应器温度上升的速度，电加热器提高反应器温度控制的灵敏性和稳定性。反应器温度控制系统采用基于罐体温度、夹套温度的双温度 PID 控制方式，温度控制精度±0.2℃。

(3)pH 控制

采用 pH 仪表进行处理与显示，并通过 PID 精确算法实现软件自动调节，pH 控制精度为±0.01。

pH 控制与二氧化碳通气控制阀、碱液蠕动泵相关联，通过控制二氧化碳、碱液的开关，实现 pH 的自动控制。当 pH 低于设定值时，控制器启动碱液蠕动泵，补充碱液提高 pH 至设定值；当 pH 高于设定值时，控制器启动二氧化碳气体电磁阀，降低 pH 至设定值。二氧化碳流量可通过转子流量计调节，碱液蠕动泵流量可通过泵调速阀进行调节，进一步提高了 pH 控制的灵敏度。

(4)溶氧控制

采用溶氧仪表进行处理与显示，并通过 PID 精确算法实现软件自动调节。溶氧控制精度为±2%空气饱和度。溶氧控制与氧气通气控制阀关联，通过控制阀开关，实现溶氧的自动控制。当溶氧低于设定值时，控制器启动控制阀，向反应器中通氧气/压缩空气提高溶氧至设定值。气流量可通过转子流量计调节，进一步提高了溶氧控制的灵敏度。

(5)称重控制(液位控制)

采用独立模块控制方式，称重控制器单独设置。称重控制与物料蠕动泵关联，通过控制蠕动泵开关，实现液位的自动控制、流加培养及灌注培养功能。称重控制还具有底搅拌电机重量保护功能，当液位低于重量保护设定值时，底搅拌电机不被开启。

(6)蒸汽灭菌功能

在线蒸汽灭菌功能，可实现夹套灭菌、罐体灭菌、工艺管路灭菌。

（7）CIP 与 SIP

在位清洗（Clean in Place，简称 CIP）和在位灭菌（Sterilization in Place，简称 SIP）代替人工清洗、灭菌，并将单元操作设备设计成可自动控制、自动监测的模块，为稳定生产提供了设备保证，最大限度地消除人为因素对产品质量产生的影响。如今，CIP 和 SIP 技术的应用已成为评价医药工程设备设计是否符合 GMP 的重要标准。

作为生物制药中的直接生产设备，CIP 和 SIP 系统及其功能是实现生物反应器清洁性能、无菌性能的基本条件和指标。国家制药机械行业标准《机械搅拌式动物细胞培养罐》中对生物反应器的 CIP 和 SIP 系统作出了要求，培养罐在位清洗、灭菌系统应能有效地对罐体内表面、搅拌部件、与料液接触的管道阀门和其他零部件的清洗和灭菌，经验证无菌；并在性能试验中规定了在线清洗和灭菌试验的具体方法。

（8）软件控制

通过人机界面可显示 DO、pH、温度、搅拌转速等关键数据，以及阀门、泵、电机等当前的运行状态。并且在人机界面上可进行阀门、泵、电器等元件的开启，以及功能操作和参数设定（包括温度设定、DO/pH 控制点设定、PID 设定等）。

5. 带有固定床搅拌器系统的生物反应器

与微载体培养的载体自由流动不同，该反应器（图 3-35）是将处理后的聚酯纤维片夹固于反应器的篮中，与反应器一起灭菌，细胞接种后贴附于聚酯纤维片上生长，可以实现细胞的高密度培养，在培养过程中可以使用无血清培养基或者进行培养基更换，采用灌注培养工艺时无需细胞阻挡装置。但该反应器不能进行细胞取样，同时工艺放大存在一定困难。

（a）装入聚酯纤维片的罐体　　（b）带有固定床的搅拌器

图 3-35　带有固定床搅拌器系统的生物反应器罐体

（二）气升式生物反应器

1979 年，Katinger 等首次报道采用气升式生物反应器进行动物细胞悬浮培养获得了成功。此后，气升式生物反应器在动物细胞大规模培养中的应用一直是生物工程学家关注和热衷研究的焦点。

1. 气升式生物反应器的结构和原理

气升式生物反应器有两种类型，即内循环式和外循环式。动物细胞培养一般采用内循环式，但也有个别采用外循环式的。这两种气升式生物反应器的基本结构和原理如图 3-36 所示。

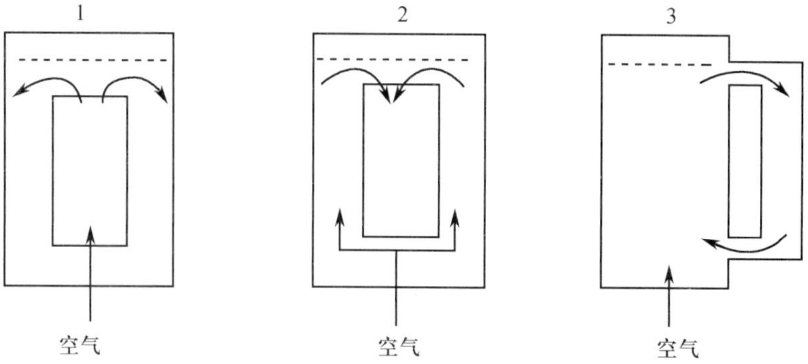

图 3-36　气升式生物反应器原理

1，2—内循环式；3—外循环式

（1）内循环式气升式生物反应器

内循环式的气升式生物反应器是一个直径比较大的圆筒结构，圆筒内有一个中央引流管。这种反应器的气体循环方式有两种：一种是气体混合物从圆筒底部的喷射管进入反应器，产生的气泡进入中央引流管，此时管内的培养液的密度将小于外周的培养液，推动着中央引流管中的培养液上升。从中央引流管流出的培养液向下循环到引流管的外侧，从而形成一个循环，这样产生混匀作用（气泡代替机械搅拌细胞），与此同时进行供氧。另一种是气体混合物从圆筒底部的喷射管进入反应器后不进入中央引流管内部，而是进入中央引流管的外周两侧，此时引流管外周的培养液的密度将小于引流管内的培养液，推动着中央引流管外周的培养液上升，从中央引流管上部向下循环到引流管内，从而形成一个循环。

（2）外循环式气升式生物反应器

外循环式的气升式生物反应器其引流管连在圆筒外部，即外引流管。气体混合物从圆筒底部的喷射管进入反应器中，使圆筒中液体密度低于外引流管中的液体密度，从而形成循环。

2. 气升式生物反应器的特点和应用

气升式生物反应器采用完全密封式设计，便于无菌操作，不易污染；直接喷射空气供氧，氧的传递效率高。这些条件很好地满足了细胞在生长时所需的要求。但这种反应器虽没有机械搅拌产生的剪切力，却会在运行中产生大量的气泡，气泡的聚集和在液体表面的破裂等过程产生的剪切力对动物细胞有极大的伤害作用，因此使得其在工业化生产中的应用受到了一定的限制。目前，瑞士的 Lonza 公司有 2 台 5 000 L 气升式生物反应器，而其他公司则很少采用这种反应器。

（三）中空纤维生物反应器

1. 中空纤维生物反应器的结构和原理

中空纤维生物反应器是模拟细胞在体内生长的三维状态，利用中空纤维给培养的细胞提供所需要的各种物质代谢条件而建立的一种体外培养系统（图 3-37）。它是一个圆柱体结构，长短与粗细因培养的规模而异，内面封装了数百乃至数千根中空纤维，由于中空纤维内部是空的,纤维之间有空隙,故将整个反应器内腔分为毛细管外空间(extracapillary space,ECS)和内腔空间(lumen space,LS)。培养细胞接种到 ECS 上,培养液和氧气灌注到内腔空间中,依靠蠕动泵的推动在系统中循环。细胞吸取从 LS 渗出的营养,迅速生长繁殖。1~3 周后细胞可占据所有纤维间空间,并在纤维表面堆积,密度可达 10^8 个/mL 甚至 10^9 个/mL。反应器侧壁上有接种和收集细胞及其产物的开口。

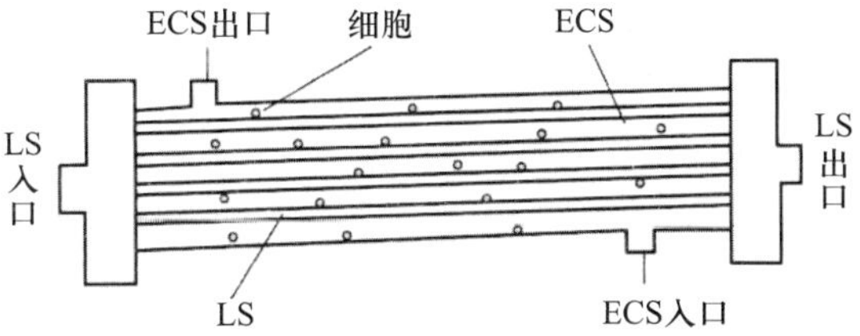

图 3-37　中空纤维生物反应器结构示意图

(引自:兰蓉,细胞培养技术,2017)

整个中空纤维培养系统除了中空纤维反应器之外,还有一些附件,主要包括装盛培养液的容器(贮液器)、混合气体供应装置(供氧器)、蠕动泵以及连接各个附件的硅胶管。混合气体供应装置用于给培养液通入空气和 5% CO_2 的混合气体,蠕动泵用于推动培养液流过中空纤维反应器并进行循环利用。整个系统连接好后,开启蠕动泵,培养液就会源源不断地流过中空纤维反应器并在各个附件之间循环,给所培养的细胞运送营养物质和带走代谢产物(图 3-38)。

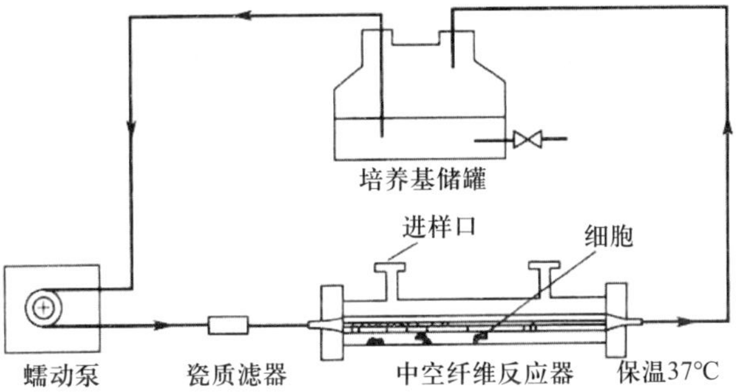

图 3-38　典型的封闭中空纤维生物反应器循环系统示意图

(引自:兰蓉,细胞培养技术,2017)

2. 中空纤维生物反应器的特点和应用

中空纤维生物反应器的优点主要有:占用体积小,培养面积大,且细胞密度高,最高可达 10^9 个/mL;培养过程不产生气泡,有利于细胞生长;无搅拌,不产生剪切力,不会对培养细胞产生损伤;适用对象广泛,既可以培养悬浮生长的细胞,又可以培养贴壁依赖型细胞;放大较为容易,有利于开展大规模培养;产物、细胞及培养液易于分离,且不易发生污染。因此,这种生物反应器用途较为广泛。自 1974 年美国 Amicon 公司研制设计了第一台中空纤维生物反应器(即 Vitafiber I)以来,这类生物反应器的研制和更新已得到了迅速发展。

但中空纤维生物反应器也具有一些难以克服的缺点,主要有:细胞生长速度较慢;细胞代谢物质容易堵塞中空纤维壁上的孔径,造成营养传递困难;中空纤维不易清洗和维护;有些制造中空纤维的材料会对细胞的生长产生影响甚至是抑制作用。

中空纤维生物反应器的发展趋势是让细胞在管束外空间生长，以达到更高的细胞培养密度。目前，中空纤维反应器已进入工业化生产，主要用于培养杂交瘤细胞来生产单克隆抗体。

(四)其他动物细胞培养反应器

一些中小型细胞培养生物反应器，如回转式生物反应器、填充床式生物反应器、流化床式生物反应器、摇床式生物反应器等，在科研和生产应用中也取得了很好的效果。还有一些厂家在原有的技术基础上，推出了各种类型的一次性生物反应器，既简化了操作过程，方便了用户，也取得了较好的应用效果。尽管这些反应器应用并不普遍，生产规模也较小，但它们却能很好地满足一些新产品新型工艺的需要，在产品前期开发和工艺研究上发挥着不可替代的作用。

从单细胞分裂、繁殖得到的细胞团和细胞系，可以认为具有相同的基因和特性，用这种细胞系进行大规模细胞培养，有利于进行细胞特性、细胞生长规律、细胞代谢过程及其调节控制规律等方面的研究。

三、动物细胞大规模培养技术的操作方式

无论培养何种细胞，就操作方式而言，深层培养可分为：分批式、流加式、半连续式、连续式和灌注式 5 种发酵工艺。

二维码 3-32 大规模动物细胞培养技术的操作方式

(一)分批式培养

分批式培养是将细胞和培养液一次性转入生物反应器内进行培养，在培养过程中其体积不变，除了调节培养环境的 pH 和溶氧外，不补充培养基也不排出培养基直至培养过程结束。待细胞增长和产物形成积累到适当的时间，一次性收获细胞、产物、培养基的操作方式。对于分批式培养，细胞所处环境时刻发生变化。由于初始营养物比较丰富，造成细胞早期过量利用，进而积累大量的代谢废物；培养后期细胞的生长易受到抑制，生命周期较短，细胞密度也不高。它是细胞规模培养发展进程中较早期采用的方式，也是其他操作方式的基础。

分批培养不能使细胞自始至终处于最优条件下，因而这种操作不是一种理想的操作方式。但是，分批式培养过程中与外部环境没有物料交换，除了控制温度、pH 和通气外，不进行其他任何控制，对设备和控制的要求较低，设备的通用性强，因此操作简单，容易掌握，无论在实验室还是在大型罐中都是最常用的培养方式。

分批培养过程中，细胞的生长分为 4 个阶段：延滞期、指数生长期、稳定期和衰退期（死亡期）。分批培养的周期多在 3～5 d，细胞生长动力学表现为细胞先经历一段细胞的重量有所增加，但细胞的数量没有增加的延滞期。当细胞在延滞期完成一系列适应性变化后，细胞便迅速繁殖，进入指数生长期。经过指数生长期（48～72 h），细胞密度达到最高值后，由于营养物质消耗或代谢毒副产物的累积，细胞生长进入稳定期。在稳定期内，细胞增加速度和细胞死亡速度达到平衡。稳定期以后，由于培养条件的恶化，细胞进入衰退期进而死亡。收获产物通常是在细胞快要死亡前或已经死亡后进行。

分批培养工艺的优化，通常是在细胞培养过程中尤其在后期添加营养物质，维持细胞增殖并提高产率。分批培养初期，营养浓度较高，随着细胞密度的增加，营养物质相应消耗加

大，同时细胞排出的代谢物增加，为了维持细胞能够继续正常生长，避免出现关键营养物质被耗尽，降低细胞死亡的速率，需要向培养细胞的环境中添加营养物质，通常是配制的营养浓缩液，既能节省培养体积又能增加细胞所需的营养物质，从而达到延长培养时间、提高细胞密度的效果，该过程可重复操作，也即是工业上常称的反复分批培养。

分批培养是最简单的操作模式，是动物细胞培养工艺摸索和小规模培养细胞常用的方法。并且其优化过程迅速，在临床报批等迅速获取产品阶段应用较多；此外，根据细胞和病毒的特性，如一些快速裂解性病毒的生产较为适合。口蹄疫的生产是其中一个典型应用案例。

（二）流加式培养

动物细胞的流加培养工艺是指细胞培养基不是一次性地加入反应器中，而是根据细胞生长代谢的情况逐渐补加营养成分，维持葡萄糖、谷氨酰胺等关键营养物质在合适的平衡浓度，避免培养过程中出现营养限制和有毒代谢物过量积累，以达到延长细胞培养时间，增加细胞密度和提高产物浓度的目的。流加式培养先将终体积 1/3～1/2 的培养液装入反应器中，在适宜的条件下接种细胞，在培养过程中根据细胞对营养物质的不断消耗和需求，流加浓缩的营养物或培养液，从而使目标产品达到较高的水平。通常在细胞进入衰亡期或衰亡期后，进行终止，回收整个反应体系，分离细胞和细胞碎片，浓缩、纯化目标蛋白。

与分批培养相比，在流加培养过程中细胞增殖稳定期延长，凋亡速率降低，产物生成率明显提高。与灌注培养相比，其操作及放大工艺简单，能获得高浓度产品（培养液中），并可用于不同的细胞系。因此，流加培养工艺已被广泛用于许多动物细胞表达产品的生产，是当前动物细胞培养工艺中的主流操作方式。流加培养工艺优化也一直是动物细胞大规模培养技术的研究热点之一。

自 20 世纪 90 年代开始，为提高细胞的生产率，对流加培养的研究日益深入，流加培养的工艺优化日趋成熟，流加培养时，维持细胞的生长环境稳定，避免一些营养物质的耗尽，同时避免营养物质过量导致的代谢废产物较多，进一步影响产物合成。细胞对渗透压较为敏感，为维持细胞培养液的渗透压处于正常范围，流加培养基的补加还将受到一定的限制。因此需要控制流加的营养物质和流加的策略，这也是大部分流加培养工艺优化的两个主要方向。

流加培养基的成分优化主要集中在关键营养物质含量如葡萄糖、谷氨酰胺等，满足细胞生长与产物合成的需要；并分析及控制它们在细胞中的代谢方式避免大量代谢副产物乳酸、氨等的积累。流加策略优化的目的是通过对细胞生长的预测确定合适的流加方式和流加速度，使关键营养物质如谷氨酰胺保持合适的浓度，使乳酸、氨、丙氨酸等代谢副产物维持较低浓度。同时合理的流加策略还可以防止过度补料引起的渗透压升高，抑制细胞生长及产物合成。流加方式的优化能够增加细胞的产率，增大活细胞密度及延长培养时间。

流加培养中的关键技术是流加基础培养基和浓缩的营养培养基，通常进行流加的时间多在指数生长后期，细胞在进入衰退期之前，添加高浓度的营养物质。可以添加一次，也可添加多次，为了追求更高的细胞密度往往需要添加一次以上，直至细胞密度不再提高。

流加策略的优化主要有两种方法：一种是在流加起始的时候，重复性地补加性能较好的基础细胞培养基，然后根据细胞需求补加浓缩的细胞培养基。根据培养基消耗检测数据实时调整营养成分。采用此种方法可检测出多种限制成分。该种方式对于产物滴度和产量有明显的提高。但是该方法依赖设备较多、劳动量较大，研发费用昂贵，实际工业化中进行流加培养基优化的时候较少采用此种办法，通常选用事先优化的基础培养基，然后主要关注于流加速率和流加起始时间的控制。

另外一种方法就是添加完全细胞培养基的浓缩液作为流加培养基。该种办法在起始能明显地增加产物的产率，不但高浓缩液价格较贵，且易引起细胞培养液的渗透压过高可能影响细胞增殖，同时营养成分或有毒代谢物质的浓度过高均可能抑制生产效率。例如培养液中含有高浓度的葡萄糖易引发“葡萄糖效应”，并且易造成氨积累到一定限制浓度，抑制细胞增殖和影响产物蛋白糖基化。因此，生物工程研究者引入剂量控制的概念，提出“可控成分流加(Controlled Nutrient Feeding)”的概念。

流加的方式灵活多种，通常为了达到更高的细胞密度并保持细胞的高活率，往往采用多次流加，流加的时间、速率或是每次流加量根据细胞的能量代谢分析和消耗营养的速率确定。通常培养前期细胞的营养物质消耗较少，可以少量流加营养物质或者不流加，随着细胞密度及数量的增加，营养物质的减少，逐步加入流加培养液。可以间隔一定时间逐步添加(或称脉冲式添加)，保证细胞正常生长。当前控制的标准通常是保证培养液中的葡萄糖和谷氨酰胺含量不低于细胞生长的最低要求。

流加起始时间选取也是流加培养控制需要考虑因素之一，过早或过晚流加都会影响流加的培养效果，通常流加起始的时间多在细胞培养的对数生长期后期、衰退期之前。具体是根据在线或离线检测培养体系中一种或几种营养物浓度来决定流加的起始。

目前流加的方法主要有离线(Off Line)流加和在线(On Line)流加两种形式。离线流加方式是将流加培养基消耗与细胞生长、谷氨酰胺消耗相偶联，通过离线检测细胞的密度、谷氨酰胺浓度，预测流加培养基的消耗速率来确定流加速率；离线流加的优点是测量及预计相对较准确，缺点是费时费力，且易因频频取样而使细胞污染。在线流加方式是将细胞培养基消耗与可在线检测的指标联系起来，通过计算机设定的公式预测流加培养基消耗来控制流加速率；该方式省时省力，但是在细胞进入平台期及衰亡期时，流加培养基预测值可能与实际消耗量存在较大的偏差，并且在线流加需要配置的昂贵设备较多。在线流加和离线流加实质相同，都是通过对细胞生长代谢情况的预计来流加，控制营养物质维持在预定的浓度附近。

随着近年来在基因组学研究的进展和对细胞生理学更全面的了解，代谢工程及基因工程很可能成为未来用来提升流加培养的技术水平及提高细胞表达产品生产效率的主要策略。

(三)半连续式培养

半连续式培养又称为重复分批式培养或换液培养，是在细胞增长和产物形成过程中，每间隔一段时间，从中取出部分培养物，再用新的培养液补足到原有体积，使反应器内的总体积不变的一种操作方式。

该操作方式的优点是操作简便，生产效率高，可长时期进行生产，反复收获产品，可使细胞密度和产品产量一直保持在较高的水平。在动物细胞培养和药品生产中被广泛应用。

(四)连续式培养

连续式培养是将细胞接种于一定体积的培养基后，为了防止衰退期的出现，在细胞达最大密度之前，以一定速度向生物反应器连续添加新鲜培养基，同时含有细胞的培养物以相同的速度连续从反应器流出，以保持培养体积恒定的操作方式。理论上讲，该过程可无限延续下去。

连续式培养的优点是反应器的培养状态可以达到恒定，细胞在稳定状态下生长。稳定状态可有效地延长细胞的对数生长期。在稳定状态下细胞所处的环境条件如营养物质浓度、产物浓度、pH 可保持恒定，细胞浓度以及细胞比生长速率可维持不变。细胞很少受到培养环境变化带来的生理影响，特别是生物反应器的主要营养物质葡萄糖和谷氨酰胺，维持在一个较低的水平，从而使它们的利用效率提高，有害产物积累有所减少。但是连续式培养由于是开放式操作，加上培养周期较长，因此容易造成污染，细胞的生长特性以及分泌产物容易变异，对设备、仪器的控制技术要求也相应提高。

(五)灌流式培养

灌流式培养是把细胞和培养基一起加入反应器后，在细胞增长和产物形成过程中，不断地将部分条件培养基取出，同时又连续不断地灌注新的培养基，而活细胞被截留在反应器中的一种操作方式。它与连续式培养的不同之处在于取出部分条件培养基时，绝大部分细胞通过细胞截留装置或其他方式保留在反应器内，而连续式培养在取培养物时同时也取出了部分细胞。

同时通过细胞截留装置吸出培养上清，培养基的不断流出，可带走代谢副产物如乳酸、氨等，使其在培养液中维持在低浓度水平，避免成为细胞生长的抑制因素，使细胞生长在良好的培养环境中，培养周期较长，最终能获得较高的细胞培养密度和产物生成速率，细胞密度一般可达 $10^7 \sim 10^9$ 个/mL。因此，灌注培养具有反应体积小，回收体积大，产品在罐内停留时间短，可及时回收到低温条件下保存，有利于保持产品的活性等特点，一般在小规模生物反应器、病毒容易失活的条件下应用得比较多。不足之处在于其操作比较繁杂，细胞培养基利用效率低，工艺放大过程困难，而且细胞截留装置存在截留效率和堵塞等问题，这也是目前该工艺优化过程中需要解决的问题。

灌流培养工艺的优化是将细胞培养基的设计理念结合流加策略的应用来提高培养基的利用率。通过优化培养基营养组成，调节各组分的比例，调控细胞的生理状态和代谢途径，从而提高营养物质代谢和能量的利用率，降低剪切力和有毒副产物生成，有效解决营养物耗竭和有毒副产物积累的矛盾，提高了细胞的密度及其表达能力。

在灌流培养工艺的优化中，还要考虑所使用微载体的种类及使用量。因微载体的使用浓度在很大程度上影响着细胞所能达到的细胞密度，进而影响着细胞培养工艺的选择。例如对于某些微载体来说，其在浓度低于 5 g/L 可选择分批培养工艺，高于 10 g/L 则适于采用灌流培养工艺。

此外，灌流培养过程中，灌流的速率在整个培养过程中起到很重要的作用。在细胞培养的不同时期，其灌流速率不同，灌流速率控制的目标是在满足细胞增殖的基础上降低有害代谢产物的积累，使细胞生长环境良好。

连续灌流培养是近年用于动物细胞培养生产分泌型重组治疗性药物和嵌合抗体及人源化抗体等基因工程抗体较为推崇的一种方式。这种方法最大的缺点是污染概率较高，长期培养中细胞分泌产品的稳定性较差，以及规模放大过程中的工程问题等。

【知识与技能总结】

【知识拓展】

微载体培养工艺

一、微载体的制备

1. Cytodex

在硅化过的玻璃瓶中用平衡盐溶液[无 Ca^{2+}、Mg^{2+} 的 PBS (50～100 mL/g Cytodex)]在室温下至少水合 3 h 并不时温和地搅拌。将上清倾去，再加入新鲜的平衡盐溶液，温和搅拌几分钟洗涤一次，弃去洗涤的 PBS，加入新鲜的平衡盐溶液。然后将此微载体高压纯水蒸汽灭菌。

使用之前，先让无菌的微载体沉降，倾去上清，然后用温热的培养基(20～50 mL/g Cytodex)润洗。这个润洗过程减少了微载体之间和微载体内的 PBS 对培养基的稀释。然后让微载体沉降，弃去上清，再用少量的培养基重悬以后转移至培养容器中。

2. Cytopore

在硅化过的玻璃瓶中用 PBS(50～100 mL/g Cytopore)水合和膨胀干的微载体。在室温下不时温和地搅拌溶液大约 10 min。调整 pH 到 7.0～7.5，121℃高压蒸汽灭菌 20 min。沉淀，弃去上清，然后加入新鲜的 PBS。

Cytopore 非常的稳定，即使灭菌二次也不会影响细胞培养的效果。此种微载体可以用 75%乙醇消毒，也能耐受 1%的 NaOH 溶液。

3. Cytoline

加入 2 倍所需体积的注射用水到 Cytoline 中，121 ℃(1 bar)灭菌 10 min。过筛弃去上清，再加入 2 倍体积的无菌注射用水，搅拌微载体 10 min。移除上清，加入 0.1 mol/L NaOH，温育 3 h 以上，最好是过夜。用无菌注射用水洗涤直至碱完全洗出(检测洗出液的 pH)。然后加入适量的无菌注射用水或 PBS，121 ℃(1 bar)灭菌 10 min。

二、起始微载体培养

1. 接种前的平衡

为避免接种后长时间的平衡期，应确保在接种前就已经平衡，这样可以使接种的细胞达到最大的平板效率。

吸出无菌微载体中的PBS，用温热的培养基润洗一次。调整培养基温度到细胞适合的生长温度。确保培养基pH在适合细胞黏附的有限范围内（通常为7.0～7.4）。在培养起始阶段使用的气体混合物应当能够在接种前与培养基进行完全气体交换。在大培养体积（超过500 mL）需要很长时间平衡时，这些因素尤其重要，搅拌可以加速交换过程。非常大体积培养时可能需要平衡2～3 h，推荐平衡过夜。这样长的平衡时间也可以用来做无菌测试。

2. 起始搅拌

微载体培养达到最大产量的关键是确保所有的微载体在培养的最开始阶段都接种了细胞，因为在培养周期中很少发生细胞从一个微载体转移到另外一个微载体上的情况。

如果一个细胞系被保持在自由悬浮状态较长的时间，则这种贴壁依赖型细胞黏附到细胞培养物表面的能力将会下降。

大多数培养开始时，细胞和微载体都在1/3终体积中培养。每隔30 min以生长期使用的搅拌速度搅拌2 min。3～6 h之后，推荐使用恰好能够保持微载体悬浮的搅拌速度连续搅拌，并且加入预先温热（37℃）的培养基增大体积。原代上皮细胞通常要较长的黏附时间。对低平板效率（低于10%）的细胞，或者以非最适数接种的细胞，在培养的前3 d，培养体积可以保持在50%最终体积，之后加入新鲜的培养基至最终体积。以这种方式培养，细胞的数目可以在最容易被稀释的培养阶段培养到更大的密度。

对于接种到大孔微载体上的悬浮细胞，减少接种体积对细胞是否有机会进入微载体的孔内是很关键的。

3. 微载体浓度

微载体培养的细胞产量与微载体浓度直接相关。在大多数情形下，Cytodex微载体用在搅拌培养中的浓度为0.5～5 mg/mL终体积。

如果培养基的供应是充分的，而且气压和pH是控制的，Cytodex有可能在高于5 mg/mL的情况下进行培养。对于Cytopore，推荐的载体浓度是2～3 g/L。最大的浓度为5 g/L。

4. 接种密度

通常Cytodex的接种密度是2×10^{5}个/mL培养体积。对于大孔微载体如Cytopore和Cytoline，接种密度应为2×10^{6}个/mL培养体积。

5. 接种条件

通过接种指数生长期的细胞而不是长至汇合的细胞，微载体培养的细胞产量可以提高2～3倍。接种的细胞应当是均匀分布的，最好是单细胞悬液。当浓缩接种液时，应避免过度离心，一般在200～300 g离心5 min就足够了。

在起始阶段，培养基的补加需求与培养基接种密度和细胞类型有关。对于容易有高平板效率的细胞，不必另外补加其他的营养物质。相反地，如果要想得到最大的产量，许多原代细胞和正常二倍体细胞株需要另外添加营养物质。这样的补料只在生长的起始阶段是需要的，在培养周期的后续阶段换液时则不再需要了。

在高接种密度下，细胞平板效率有所提高，且培养在较高氨基酸和维生素浓度的培养基中的细胞生长更好。

三、微载体培养的维持

维持微载体培养时应当考虑培养环境的变化。此外，当优化培养程序时，要考虑适合低密度细胞生长的条件(例如气压、pH 等)不一定适合后期培养。

1. 搅拌速度

最适合微载体培养的方法是悬浮搅拌培养。

原则上，搅拌速度应当能够刚好有效地保持所有微载体处于悬浮状态。通常在起始培养时期之后，应当连续地搅拌。

搅拌速率极大地影响着细胞的生长和最终的细胞产量，与整体的剪切力有关。慢的搅拌速率可以减少黏附到微载体上的细胞所受的剪切力，但如果搅拌速率过低，细胞的生长也会减慢，这主要是因为气体扩散不足，沉淀或者聚集作用。如果搅拌速度太快，黏附力不强的细胞将从载体上脱落，引起微载体上细胞的总体损失，导致细胞产量下降。

在搅拌培养的黏附时期，过度剪切力的副作用是最显而易见的。生长期和平台期的搅拌速度依赖于培养的细胞类型和搅拌器的设计。大多数原代细胞和正常二倍体细胞株能够牢固地黏附在培养物表面。因此，指数生长期所有细胞类型趋于使用相似的搅拌速度。

当维持高密度培养时，稍微提高搅拌速度将会改进气体交换，改善对细胞的氧气供应。但是，如果培养仍在进行分裂增殖，则应当限制提高搅拌速率。

一些细胞(主要是转化细胞和一些成纤维细胞株)在培养的后期阶段易形成聚集，稍微提高搅拌速度以减少聚集效应。

当使用传统的磁力搅拌容器时合适的搅拌速度通常为 50～70 r/min，而使用改良的旋转容器或者球形搅拌桨搅拌时，速度只需 15～30 r/min。体积超过 500 mL 需要更高搅拌速度。建议在几天内逐渐将搅拌速度提高到这些水平。

大规模培养体积的搅拌速度也有赖于搅拌器的设计。通常在培养体积为 100 L 或更多时，采用在培养周期中将搅拌速率从 50 r/min 渐进地提高至 100～150 r/min 的做法。对于所有类型的搅拌装置而言，避免微载体的沉降都是很重要的，尤其在培养的后期阶段。

当微载体用于生产病毒时，大多数情况，应当将速度减半。

2. 培养基的补给

培养基补给的频率和程度依赖于细胞类型、培养密度、培养基和气体压力等。

通常为了利用条件效应，在培养的头两天内不更换培养基，其后每 3 天更换 50%的培养基，如果必要的话，改进策略来达到最佳的产量。例如，一般每天观察培养并检测细胞密度。当取样时，可以用新鲜的培养基更换 10%～20%的培养体积。

在高细胞密度时，pH 控制的持久困难时可以通过改进培养基的碳源，稍微提高氧气压或者每天在减少葡萄糖浓度的情况下，补加谷氨酰胺来克服。如果培养中发生过度的聚集，而且不能通过调节搅拌速度来控制，可以减少培养基中钙和镁离子的浓度。一个简单的方法是使用混合培养基。一般按 50∶50 混合培养基就能克服细胞的聚集而不影响细胞的生长。

在维持大规模培养时，营养物质如氨基酸可以被不同的培养系统利用。如某些氨基酸在培养过程中被快速消耗。因此在补给培养基时应当添加被快速消耗的氨基酸。

3. 在汇合时维持培养

微载体培养的产品有时需要将长至汇合的单层细胞在微载体上保持几天甚至几周的时间。

一个典型的例子是鸡胚成纤维细胞高度汇合的单层细胞趋向于从微载体脱落。这个现象可以通过小心地控制 pH，减少血清添加物的供应，和连续供应新鲜培养基来防止。

对于那些没有显示出接触抑制增殖的细胞类型，减少细胞在微裁体上形成多层也应伴随谨慎的 pH 控制。细胞在微载体上的多层生长对培养条件的改变是非常敏感的，可能在 pH 或者营养物质供应只有小波动时就会脱落。

当维持微载体上汇合培养时，务必考虑以下几点。（这几点对于大孔微载体来说不及对于表面微载体那么重要，因为大孔微载体中，细胞多层在孔内是受到保护）。

(1)pH　一旦发生 pH 的波动（通常是下降），即使 pH 又恢复到最优水平，细胞也容易脱落。通常引起 pH 下降的原因是培养后期乳酸的积累。

(2)渗透压　当 pH 通过加入酸/碱或者缓冲液进行控制时，避免渗透压的改变是很重要的。

(3)血清浓度　通常维持细胞汇合培养的途径是减少添加的血清浓度。对于接触抑制增殖的细胞而言，需要从通常的添加 5%～10% 减少到 2%～5%。对于汇合后仍然能够连续分裂的细胞来说，应当考虑更低的血清浓度（降低到 0.5% v/v）。

(4)培养基换液　营养物质的浓度应当尽量维持恒定，而且应当避免有毒代谢产物的积累。因此，应当确保连续供应培养基，每天更换 10%～20%的培养液常能达到最好的效果。对许多细胞类型来说，长至汇合时培养基组分的耗尽并不像在培养早期阶段时那么快，更换培养基的主要作用是控制 pH。应当总是避免温度的冲击，所有的溶液都应当预热至培养温度。每天添加低浓度的谷氨酰胺比添加含有高浓度谷氨酰胺的培养液更能避免不必要的氨和谷氨酰胺降解的有毒产品的积累。如果培养没有接触抑制增殖，而且在汇合后连续分裂，高水平的谷氨酰胺和低浓度的葡萄糖将辅助维持 pH。

【考一考】

❖ 第一关：用心思考，正确填写

1. DO 电极插入反应器之前应检查膜的完整和加入电极液。________________前将溶氧调 100%。

2. 贴壁细胞大规模培养主要方法有________、________、________、________。

3. 大型生物反应器主要由________、________和________三大部分组成。

4. 大型生物反应器功能主要包括________、________、________、________、________、________、________、________。

5. 细胞就操作方式而言，深层培养可分为________、________、________、________、________5 种发酵工艺。

6. 流加式培养先将终体积________的培养液装入反应器中，在适宜的条件下接种细胞，在培养过程中流加浓缩的营养物或培养液。

7. 通常进行起始流加的时间多在细胞培养的________后期、________之前。

8. 灌流式培养是在培养过程中，不断地将部分条件培养基取出，同时又连续不断地灌注新的培养基，而________被截留在反应器中的一种操作方式。

❖ **第二关：学以致用，解决问题**

1. 中空纤维培养也是一种很有优势的培养方法，但由于某种原因至今没有广泛应用，请说明这个原因是什么？并请提出你的改进意见或解决办法。

2. 请根据学过的细胞一代贴附生长细胞的生长过程、细胞生长曲线、细胞流加式培养等知识，设计流加补料工艺研究方案，包括明确流加起始时间，流加次数及各次时间点。

❖ **第三关：挑战极限，超越自我**

细胞培养常用的搅拌桨有多种类型，请设计一款新的搅拌桨，并说明你的设计理由。

子任务二　促红细胞生成素生产

【任务情境描述】

促红细胞生成素项目进展顺利，细胞工厂培养的种子以达到收获标准的汇合度。反应器生产前准备完成，无菌验证合格，室主任要求反应器生产组马上启动反应器生产工作，要求严格按照标准操作规程工作，严格无菌操作，保质保量完成生产过程，为分离纯化工艺开展提供第一批丰收液。要求注意安全与环保。

【学习目标】

1. 能力目标

(1)通过完成促红细胞生成素生产任务的子任务二，学生能运用细胞工厂细胞消化、EPO 生产过程相关知识，根据 SOP，完成 EPO 生产工作。

(2)通过完成 CHO 细胞生产促红细胞生成素项目的各个任务的任务分析，信息搜集、评价和利用，学生能初步具有信息素养。

2. 知识目标

(1)掌握发酵罐的接种、无菌取样、补料、收获、监控方法。

(2)说明如何进行细胞培养生化环境的优化控制。

3. 素质目标

(1)建立无菌意识、安全意识、环保意识、质量意识、成本意识和创新思维。

(2)建立责任意识、规范意识、团队意识。

(3)形成严谨细致、争创一流的作风。

(4)建立劳动光荣信念，塑造敬岗爱业精神。

(5)乐学、善思、笃行。

【任务书】

根据促红细胞生成素生产操作的相关 SOP，结合细胞工厂细胞消化方法、EPO 生产过程等相关信息，完成促红细胞生成素生产操作，包括明确细胞工厂细胞消化终点的确定方法、发酵罐的接种方法与要求、含血清培养和无血清培养方法及无菌取样、更换无血清培养基方法，并开展实训工作。注意操作的安全与废物/液环保处理。

【获取信息】

一、细胞工厂细胞消化方法

细胞工厂中培养的细胞消化方法与培养瓶中方法一样，都可采用胰蛋白酶消化法。但由于细胞工厂的结构更加复杂，层数较多的细胞工厂也不能在显微镜下观察细胞消化状态，因此其细胞消化操作更加复杂，难度更高。方法主要有三种：第一种为通过平行培养2层的细胞工厂，对其进行显微镜观察确定多层细胞工厂消化终点；第二种可根据细胞培养瓶的消化时间经验确定细胞工厂消化终点；第三种也可以通过观察最上层细胞面的变化推断消化终点，用肉眼观察上层，当上层细胞贴壁面出现了麻点状，把细胞工厂缓慢倾斜，有白色的拉丝出现，这是细胞已经收缩，部分细胞脱离附着壁的表象。

需要注意的是，由于细胞工厂操作比较烦琐，为了避免消化过度，加入含血清培养基终止消化的时间点应做好提前量；消化终止加入含血清培养基后，使血清均分到各层，可通过辅助水平晃动细胞工厂，冲刷细胞，促进细胞脱离，但要注意力量不能过大，不能产生泡沫。

二、EPO生产过程

(一)发酵罐的接种

1. 在无菌条件下，用玻璃接头连接进料口导管和接种瓶，如果经济条件允许，可以采用一次性无菌接头，这种接头可以在有菌环境下实现管道连接，染菌概率更低。

2. 打开进料口导管夹，将种子悬液从接种瓶移至发酵罐内，接种流速不易过快，接种密度$(5\sim10)\times10^5$个/mL。

3. 待所有细胞悬液移至罐内，用止血钳夹紧接种瓶的管路，在无菌条件下，断开进料口导管和接种瓶的连接。

4. 用含血清培养基将罐内液体补足至反应器可容纳的培养体积。

二维码3-33　反应器参数控制、补料及丰收液收获

(二)含血清培养和无菌取样

在含血清培养阶段，细胞大量增殖，此阶段的主要目的是迅速扩增细胞。虽然这一阶段也有少量表达，但质量不高，而且由于血清的存在，难于纯化，所以收获的培养液应当弃掉。

1. 设定参数，将DO值设定为60%，pH设定为7.1～7.3，温度设定为37℃。

2. 在控制界面，设定气流速度为0.2 L/min，在主机能够控制pH和DO的情况下，最好将气流速度设置在较低的水平。如果在该气流速度下，主机不能控制pH和DO，则可适当增加气流速度，一般设定为0.5～2.0 L/min。检查气流是否稳定及所有气体是否正确连接。

3. 设定碱液泵为基础状态。在无菌条件下，用玻璃接头连接收获容器导管。设定收获泵泵速为2 L/d。

4. 接种结束1 h后可以将搅拌速度设定至70 r/min，再逐渐过渡到90 r/min，因为此时的细胞已完成贴壁。

5. 定期取样测定培养基中的残余糖值，当糖值低于规定值时，开始补充新鲜的含血清培养基，同时开启收获泵，进行连续灌流培养。补料培养基应当始终置于 2～8℃的低温环境中。

(三)更换无血清培养基

1. 将罐内的含血清培养基全部排干净。

2. 用 Hank's 溶液或 PBS 清洗罐内及 DISK 片两遍。

3. 待罐内的溶液排干净后，向罐内加入新鲜的无血清培养基，再清洗一遍后，罐内加入新鲜的无血清培养基，进入无血清培养阶段。

二维码 3-34
更换无血清培养基

(四)无血清培养和上清液的收集

1. 无血清培养阶段参数的设定与血清培养阶段相同。

2. 将上清收获容器和发酵罐连接，通过蠕动泵实现上清的收集。

3. 培养 6～8 h 后，开始灌流，同时开启上清液收获泵，开始收集上清液，灌流速度依照罐内糖值确定，罐内糖值控制在 0.5～1.0 g/L 为宜。收获的上清液应当始终置于 2～8℃的低温环境中。

【工作计划】

1. 工作方案

计划表 1　促红细胞生成素生产工作方案

步骤	工　作　内　容	负责人
1		
2		
3		
4		
5		
6		

2. 材料设备清单

计划表 2　主要试剂、材料、设备清单

序号	名称	型号与规格	单位	数量	备注
1					
2					
3					
4					
5					
6					
7					
8					
9					

【工作实施】

请完成引导问题及相关实训操作。

❖ 引导问题1：如何将培养基打入罐体内，管路连接时注意什么？

❖ 引导问题2：接种前各种参数如何设置，打入罐体内培养基的pH用进一步调整吗？如果用，采用什么方法？

❖ 引导问题3：细胞工厂与培养瓶培养的细胞进行消化时有什么不同？消化过程是什么？你怎么判断胰蛋白酶消化的终点？

❖ 引导问题4：接种后转速如何调整？溶氧、pH、温度参数如何？

❖ 引导问题5：培养过程中通过什么方法来调整pH？需要进行什么操作？

❖ 引导问题6：你采用流加式还是灌注式培养？补料和收获的速度通过怎样的方式调控？

❖ 引导问题7：细胞扩增阶段什么时候开始灌注？灌注有什么要求？

❖ 引导问题8：如何将罐体内有血清培养基替换为无血清培养基？

❖ 引导问题9：无血清培养基第一次灌注量及之后的葡萄糖浓度应控制在什么标准？

❖ 引导问题10：丰收液的收获是什么时候开始的？

❖ 引导问题11：反应器生产完毕，需要对反应器进行什么处理？

❖ 引导问题12：反应器生产操作有何安全要求？

❖ 引导问题13：反应器生产过程有何环保要求？

【工作反思】

____

____

____

____

【标准操作规程】

一、操作用品

1. 材料和试剂

EPO工作细胞（CHO）、$NaHCO_3$溶液、含血清扩增培养基、无血清培养基、葡萄糖溶液、PBS。

2. 器材和设备

生物反应器、二氧化碳瓶、氧气瓶、葡萄糖检测仪、高温高压灭菌塑料桶（存放各种溶液）。

二、操作步骤

（一）反应器接种

（1）打入培养基：将无菌的废液桶与罐体收获的硅胶管相连，将温度控制关闭，搅拌速度逐步降到零。打开气体阀，使 100%空气进入。关闭排气管的夹子，打开出液管的夹子，使培养基完全排尽，然后关闭气体阀，打开排气管的夹子，关闭出液管的夹子，将新鲜完全培养基通过补料管泵入罐体 3 000 mL 左右。然后逐步恢复转速为 90 r/min，温度设置 37℃。将气体的控制模式改为手动，设置“CO_2”100%，打开气体控制阀，调节控制阀，使气体的流量在 120～150 个气泡/min 之间，使培养基的 pH 较快降到 7.3 左右，然后关闭气体阀。再将空气设定为 100%，流速 0.2 L/min。

(2) 接种：

①从培养箱中取出细胞工厂，用酒精进行外壁消毒，在层流设备下打开一端透气盖，将工厂内的培养基倾倒入废液瓶中。

②将 PBS 溶液倾倒入细胞工厂中，对细胞工厂残留培养基进行清洗，PBS 清洗需要进行两次，以确保将培养基去除干净。

③弃去 PBS，向细胞工厂中加入胰蛋白酶液，注意控制液体的流速，不要产生太多气泡。使得酶液均匀地分布在细胞工厂各层。

④等待至胰蛋白酶消化终点前约 1 min，倒出酶液，残留酶液继续消化，此时用肉眼观察上层，当出现了麻点状，把细胞工厂缓慢倾斜，有白色的拉丝出现。此时把含血清的培养基倒入细胞工厂，分配到各层，将细胞工厂水平晃动，利用培养基的冲刷力将残留细胞冲下来。切记，晃动不要剧烈，避免产生气泡。冲刷 1 min，将细胞液转入 500 mL 的种子瓶中，准备接种。

⑤将接种瓶的管道与罐体的进液口相连，将细胞打入。此时设置搅拌转速为 120 r/min。使细胞分散均匀，5 min 后停止搅拌，2 h 后将转速逐步恢复到 90 r/min。

⑥参数设置：

温度 37℃，转速 90 r/min，pH 7.3，DO 60%。将进液管、出液管与独立蠕动泵相连。碱瓶进液管与控制塔蠕动泵相连。

(二)灌注培养

1. 细胞扩增阶段

培养基：基础培养基 DMEM/F12+10%血清。

参数设置：温度 37℃，转速 90 r/min，pH 7.3，DO 60%。

每天取样检测葡萄糖浓度，当葡萄糖含量降到 2.0 g/L 以下时开始灌注，并使其葡萄糖含量保持在 0.6 g/L 以上，培养 9 d。将灌流改为手动控制，设置为每天灌注 1 L。每天监控并记录 pH、DO、温度值。

2. 细胞表达阶段

培养基：无血清培养基。

参数设置：温度 37℃，转速 90 r/min，pH 7.2，DO 60%。

(1)更换无血清培养基　将无菌废液桶导管与反应器收获管无菌连接，将温度、pH 控制关闭，DO 控制改为 100%空气进入。转速不变，通过蠕动泵将罐内的完全培养基全部排干净。将室温的 Hank's 溶液或 PBS 与补料管无菌连接，泵入罐体 5 L 左右，清洗罐内，再排入废液桶，清洗两遍。

待罐内溶液排干净后，从补料口向罐内泵入新鲜的无血清培养基，清洗一遍后，再向罐内加入新鲜的无血清培养基，进入无血清培养阶段。

(2)表达与收获　第一次灌注无血清培养基 6 L，约 24 h 后取样检测葡萄糖含量，控制葡萄糖浓度在 0.5～1.0 g/L；每天取样检测葡萄糖浓度，当其数值高于 1.0 g/L 时，降低灌注量，当其数值低于 0.6 g/L 时，增加灌注量，使其保持在 0.5～1.0 g/L。每天监控并记录 pH、DO 和温度值，检查供气钢瓶压力。第一次灌注无血清培养基后第二天，将收获管与收获桶无菌连接，开始每天收集丰收液，收获桶置于 2～8℃。

3. 结束

生产结束后，将反应器所有设置关闭。将 pH 电极和溶氧电极取出，注射用水清洁后，盖上保护套。将罐体和所有管道经 121℃蒸汽灭菌 60 min，在洗涤室清洗。

【学习情境相关知识点】

残余糖值测定方法

快速消耗葡萄糖并大量产生乳酸是体外培养细胞的一个特点。葡萄糖通过糖酵解途径生成乳酸，为细胞生长提供能量，但乳酸增加不利于细胞生长。葡萄糖经糖酵解途径的代谢流量是由葡萄糖浓度决定的。细胞快速生长，约 90％的葡萄糖经磷酸戊糖途径参与细胞生长的合成代谢；在细胞生长较慢或葡萄糖浓度较高时，葡萄糖经磷酸戊糖途径的量相对下降，大部分葡萄糖生成乳酸。因此，细胞培养过程中需要控制葡萄糖浓度。葡萄糖是过程优化和控制的主要参数之一，简单、快速准确的检测方法对于细胞培养具有重要作用。适用于测定细胞培养残余糖值的方法主要有酶电极法和酶比色法。

1. 酶电极法(葡萄糖分析仪)

原理：利用生物酶只能催化一种或一类底物的性质，将葡萄糖氧化酶进行固定化处理，样本中的葡萄糖在葡萄糖酶膜的作用下被催化生成过氧化氢，根据电化学的原理，过氧化氢的浓度与电压值正相关，根据标准液、缓冲液的电压值响应来确定样本中葡萄糖浓度。

检测时间：25 s。

准确性：误差＜2％。

2. 酶比色法

原理：利用生物酶只能催化一种或一类底物的性质，酶催化反应发生后，利用显色剂与生成物质进行反应，然后采用光电比色原理来测量葡萄糖浓度。

检测时间：5BT6min 左右。

准确性：5％左右，容易受细胞液中背景色的干扰。

【知识与技能总结】

【知识拓展】

细胞培养生化环境的优化控制

一、温度

所有细胞生长都要受到温度变化的影响，大多数细胞只能耐受很窄的热变化范围。多数哺乳动物细胞培养温度在(36.5±0.5)℃。偏离了这一温度范围，对细胞的生长将产生影响，温度高甚至会导致细胞的死亡。培养细胞对低温的耐受力比对高温强。温度上升不超过37℃时，细胞代谢强度与温度成正比；细胞代谢随温度降低而减缓，温度降到冰点以下时，细胞可因胞质结冰受损而死亡。大多动物细胞对温度的敏感性较高，低温时细胞的比生长速率明显降低，细胞凋亡的速率也在降低，因此，在不同的培养阶段其温度要求可能不同。在细胞快速增殖期，维持培养温度在较高水平如(36.5±0.5)℃，在细胞培养后期，细胞生长缓慢，细胞的活率在逐步下降，为了降低细胞死亡的速率，可以将细胞的培养温度降到32～35℃，降低细胞代谢的速率，从而延缓细胞死亡的速率。

在采用悬浮培养技术进行细胞培养的时候，环境温度对设备温度也会有影响。GMP车间要求的温度范围在18～26℃，但是随着外界环境(季节)的变化，室温也会发生变化，导致生物反应器的温度控制可能发生波动，进而可能对细胞的增殖速率有影响。

二、溶氧

氧是细胞生存必不可少的条件之一。细胞培养物对氧的需求是不一样的，大部分细胞适合低氧环境。细胞主要利用的是溶解在细胞培养基中的氧，气体中的分子态氧溶解在水中称为溶解氧(Dissolved Oxygen)，简称溶氧(DO)，是表征水溶液中氧浓度的参数。DO电极测定的不是溶解氧浓度，而是氧活度或者是氧分压，并且在含有溶质、特别是盐类的水溶液中，其绝对氧浓度比纯水低。与微生物发酵罐一样，反应器中的DO水平通常用空气饱和度(%)来表示。

DO能在一定程度上反映细胞的生理代谢变化和对产物合成的影响等。不同细胞和同一细胞在不同的培养阶段需求的氧气也不同，一般大规模培养过程的DO浓度控制在20%～60%的空气饱和度。DO一般影响细胞的生长，对产物的生成无直接影响。在细胞生长初期DO控制在较低水平，细胞对数生长期，细胞需求较高的DO浓度，控制其在较高水平，在产物生成期，控制DO在适当的水平，防止DO太高加快细胞消耗营养物质。代谢产物不断增加，影响细胞的存活率，降低产物的比生成速率；但是DO过低，细胞对氧的需求得不到满足，同样会降低产物的表达。

在生物反应器中通常采用DO电极在线测定培养液中的DO。每次使用时通常需要用空气和氮气来标定100%和零点。在实际培养过程中，当溶氧低于设定值时，控制阀启动，向生物反应器中通气提高DO至设定值。当溶氧高于设定值时，控制阀关闭，停止向反应器内通入含氧气体。如此循环来保证细胞生长所需的氧气在设定值范围内。从而保证细胞在正常的DO环境中生长。在反应器大规模培养细胞过程中，影响DO发生变化的因素较多，针对变动的原因，其主要的调节方法如下所述：

(1)调节供气中的空气、氧气和氮气比例，通过生物反应器的自动控制功能按比例更加精确地通入各种气体。

(2)纯氧控制，在对数生长期，细胞的耗氧能力特别强，可以通入纯的氧气以适应细胞生长的需求。

(3)增加搅拌转速，将生物反应器的转速和溶氧控制自动连接起来，溶氧的高低通过转速的大小自动控制，溶氧较高时，转速自动调高，使溶氧逐步下降。溶氧降至目标点后，再逐步降低转速。当溶氧低于设定值时，自动通入氧气，如此循环使细胞能在稳定的环境中生长。

(4)通过改进反应器的设计性能，比如改变气体的通入方式，由于通入的气体会产生泡沫，容易损伤细胞，因此目前生产中，有很多的通气方式及相应的改进措施，例如通过在深层通气管道出气口处添加微泡发生器等，即使通入的气体分布均匀，又不产生较多的泡沫。

三、pH

动物细胞适应的pH范围一般在6.8～7.4之间，低于6.8或高于7.4都可能会对细胞生长及产品等产生不利的影响。

生物反应器使用pH电极进行在位pH检测，由控制程序自动控制酸碱液的加入，实现pH精确控制。通常pH控制与二氧化碳通气控制阀，以及酸、碱蠕动泵相关联，通过控制二氧化碳、酸液、碱液的开关，实现pH的自动控制。当pH低于设定值时，控制器启动碱液蠕动泵，补充7.5%～8.0% $NaHCO_3$ 或12% Na_2CO_3 或1 mol/L NaOH提高pH至设定值；当pH高于设定值时，控制器启动二氧化碳气体电磁阀或是酸液蠕动泵，降低pH至设定值。

一般细胞培养基的pH越高，细胞产生的乳酸就越多。所以较低pH有利于减少细胞产生的废弃物，延缓细胞的死亡。原因可能是胞内pH对细胞代谢有很大的影响。在细胞培养过程中葡萄糖代谢的副产物乳酸的产生，以及细胞代谢呼出的 CO_2 逐渐积累于培养液中，会使得pH不断下降。细胞最佳生长需要一个合适的pH生长范围，所以在细胞生长阶段保持pH在一个适合的范围之内。在细胞的维持阶段，控制pH在一个较低的水平。因此在反应器培养细胞的后期过程中也可以通气量加大或是相应的提高转速以减缓pH下降的速度。此外为了维持细胞生长所需的最适pH，可以提高初始细胞培养基的pH，或者选择缓冲能力比较好的细胞培养基(可通过加入一定浓度的HEPES)。

四、二氧化碳

二氧化碳是一个影响细胞增殖和代谢的重要参数。研究显示，二氧化碳的积累，不但对蛋白质糖基化有影响，而且影响细胞的增殖及生产分泌能力。在细胞培养过程中，一般二氧化碳的量应该在 40 mmHg（二氧化碳分压）左右。但是在大型生物反应器中，随着细胞密度的增加，二氧化碳的产生速率比通过气体交换从培养液中去除二氧化碳的速率快，导致积累的二氧化碳浓度较高，有时候可达到 225 mmHg。二氧化碳的大量积累会导致 pH 下降，如果用碳酸氢钠控制 pH，碳酸氢钠也会带来乳酸，使二氧化碳浓度进一步升高。细胞渗透压也相应升高，最终影响细胞的生长并导致产物的质量和产量下降。

细胞培养液中的二氧化碳水平受罐体大小（主要是表面积/体积）、搅拌速率及通气方式（表层通气、深层通气）影响较大，其中搅拌速率和通气方式可以适当调整，如可以加大通气气泡的直径及通气速率等；此外，在大规模培养过程中，还通过控制流加培养过程中与呼吸作用相关的活性碳水化合物的浓度来降低二氧化碳的积累。如可以用碳酸钠代替碳酸氢钠来控制 pH，或在流加或是灌流培养时，将培养用培养基 pH 调高。

五、渗透压

渗透压是动物细胞在体外培养时的重要环境参数。渗透压的升高将抑制细胞的生长。该种抑制产生的原因可能有两种：一种是影响许多酶反应，尽管细胞的多种生化作用需要特定的无机离子，但是过高的离子浓度可能会产生有害作用。另一种是渗透压的升高可能影响了一些与细胞 DNA 合成有关的过程，致使较多的细胞停滞在 S 期，细胞生长速率降低。

但是也有研究显示渗透压的升高对于细胞凋亡几乎没有影响，并且细胞对于一定程度上的渗透压变化具有一定的适应能力，渗透压升高后一些胞内氨基酸的量有明显的短时逐渐升高现象，保护细胞免受渗透压升高的影响。并且渗透压一定程度上升高还可能提高产物生成率。但是，渗透压过高时，该种效应则消失。因此，维持渗透压在正常范围之内仍具有重要的作用。

对于渗透压的测定是一项很重要的质控步骤，如果在细胞培养基中添加了某些成分，测定渗透压就更为重要。动物细胞大规模培养过程中，随着乳酸等副产物的产生，加入 $NaHCO_3$ 控制 pH，或者流加培养过程中高浓度营养浓缩液的添加，渗透压通常都会有不同程度的升高。

六、代谢平衡控制

细胞内的化学反应是在酶的作用下完成的。这些反应不是独立的，是相互联系的和受到调节的。细胞代谢一些有毒产物，如乳酸、氨、活性氧簇、其他代谢物等在细胞培养液中长期积聚，会抑制细胞生长，并可能将使细胞最终失去活力和生产力。

代谢控制的优化一方面需要保证关键营养物质保持在一个合适的水平以满足细胞增殖需要。这些营养物质主要包括葡萄糖和氨基酸等，随着细胞的生长，这些营养物质会不断消耗，进而就会影响细胞的生长甚至导致细胞的死亡。为了维持细胞的生长，需要在细胞培养过程中补加营养物质。为控制培养体积，补加的培养液常常是含有营养物质的浓缩液。同时从细胞生长动力学和有毒废物产生速率来考虑，细胞生长的营养物质必须控制在一个比较低的水平，这就决定了培养过程中不能一次性加入营养物质浓缩液，而是根据浓缩液的营养成分及细胞代谢情况采用合适的流加策略。在实际培养过程中，保持细胞培养液中的营养物质含量比较容易，但是控制营养物质的最优代谢是一个研究控制点，通常通过检测代谢反馈的有毒物质含量（乳酸、氨等）来调节。需要检测的基本参数包括葡萄糖的消耗速率、谷氨酰胺的代谢速率、乳酸和氨等有毒物质的生成，同时还要考虑培养环境中 pH 及渗透压的变化等。另一方面就是降低有毒物质的产生，主要包括乳酸、氨、丙氨酸等。

乳酸对细胞生长的不良影响主要是改变培养环境的 pH 和渗透压，间接影响细胞的生长、代谢和产物合成。大量研究显示，乳酸主要来源于葡萄糖，乳酸的含量一定条件下随葡萄糖水平的增加而增加；培养液中葡萄糖水平高时，细胞更趋向于进行糖酵解作用，大量葡萄糖不完全氧化生成乳酸。当细胞长期处于低浓度葡萄糖培养环境时，细胞的新陈代谢会转向更有效率的状态。

此外，乳酸的产生还和培养环境有关系。培养液的 pH 过高会使产生乳酸的速率增加。因此在不影响细胞生长的情况下，可以适当地降低细胞培养液的 pH，以利于减少乳酸的积累。

另外一个重要的有毒物质控制就是降低氨含量的积累。与乳酸相比，较低浓度的氨会对细胞的生长产生抑制，细胞培养上清液中氨的积累影响细胞的生长、影响细胞的氨基酸代谢、蛋白的糖基化过程及形式；此外，氨浓度的提高改变了细胞内局部微环境，影响细胞的正常生理功能。氨的主要来源是谷氨酰胺的代谢，要想降低氨的含量，需优化谷氨酰胺的代谢。由于谷氨酰胺的热稳定性差，降解速率和谷氨酰胺浓度成正比，谷氨酰胺一降解，就会产生氨。一般的普通商用细胞培养基中谷氨酰胺的浓度是 4 mmol/L，在批培养的过程中谷氨酰胺产生的氨大约占 20%；另外，谷氨酰胺的浓度在 0.5～1.0 mmol/L 时，细胞的生长速率就能达到最大值，并且谷氨酰胺的消耗将随着浓度的增加而升高。因此，可将谷氨酰胺的浓度控制在一个较低的水平，既不影响细胞的生长又能降低氨的产生。但是不同的细胞株对乳酸和氨的敏感性具有一定差异，具体以细胞株自身的特性，结合试验结果进行细胞培养基的优化。

此外，其他一些代谢副产物如丙氨酸，是细胞代谢后产生最多的氨基酸，它是葡萄糖和氨基酸代谢的中间产物。研究显示，丙氨酸对细胞的代谢有一定的影响，初始细胞培养基中丙氨酸的浓度高，在一定程度上能够抑制谷氨酰胺等氨基酸的代谢，进而可能影响产品的生成。

通过细胞培养基的优化在减少代谢副产物的积累上有一定的成效，但是由于不同细胞株具有一定的代谢特异性，在维持葡萄糖等低水平时并不能减少乳酸的积累，并且由于营养物质含量低还可能对产物有影响。现在一些研究者采用代谢工程技术，通过调控代谢过程中的某一个生化反应，或是利用基因重组技术引入一个新的生化反应，来调控细胞的代谢途径，进而改变细胞的代谢特性。如通过引入丙酮酸羧化酶基因促进丙酮酸进入三羧酸循环，或是抑制乳酸脱氢酶的表达以达到减少乳酸积累的目的，也可将谷氨酰胺合成酶的基因导入细胞，使细胞自身具有合成谷氨酰胺的能力，减少氨的积累，这种方法在工业化中已有广泛的应用。

【考一考】

❖ 第一关：用心思考，正确填写

1. 在含血清培养阶段，将 DO 值设定为________，pH 设定为________，温度设定为________℃。

2. 在表达收获阶段，控制葡萄糖浓度保持在________ g/L。

3. 收集丰收液，收获桶置于________℃。

❖ **第二关:学以致用,解决问题**

某跨国医药公司组织了一场反应器生产经验交流会,在交流中一名欧洲企业技术人员提出了一个他们工作中的问题,他们采用灌注培养工艺生产 EPO,基本工艺为先有血清培养,10 d 后,进入无血清培养阶段时,放掉有血清培养基,补入无血清培养基,开启收获,但每次丰收液纯化都出现难以纯化的物质,他们认为是表达出了问题。你有什么好的建议吗?

❖ **第三关:挑战极限,超越自我**

在反应器生产的环节中有取样环节,即每天从反应器中取样进行检测,以此来决定补料量。你认为这个操作有什么问题?如果有怎么进行解决?

爱岗敬业铸幸福，团队精神赢未来。

项目四　CHO细胞生产抗HER2单克隆抗体(悬浮细胞)

【项目情境】

公司在对促红细胞生成素项目立项的同时也针对目前生物制药领域火热的抗体类药物进行了立项，项目的名称为抗HER2单克隆抗体项目。两个项目都是采用CHO细胞生产，不同的是促红细胞生成素采用的是贴壁型CHO细胞，而抗HER2单克隆抗体采用的是悬浮型CHO细胞。现在抗HER2单克隆抗体项目已经完成了工程细胞构建和三级细胞库建立。相关资料于近期移交到细胞培养室。接下来将由你所在的细胞培养室开展细胞培养表达的工艺开发工作。由于你所在部门已经完成了促红细胞生成素项目的细胞培养表达的工艺开发，许多技术操作方面已经有了一定经验，所以该项目开发将变得容易许多。

【学习目标】

1. 能力目标

(1)通过完成抗HER2单克隆抗体CHO工程细胞种子扩增任务，学生能运用悬浮细胞复苏、悬浮细胞的传代、悬浮细胞扩增与监控相关知识，根据相关SOP，完成细胞种子扩增工作。

(2)通过完成抗HER2单克隆抗体生产任务，学生能运用生产反应器一般培养工艺、大型搅拌反应器相关知识，根据相关SOP，完成抗HER2单克隆抗体生产工作。

(3)通过完成CHO细胞生产抗HER2单克隆抗体项目的各个任务的任务分析，信息搜集、评价和利用，学生能初步具有信息素养。

2. 知识目标

(1)说明悬浮细胞的传代方法。

(2)了解悬浮细胞扩增仪器设备。

(3)了解反应器生产接种量。

(4)解释不同糖浓度对细胞代谢的影响。
(5)说明生产期温度控制、pH 控制、溶解氧控制要求。
(6)了解收获标准。
(7)掌握培养物废弃指标。
(8)了解悬浮培养工艺中的核心技术。
3. 素质目标
(1)建立无菌意识、安全意识、环保意识、质量意识、成本意识和创新思维。
(2)建立责任意识、规范意识、团队意识。
(3)形成严谨细致、争创一流的作风。
(4)建立劳动光荣信念,塑造敬岗爱业精神。
(5)乐学、善思、笃行。

【项目任务】

通过 CHO 细胞生产抗 HER2 单克隆抗体项目的种子扩增与生产任务,掌握用 CHO 工程细胞生产抗 HER2 单克隆抗体的技术。

任务一　种子扩增

【任务情境描述】

抗 HER2 单克隆抗体项目进入细胞培养阶段,该段工作主要包括种子复苏、种子扩增两项工作。室主任要求培养室迅速启动相关工作,要求严格按照标准操作规程工作,严格无菌操作,注意安全与环保。

【学习目标】

1. 能力目标
(1)通过完成抗 HER2 单克隆抗体 CHO 工程细胞种子扩增任务,学生能运用悬浮细胞复苏、悬浮细胞的传代、悬浮细胞扩增与监控相关知识,根据相关 SOP,完成细胞种子扩增工作。
(2)通过完成 CHO 细胞生产抗 HER2 单克隆抗体项目的各个任务的任务分析,信息搜集、评价和利用,学生能初步具有信息素养。
2. 知识目标
(1)说明悬浮细胞的传代方法。
(2)了解悬浮细胞扩增仪器设备。
3. 素质目标
(1)建立无菌意识、安全意识、环保意识、质量意识、成本意识和创新思维。
(2)建立责任意识、规范意识、团队意识。
(3)形成严谨细致、争创一流的作风。

(4)建立劳动光荣信念,塑造敬岗爱业精神。

(5)乐学、善思、笃行。

【任务书】

根据细胞种子扩增的相关SOP,结合悬浮细胞复苏、悬浮细胞的传代、悬浮细胞扩增与监控等相关信息,完成种子扩增工作,包括明确新复苏的细胞扩增时机、悬浮细胞的传代方法和设备、悬浮细胞扩增方法与要求,并开展实训工作。注意操作的安全与废物/液环保处理。

【获取信息】

一、悬浮细胞复苏

经复苏培养试验证明,新复苏的细胞一般需按1∶2的比例传2～3代后可恢复至最佳生长状态,可开始种子扩增。

最佳生长状态衡量标准:显微镜下观察细胞大小均一,边缘清晰,折光度好,细胞倍增时间达到12～24 h。一般培养时间不超5 d,限传代次5代。

二、悬浮细胞的传代

悬浮细胞传代比贴壁细胞传代稍微简单一些。由于细胞已经在生长培养基中悬浮,因此无须通过酶的作用使其从培养容器表面脱离,整个过程较为迅速,对细胞的损伤也较小。悬浮培养时不进行生长培养基的更换;而是每2～3天加料一次,直到细胞汇合。悬浮细胞传代后的延滞期一般比贴壁细胞短。

二维码 4-1
悬浮细胞传代
操作技术

所有与细胞接触的溶液和设备均应为无菌状态。必须采用正确的无菌技术,并且在层流设备下进行。传代应在细胞处于对数期、未达到汇合状态时进行。达到汇合状态时,悬浮培养的细胞会聚集成团块,转动培养瓶时培养基会变得浑浊。传代前所建议的最大细胞密度随细胞系不同而有所差异。传代方法一般有直接传代和离心传代两种。

(1)直接传代:使悬浮细胞慢慢沉淀在瓶底,吸掉1/2～2/3的上清液,用吸管吹打形成细胞悬液后再传代。

(2)离心传代:将细胞连同培养液一并转移到离心管内,800～1 000 r/min离心5 min,弃上清液,加入新的培养液到离心管内,用吸管轻轻吹打使之形成细胞悬液,然后传代接种。悬浮细胞多采用此法。

部分贴壁生长细胞,不经消化处理直接吹打也可使细胞从瓶壁上脱落下来,而进行传代。但这种方法仅限于部分贴壁不牢的细胞,如HeLa细胞、骨髓瘤细胞等。直接吹打对细胞损伤较大,细胞也常有较大数量丢失,因而绝大部分贴壁生长的细胞均需消化后,才能吹打传代。

三、悬浮细胞扩增与监控

细胞复苏后接种于25 cm^2 培养瓶,然后转接75 cm^2 培养瓶,再转入细胞培养摇瓶中培养，逐级放大至需要的体积。对于终体积较大的细胞培养，还要进行种子反应器扩增。逐级放大都要保证种子在对数生长期传代，接种密度(1～2)×10^6 个/mL，扩增倍数为 2～4 倍。种子扩增过程中培养温度控制在(37±0.5)℃，每天取细胞培养物 1 mL 监测细胞密度、活率，显微镜下观察细胞大小形态，有无微生物污染。培养期间细胞密度控制在(2～4)×10^6 个/mL 范围内，细胞活率要求大于 90%。依据细胞的生长密度补充培养基。

每级扩增时间一般为 1～5 d，种子扩增阶段总体要求培养时间不超过 20 d，限传代次为 20 代。

【工作计划】

1. 工作方案

计划表 1　种子扩增工作方案

步骤	工　作　内　容	负责人
1		
2		
3		
4		
5		
6		
7		

2. 材料设备清单

计划表 2　主要试剂、材料、设备清单

序号	名称	型号与规格	单位	数量	备注
1					
2					
3					
4					
5					
6					
7					
8					
9					
10					
11					
12					

【工作实施】

请完成引导问题及相关实训操作。

❖ 引导问题 1:种子复苏时应准备哪些防护设备?
❖ 引导问题 2:种子复苏后如何确定开始种子扩增时机?
❖ 引导问题 3:直接传代与离心传代,你选择哪一种? 如何操作?
❖ 引导问题 4:你选择的每一级扩增细胞培养容器是什么? 规格是什么?
❖ 引导问题 5:你每一级扩增的细胞接种密度是多少?
❖ 引导问题 6:培养期间细胞密度控制在什么范围内,如何调控?
❖ 引导问题 7:如何确定每级扩增时间? 种子扩增阶段总体要求培养时间不超过多少天?
❖ 引导问题 8:你的种子扩增程序是什么? 都需要进行哪些操作?
❖ 引导问题 9:种子扩增操作有何安全要求?
❖ 引导问题 10:种子扩增过程有何环保要求?

【工作反思】

____

____

____

【标准操作规程】

悬浮细胞种子复苏与扩增

一、操作用品

1. 材料和试剂

抗 HER2 单克隆抗体工程细胞、无血清培养基、25 cm^2 细胞培养瓶、75 cm^2 细胞培养瓶、细胞培养摇瓶。

2. 器材和设备

超净工作台、倒置显微镜、二氧化碳培养箱、细胞计数仪、水浴锅、离心机、吸管、助吸器、火焰枪等。

二、操作步骤

(一)种子复苏

本操作在 A 级区域或超净工作台中进行,所用物品均经灭菌处理。

1. 从抗 HER2 单克隆抗体工作细胞库中取冻存工作库细胞 1 支,核对标识无误后,立即将冻存细胞浸入 37℃的水浴中,不断搅动,使之迅速融化。

2. 用 75%的酒精擦拭冻存管的外部,将冻存管放入超净台中,打开冻存管,用无菌滴管将细胞悬液吸出,转移到无菌离心管内,补充新鲜无血清培养基至终体积 5 mL 稀释冻存液。

3. 将稀释后的细胞 1 000 r/min 离心 5 min。去除上清液。用 5 mL 无血清培养基重悬细胞,并转移到 25 cm^2 细胞培养瓶,置于二氧化碳培养箱中培养,培养条件为(37±0.5)℃,5%CO_2。

每间隔 12～24 h,显微镜下观察细胞生长状态及监测是否有微生物污染。每 24 h 按 1∶2 的比例传代至新 25 cm^2 细胞培养瓶中,传 2～3 代后,可开始种子扩增。

(二)种子扩增

1. 将 25 cm^2 细胞培养瓶内细胞离心去掉旧的培养基，加入新鲜的 5 mL 培养基，接种至 75 cm^2 细胞培养瓶，补加 5 mL 培养基，置于(37±0.5)℃，5%CO_2 二氧化碳培养箱中培养。每间隔 12～24 h，检测细胞密度，显微镜下观察细胞生长状态及监测是否有微生物污染。

2. 待细胞密度生长至(2～4)×10^6 个/mL，接种至 50 mL 细胞培养摇瓶进行悬浮培养。适当补充新鲜培养液至 30 mL，置于(37±0.5)℃恒温悬浮培养，间隔 12～24 h 取样监测细胞密度、细胞活率、有无微生物污染。

3. 维持细胞密度达到(2～4)×10^6 个/mL 直至细胞培养体积达到摇瓶上限，可转移到 250 mL 细胞培养摇瓶内继续扩增培养。逐级将种子细胞放大到 1 L 细胞培养摇瓶、5 L 细胞培养摇瓶、50 L 种子反应器。

【学习情境相关知识点】

悬浮传代培养容器

悬浮培养可采用未经组织培养处理的无菌培养瓶(例如，不带折流板的摇瓶)进行；但是，专为悬浮细胞培养设计的转瓶(即搅拌瓶)具有出色的气体交换功能，可进行较大规模的细胞培养。

搅拌瓶(图 4-1)有两种基本设计：其培养基由悬挂的搅拌棒或者垂直的叶轮搅动。垂直叶轮的换气效果更佳。转瓶总培养体积不能超过转瓶标示体积的一半，以便换气充分(例如，500 mL 转瓶中培养液体不能超过 250 mL)。

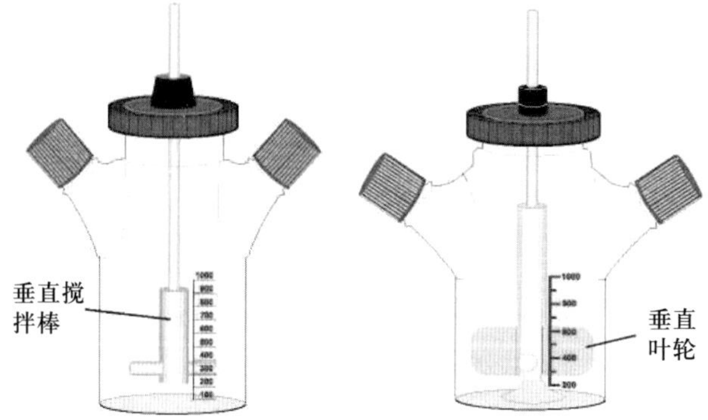

图 4-1 搅拌瓶

【知识与技能总结】

【知识拓展】

细胞系的维持

细胞系(cell line)指原代细胞培养物经首次传代成功后所繁殖的细胞群体，也指可长期连续传代的培养细胞。细胞系的维持是培养工作的重要内容。概括起来说，细胞系的维持是通过换液、传代、再换液、再传代和细胞冻存实现的，但对每一个细胞系来说都有其自身特点，要做好细胞系的维持必须注意以下几点。

(1)做好细胞系的档案记录工作。无论在索取新细胞系或自己建立新细胞系时都应详细记录好细胞的组织来源、生物学特性、培养液要求、传代时间、换液时间和规律、遗传学标志、生长形态以及常规病理染色的标本等。这些记录对于保证细胞正常生长、保持细胞的一致、观察长期体外培养后细胞特性的改变都有十分重要的意义。

(2)遵从细胞生长的规律。细胞系的传代、换液一般都有自身的规律性，因而在维持传代时要注意保持其稳定的规律性，这样可以减少由于传代时细胞密度的频繁增减或换液时间的不规律而导致细胞生长特性的改变，给以后的细胞实验带来影响。

(3)防止细胞间交叉污染。多种细胞系维持传代，要严格操作程序，以防细胞之间的交叉污染。传代时所用器械要编号或做好标记，严禁交叉使用。

(4)及时冻存防丢失。每一种细胞系都应在传代期的早期进行充足的冻存储备，防止由于培养细胞污染等因素造成细胞系的绝种；另外，二倍体细胞等有限细胞系如果暂时不用最好冻存，以免传代太多造成细胞衰老或二倍体细胞性质发生改变。

【考一考】

❖ **第一关：用心思考，正确填写**

1. 直接传代：使悬浮细胞慢慢沉淀在瓶底，吸掉________的上清液，用吸管吹打形成细胞悬液后再传代。

2. 逐级放大都要保证种子在对数生长期传代，接种密度________个/mL，扩增倍数为________倍。

3. 培养期间细胞密度控制在________个/mL范围内，细胞活率要求大于________%。依据细胞的生长密度补充培养基。

4. 每级扩增时间一般为______d，种子扩增阶段总体要求培养时间不超过______d。

❖ **第二关：学以致用，解决问题**

1. 请尝试分析一下直接传代法和离心传代法各自的优势与劣势。

2. 请分析一下，培养期间细胞密度为什么控制在$(2\sim8)\times10^6$个/mL范围内？

❖ **第三关：挑战极限，超越自我**

目前市场上流行的细胞培养摇瓶类型主要还是国外企业开发的，公司决定打破国外在这个领域的垄断地位，把细胞培养摇瓶设计任务交给了你。请你根据所学知识，设计一款新型细胞培养摇瓶，并给出合适的设计根据。

任务二　抗 HER2 单克隆抗体生产

【任务情境描述】

抗 HER2 单克隆抗体项目进展顺利，细胞扩增工作即将完成，室主任要求反应器生产组马上启动反应器生产工作，要求严格按照标准操作规程工作，严格无菌操作，保质保量完成生产过程，为分离纯化工艺开展提供第一批丰收液。要求注意安全与环保。

【学习目标】

1. 能力目标

(1)通过完成抗 HER2 单克隆抗体生产任务，学生能运用生产反应器一般培养工艺、大型搅拌反应器相关知识，根据相关 SOP，完成抗 HER2 单克隆抗体生产工作。

(2)通过完成 CHO 细胞生产抗 HER2 单克隆抗体项目的各个任务的任务分析，信息搜集、评价和利用，学生能初步具有信息素养。

2. 知识目标

(1)了解反应器生产接种量。

(2)解释不同糖浓度对细胞代谢的影响。

(3)说明生产期温度控制、pH 控制、溶解氧控制要求。

(4)了解收获标准。

(5)掌握培养物废弃指标。

(6)了解悬浮培养工艺中的核心技术。

3. 素质目标

(1)建立无菌意识、安全意识、环保意识、质量意识、成本意识和创新思维。

(2)建立责任意识、规范意识、团队意识。

(3)形成严谨细致、争创一流的作风。

(4)建立劳动光荣信念，塑造敬岗爱业精神。

(5)乐学、善思、笃行。

【任务书】

根据抗 HER2 单克隆抗体生产操作的相关 SOP，结合生产反应器一般培养工艺要求相关信息，完成抗 HER2 单克隆抗体生产操作，包括明确反应器生产接种量、不同糖浓度对细胞代谢的影响、生产期温度控制要求、pH 控制要求、溶解氧控制要求、收获标准、培养物废弃指标等，并开展实训工作。注意操作的安全与废物/液环保处理。

【获取信息】

细胞培养过程中，细胞持续不断地向培养液内分泌目标蛋白，但根据悬浮流加培养过程的生长特点及不同阶段的控制要点，可人为将生产反应器的培养定义为两个时期，即生长期和生产期。生长期是指细胞从接种生长至最适密度的一段时期。生产期是指维持高密度、长时间的培养，直至细胞收液的时期。下面为生产反应器一般培养工艺。

一、接种量

1. 接种密度

种子接种密度过高过低都不适合生产期的高密度长时间培养，接种密度过低，细胞生长迟缓期太长。接种密度过高，细胞难以长时间保持高活率。不同细胞的接种密度因培养基及培养方式不同而不同，一般可选择$(2\sim4)\times10^6$个/mL。

2. 接种体积

接种体积影响细胞扩增的时间，大的接种体积可以减少细胞扩增所需时间；小的接种体积延长细胞的扩增期。但种子制备过程比较费时。因此以不低于反应器工作体积10%的接种体积进行生产比较适宜。

二、生长期连续流加控制

细胞接种反应器后，每日取样观察，监测细胞生长密度。根据检测结果通过连续流加无血清培养基不断扩大培养体积，使细胞密度维持在稳定的范围内，并保持高细胞活率。当细胞密度与体积达到要求后，进入生产期。

三、生产期流加控制

生产期流加培养根据细胞生长速率、营养物质消耗和代谢产物累积情况来流加浓缩培养液，流加的速率通常与消耗的速率相同，根据测得的糖消耗浓度来控制相应的流加过程，以保证适宜的培养环境、较低的代谢产物累积水平、较高的细胞密度、较高细胞活率、持续时间和目标蛋白高表达。

四、不同糖浓度对细胞代谢的影响

理论上葡萄糖的控制浓度越低，乳酸的累积量就会越少，糖的维持浓度直接影响细胞代谢。葡萄糖的浓度维持过低，不容易实现细胞生长的稳定控制。建议生产期葡萄糖浓度控制在0.5～1.5 g/L，应根据实际实验结果确定。

五、生产期温度控制

CHO细胞培养最适的生长温度为(37±0.5)℃。已有许多文献报道细胞生长到生产期采用降温培养，可减缓细胞生长速率，延长细胞存活时间，并可提高单抗产量。不同的工程细胞株表达的产物不同，其降温程度及降温时机需根据具体实验来确定。生产期降温一般不低于32℃。

六、生产期pH控制

生产期的pH控制直接影响细胞生长速率、细胞活率及蛋白产量。CHO细胞大规模培养pH范围一般控制在6.6～7.4之间，pH过高或过低，都会对细胞产生不利的影响。细胞培养过程中，葡萄糖代谢产物乳酸的产生，以及细胞代谢产生的CO_2逐渐累积，使pH不断下降。生产期建议 pH 控制在 6.9～7.2 范围。

七、生产期溶解氧控制

适宜的溶解氧(Dissolved Oxygen)是保证细胞物质和能量代谢的基础。细胞在缺氧条件下不能生存,溶解氧过低,会影响细胞代谢和细胞生长;溶解氧过高,对细胞产生毒性作用抑制细胞生长。细胞在不同生长时期对氧的需求不同,通过调节空气、氧气和氮气比例调节溶解氧的高低。生产期建议溶解氧范围控制在 40%～60%之间。

八、收获标准

当生产期细胞活率低于 80%,进行收液。当培养时间达到 20 d,细胞活率大于 80%,也要停止培养,放料纯化。

九、微生物污染监测

生产反应器中细胞,每天取样在显微镜下观察是否有细菌、酵母菌、真菌等微生物污染,若出现污染用新洁尔灭消毒剂处理,要求在超净台下连接接头后,用泵从反应器放料口处将污染物泵入无菌收液桶内,结束后将废弃物带出无菌室,湿热灭菌后排放。全过程密封保护培养环境,结束后环境用酒精和紫外线进行彻底消毒。

十、培养物废弃指标

1. 在种子扩增和生产反应器细胞培养过程中,每日取样显微镜下检查。发现存在微生物污染,培养物立即废弃。

2. 在种子扩增和生产反应器生长期培养过程中,每日取样显微镜下检查。发现细胞生长状态较差,细胞活率(低于 90%)超出了工艺标准,培养物立即废弃。

3. 生产期低于 5 d 时,活率降低到 80%以下时,应废弃。

4. 在培养过程中如出现停电,环境破坏等突发事件,影响细胞培养的正常进行,培养物应该废弃。

【工作计划】

1. 工作方案

计划表 1　抗 HER2 单克隆抗体生产工作方案

步骤	工作内容	负责人
1		
2		
3		
4		
5		
6		
7		

续表

步骤	工　作　内　容	负责人
8		
9		

2. 材料设备清单

计划表2　主要试剂、材料、设备清单

序号	名称	型号与规格	单位	数量	备注
1					
2					
3					
4					
5					
6					
7					
8					
9					
10					
11					
12					

【工作实施】

请完成引导问题及相关实训操作。

❖ 引导问题1:以多大的接种密度接种？接种体积多大？

❖ 引导问题2:生长期与生产期流加控制的根据是什么？生产期葡萄糖浓度控制在多少合适？

❖ 引导问题3:生长期和生产期温度有什么区别？

❖ 引导问题4:生长期和生产期的溶氧和pH应控制在多少？需要注意什么？

❖ 引导问题5:什么时候结束反应器生产？什么情况下培养物必须废弃？

❖ 引导问题6:生产反应器如何进行电极矫正？

❖ 引导问题7:生产反应器如何进行在位灭菌？需要注意什么？

❖ 引导问题8:夹套进水操作如何进行？

❖ 引导问题9:无菌验证需要进行哪些操作？

❖ 引导问题10:温度、溶氧、pH自动控制什么时候开启，怎么开启？

❖ 引导问题11:反应器如何进行在位清洁？

❖ 引导问题12:生长期与生产期有哪些要求？

❖ 引导问题13:反应器生产程序是什么？

❖ 引导问题14:反应器生产操作有何安全要求？

❖ 引导问题 15：反应器生产过程有何环保要求？

【工作反思】

【标准操作规程】

一、操作用品

1. 材料和试剂

抗 HER2 单克隆抗体工程细胞种子、pH 电极矫正液、无血清培养基、NaOH、HCl、擦镜纸。

2. 器材和设备

200 L 搅拌式细胞反应器、倒置显微镜、蠕动泵、细胞计数仪、生化检测仪、pH 电极、溶氧电极。

二、操作步骤

(一)生产反应器接种前准备工作

1. 电极矫正

pH 电极校正：将 pH 电极用注射用水反复冲洗干净，再用擦镜纸擦干。打开控制塔电源，将 pH 电极与控制塔连接。用 pH 6.86、pH 9.18 校正液校正 pH 电极。

二维码 4-2 反应器生产现场

溶氧电极校正：取溶氧电极，检查电解液是否充足，如果不足戴手套添加电解液，然后用注射用水反复冲洗干净，再用擦镜纸擦干，将溶氧电极与控制塔连接。将溶氧电极浸没饱和亚硫酸钠校正 DO 电极的 0 点，无菌验证后，加入新鲜培养基，启动摇床转速为 90 r/min，通气 12 h 以上，通气量 0.6 L/min，此时 DO 设为 100%。

温度电极校正：将温度电极用注射用水反复冲洗干净，再用软纸擦干，将温度电极与控制塔连接。将温度电极下端浸入 45℃的水中和 15℃水中进行校正。

将矫正后的电极插入反应器罐体。

2. 在位灭菌

夹套蒸汽升温过程：

首先关阀门(关闭正处于开启状态的阀门，确保程序正常进行)，然后根据不同反应器说明完成夹套蒸汽升温操作。

注意：

①在进行此操作前，先开启夹套排水功能，将蓄水罐里的水排出。

②培养罐高压灭菌后，必须保持夹套和罐体与外界相通，避免降温后，夹套和罐体形成

负压，损坏培养罐。

向洗净的培养罐中加入注射用水，加水量为罐体容积的40%～60%，通入121℃纯蒸汽灭菌30 min，自然冷却至室温，排出注射用水。

3. 夹套进水操作

夹套进水是一个自动过程，可将夹套注满循环水。按下“进水启动”，启动自动程序。根据功能界面中“参数设定”中的阀门动作时间，程序依次向下进行，直至液位信号由绿色变为红色，即液位加满，进水完成。按下“进水停止”，夹套进水操作则停止。

进水过程：首先关阀门(关闭正处于开启状态的阀门，确保程序正常进行)，然后根据不同反应器说明完成进水操作。

注意：当电加热器中的水加满至液位开关时，即触摸屏中的液位指示由绿色变为红色，电加热器才可开启。

4. 无菌验证

反应器中加入无血清培养基，将培养罐温度设定为35℃、转速设定为50 r/min、pH设定为7.2、溶氧设定为40%空气饱和度，启动温度、pH、溶氧、转速控制程序，培养48 h；观察pH的读数和溶氧的读数基本不变，培养基清澈，用取样阀取出培养液50 mL，按《中华人民共和国药典》无菌检查法进行检查。

5. 开启温度控制

开启工作模式为自动模式，利用系统中“夹套进水功能”向夹套加水，开启搅拌电机(保证罐体内液体温度均匀)，开启温控开关，温度控制程序开始进行。

注意：开启温度控制之前应该先保证夹套和电加热罐有水，工业蒸汽已经供上，夹套进水阀门常开。压缩空气压力在0.5 MPa以上。且夹套循环通路中各手动阀已经打开。

6. 开启含氧量控制

将工作模式切换至自动模式，设含氧量的下限值(SV值)，开启此功能。

当培养液内含氧量不足时系统自动开启供氧阀补充氧气，DO达到设定值后，系统自动关闭供氧阀。该控制通过PID调节，使溶氧量始终保持在设定的范围内。

7. 开启pH控制

将工作模式切换至自动模式，设定合适的pH，开启碱泵和CO_2控制，当培养液pH低于设定值时自动打开碱泵进行PID调节，达到设定值时自动关闭碱泵，当培养液pH高于设定值时，供CO_2自动开启，进行PID调节，使培养液pH始终保持在根据工艺预先设定的pH。

(二)接种生产反应器

在200 L生产反应器中接种体积不低于20 L、细胞密度$(2\sim4)\times10^6$个/mL，活率90%以上的种子细胞。

培养参数设置：培养温度37℃；空气流量0.1 L/min；搅拌转速28 r/min。

(三)生长期培养

细胞接种反应器后，扩增培养体积，空气流量和搅拌转速逐渐增加。每天取样监测细胞密度、活率、糖含量、乳酸、渗透压等，控制温度(37±0.5)℃。

(四)生产期培养

细胞扩增至工作体积50%～70%，细胞密度在$(8\sim10)\times10^6$个/mL范围时，降温至

(32±0.5)℃,控制 pH 6.9～7.2、DO 40%～60%、葡萄糖浓度 0.5～1.5 g/L,每天取样监测细胞密度、活率、糖含量、乳酸、渗透压等。

(五)收液

当细胞活率下降至 80%以下,为保证回收蛋白具有较高纯度及活性,收获结束培养。

(六)反应器在位清洁

(1)用注射用水冲洗培养罐内腔、搅拌部件、管道及阀门 10 min;

(2)向培养罐中加入 0.1 mol/L NaOH 洗涤液至最大工作体积,设定搅拌转速 250 r/min,运行 3 h 排尽;

(3)用注射用水冲洗培养罐内腔至排出水 pH 呈中性(用 pH 试纸检验);

(4)再用 0.1 mol/L HCl 洗涤液按(2)的方法操作;

(5)最终用纯化水冲洗,并在排液口用洁净量杯取最后的水样 500 mL,按《中华人民共和国药典》注射用水标准检测。

【学习情境相关知识点】

悬浮培养技术是在生物反应器中、人工条件下高密度大规模培养动物细胞用于生物制品生产的技术,根据细胞是否贴壁,分为悬浮细胞培养和贴壁细胞微载体悬浮培养。

一、悬浮培养技术的发展

1962 年,Capstick 等对 BHK-21 细胞驯化实现悬浮培养,并用于兽用疫苗生产。1967 年,Van Wezel 开发了微载体并实现在生物反应器中大规模悬浮培养贴壁细胞。20 世纪 80 年代后,CHO 细胞实现悬浮培养,治疗性抗体生产技术的发展极大地推动着生物反应器在生物制药行业中的应用,到 20 世纪末已进入万升级规模。2000 年以后,随着流加培养、灌注培养、个性化细胞培养基等技术的发展,作为大规模培养主要设备的生物反应器规模也趋向大型化和简单化。现在,全球 10 000 L 及以上体积的反应器达一百多台,最大已达 25 000 L,且几乎都是可以放大的机械搅拌式反应器。当前生物制药的主流技术是在大型机械搅拌式反应器中,用无血清培养基和流加培养工艺悬浮培养细胞进行生产。

二维码 4-3
悬浮培养法

二、悬浮培养工艺中的核心技术

悬浮培养工艺中的核心技术主要包括细胞的筛选驯化、个性化培养基的研发、动物细胞反应器的完善三个方面。动物细胞反应器见任务五促红细胞生成素生产的子任务一工作准备。

1. 细胞的筛选驯化

目前普遍认为,大多数导入目的基因的原细胞株一般只能适应在含血清的培养基中贴壁生长,且细胞密度小、蛋白质表达水平低。如果要建立符合规模化药物生产需要的工程细胞株,一方面要构建和筛选生长性能好、蛋白质表达水平高的优质单克隆细胞株;另一方面还要进行工程细胞株的无血清驯化,使之能很好地适应无血清贴壁生长或悬浮培养。细胞驯化的通用方法是逐步改变条件,待细胞适应后再继续改变条件,直至细胞能在特定的条件中稳定生长为止。普遍采用的是血清—无血清—无蛋白培养的驯化。即可采用倍比方式,逐步降低培养基中血清含量，再逐个去除蛋白成分的方法来驯化细胞，使细胞逐渐适应无血清、无蛋白的培养基环境。由于特定细胞的营养需求不同，实现其驯化的难易程度也不同，在驯化时应尽量采用营养全面的培养基，并有针对性地补充某些营养成分（如生长因子、维生素、激素等）以满足细胞的特定需求。驯化好的细胞可以保持其悬浮和无血清生长的特性，使用预先驯化的空宿主细胞进行转染，可以在构建完成后迅速适应无血清悬浮培养的环境，降低驯化难度及时间。

在筛选驯化过程中应注意及时对细胞进行保藏，以避免在培养过程中出现异常情况导致筛选驯化工作量的重复和时间浪费。保藏时，应选用在该驯化条件下细胞状态良好的细胞。

2. 细胞培养基的个性化

在大规模培养技术中，维持细胞高密度甚至无血清生长，细胞培养基的营养含量对细胞的增殖、维持至关重要。在悬浮培养技术中，细胞营养代谢的特异性不同，细胞培养工艺不同，需要抗剪切力、满足放大功能，还需要提高目标生物制品的稳定性、表达量，这些均需要个性化培养基的支持。

个性化细胞培养基在国外生物制品生产中被普遍采用，生物制药公司往往与细胞培养基企业建立合同服务关系，研制最适合的个性化细胞培养基用于生产。为用户定制细胞培养基是世界几大细胞培养基制造商业务的主要部分，而公开的细胞培养基产品仅占其业务的10%～30%。但是我国销售的细胞培养基却多为20世纪50年代发明的MEM、DMEM、199、RPMI-1640细胞培养基等，这些产品难以满足生物反应器大规模培养动物细胞的技术要求，直接影响了生物制药行业技术升级。细胞培养基经过天然培养基、合成培养基，发展到无血清培养基、无蛋白培养基、限定化学成分培养基，近百年的发展，已发生质的飞跃。无血清培养基杜绝了血清的外源性污染和对细胞的毒性作用，使产品易于纯化、回收率高；其成分明确，有利于研究细胞的生理调节机制；还可根据不同的细胞株设计和优化适合其高密度生长或高水平表达的培养基。从对人类和动物安全性的长远考虑，生物制品生产越来越倾向采用无血清无动物组分培养基，国际上生物制药生产中，已经有50%以上采用无血清细胞培养基。

【知识与技能总结】

____

____

____

____

____

____

【知识拓展】

一、固定化培养

固定化培养是将动物细胞与水不溶性载体结合起来，再进行培养的方法，对非贴壁依赖型细胞和贴壁依赖型细胞都适用。固定化培养具有细胞生长密度高、抗剪切力和抗污染能力强等优点，细胞易于和产物分开，有利于产物分离纯化。制备固定化细胞的方法很多，在动物细胞培养中要考虑使用较温和的固定化方法，如吸附法、包埋法和微囊法。

二维码 4-4
固定化培养

(一)吸附培养

吸附培养即将细胞吸附在各种固体吸附剂表面后再进行培养的方法。这种方法操作简便，条件温和，但载体的负荷能力低，细胞容易脱落。微载体培养和中空纤维培养是吸附培养的特例。另外，多孔陶瓷也是一种常用于吸附培养的固体吸附剂。

(二)包埋培养

将动物细胞包埋在各种多聚物多孔载体中后再进行培养的方法称为包埋培养法，一般适用于非贴壁依赖型细胞。此法步骤简便，条件温和，负荷量大，细胞泄漏少。因细胞嵌入在高聚物网格中而受到保护，细胞能抗机械剪切。但该法也有一定缺点，如扩散限制，并非所有细胞都处于最佳营养物浓度。多孔凝胶是包埋培养最常用的载体，用于动物细胞固定化的凝胶主要有海藻酸钙凝胶、琼脂糖凝胶等。

1. 海藻酸钙凝胶包埋培养

将动物细胞与一定量的海藻酸钠溶液混合均匀，然后滴到一定浓度的氯化钙溶液中形成直径约 1 mm、内含动物细胞的海藻酸钙胶珠，分离洗涤后即可用于培养。此法操作时条件温和，对活细胞损伤小，但固定后机械强度不高。为了大量制备海藻酸钙凝胶包埋的固定化细胞，国外已有专门的振动喷嘴设备可供使用。

2. 琼脂糖凝胶包埋培养

将含有细胞的琼脂糖溶液分散到一个水不溶相中(如液体石蜡)，形成直径为 0.2 mm 的凝胶珠，移去液体石蜡后，细胞即可进行培养。同海藻酸钙一样，琼脂糖更适于培养悬浮细胞。尽管凝胶珠形成过程很复杂，目前放大体积不超过 20 L。但琼脂糖凝胶无毒性，具有较大的空隙，可以允许大分子物质自由扩散，因此该法特别适用于蛋白质产物的连续生产。有人曾用琼脂糖包埋杂交瘤细胞和淋巴细胞生产单克隆抗体和白细胞介素。

3. 微囊化培养

(1)微囊化培养的概念和优缺点　微囊化培养是指在无菌条件下将拟培养的细胞、生物活性物质以及生长介质共同包裹在薄的半透膜中形成微囊，再将微囊放入培养系统内进行培养的方法。生长介质为 1.4%海藻酸钠溶液，半透膜由多聚赖氨酸形成。动物细胞包围在珠状的微囊里，细胞不能逸出，但小分子物质和培养基的营养物质可自由出入半透膜，囊内是一种微小培养环境，与液体培养相似，能保护细胞少受损伤，故细胞生长好、密度高。微囊直径控制在 200～400 μm 为宜。这种方法是在包埋培养上衍生而来的，1979 年被 Lim 和 Moss 首先应用于培养哺乳动物细胞。

微囊化培养的优点是：可防止细胞在培养过程中受到物理损伤；活性蛋白不能从囊中自由出入半透膜，从而提高细胞密度和产物含量，并方便分离纯化处理；抗体活性、纯度好。缺点是：微囊制作复杂，培养液用量大，并且成功率不高；微囊内死亡的细胞会污染正常产物；收集产物必须破壁，不能实现生产连续化。

(2)微囊化培养的操作过程

①将拟培养的细胞制备成细胞悬液。

②在无菌条件下,将待培养细胞及生物活性物质悬浮在1.4%的海藻酸钠溶液中,成为胶状液。通过特制的成滴器,将含有细胞的胶状液形成一定大小的液滴,滴入 $CaCl_2$ 溶液中,使之成为内含细胞的凝胶小珠。然后,将凝胶小珠用多聚赖氨酸包裹,形成微囊。最后,重新液化微囊内的凝胶小珠,使成胶的物质从多聚赖氨酸外膜流出。微囊内仅留下待培养的细胞及生物活性物质。

③将内有细胞及生物活性物质的微囊放入搅拌式或气升式反应器培养系统中进行培养。

④培养一定时间后,待细胞分泌的产物含量达到一定程度,终止培养。收集培养后的微囊,离心、沉淀,并用平衡盐溶液洗涤微囊,然后以物理方法破坏微囊,再通过离心去除细胞及微囊碎片。收获上清液,分离纯化细胞产物。

在微囊制备中应注意:温和、快速、不损伤细胞,尽量在液体和生理条件下操作;所用试剂和膜材料对细胞无毒害;膜的孔径可控制,必须使营养物和代谢物自由通过;膜应有足够的机械强度抵抗培养中的搅拌。

二、WAVE 生物反应器

WAVE 生物反应器(图 4-2)采用创新的非介入搅拌理念,为细胞提供最佳的生长环境,从而显著提高细胞密度、改善细胞生长状态,为细胞培养提供可放大的新型自动化细胞培养平台。

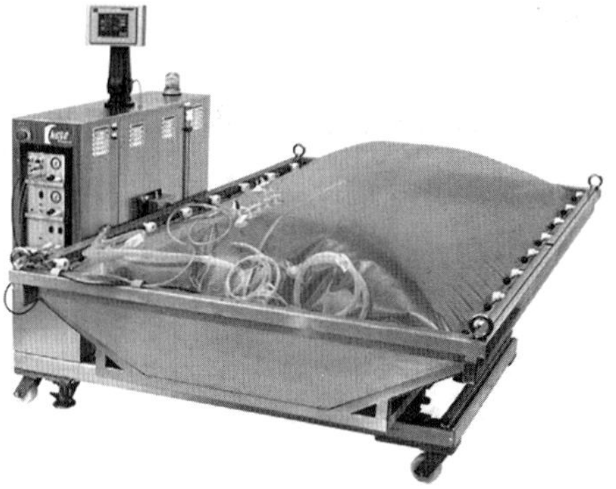

图 4-2 WAVE 生物反应器

WAVE 使用预先消毒的细胞培养袋,无热源的 WAVE 培养袋预先经过放射灭菌,可以省去烦冗的反应器清洗、消毒灭菌、验证等工作,节省时间提高工作效率,有效防止染菌,降低产物中的内毒素水平。在精细控制的可加热的摇动平台上,自动反馈控制培养温度、pH、溶氧和压力等参数,实现细胞培养过程的自动化精密控制。相比搅拌罐生物反应器,WAVE 生物反应器使用温和高效的波浪混合方式,避免搅拌桨和鼓泡对细胞剪切力伤害的同时,显著提高体积传氧系数,使得细胞状态更好,生长速度快密度高,表达蛋白性质均一,避免使用消泡剂。

WAVE 反应器对于连续灌注等多种培养方式具有很好的兼容性。

Merck 公司将集成细胞截留膜的无菌培养袋创新地用于工作细胞库的建立,内置的细胞截留膜可以在无菌封闭的培养袋中进行细胞清洗和浓缩,最终实现工作细胞库的冻存,代替反复离心操作,有效避免细胞库的污染。结果显示,在 10 L 的规模下,可将细胞浓缩至 1.5×10^7 个/mL 进行冻存,活率>95%,操作完全符合 GMP 要求,有效保证细胞库的安全建立。

使用 WAVE 反应器,培养工作体积范围宽,推荐为5%~50%的培养袋总体积,因此可以在一个培养袋中实现 10 倍体积的扩增,减少不同的培养容器中频繁传代。

使用 WAVE 进行细胞培养非常灵活,体积操作范围宽,参数自动控制方式更灵敏有效,规模放大后可以保持相同的高溶氧水平和混合效率,可操作性强,使细胞培养规模放大的难度得以显著降低。

【考一考】

❖ **第一关:用心思考,正确填写**

1. 不同细胞的接种密度因培养基及培养方式不同而不同,一般可选择(2～4)×________个/mL。

2. 建议生产期葡萄糖浓度控制在________g/L,应根据实际实验结果确定。

3. 接种体积以不低于反应器工作体积________的接种体积进行生产比较适宜。

4. 细胞生产抗体的生产期温度一般采用降温方式,生产期降温不低于________℃。

5. 反应器生产的生产期建议溶解氧范围控制在________%之间。

6. 在种子扩增和生产反应器细胞培养过程中,每日取样显微镜下检查。发现存在微生物污染,培养物立即________。

❖ **第二关:学以致用,解决问题**

同事小李设计了一个反应器生产方案,反应器接种密度为 3×10^6 个/mL;葡萄糖浓度控制在 2.0 g/L,生产期温度控制为(37±0.5)℃,生产期 pH 控制在 7.0～7.2,溶解氧控制不低于 40%;当生产期细胞活率低于 70%,进行收液。小李请你来找碴。

❖ **第三关:挑战极限,超越自我**

做一个细胞培养基的个性化市场调研报告。介绍目前细胞培养基的个性化发展情况及发展方向。

第二部分　植物细胞工程制药

不忘初心和使命，勇担民族复兴任。

项目五　植物细胞培养室设计

【项目情境】

由于植物细胞生产药物等，在完全人工控制的条件下生产周期短，产量大，可以利用基因工程手段探索或创造新的合成路线，得到新的有价值的药物；还可以对有效成分的合成路线进行遗传操作，以提高所需的次生代谢中药物含量，也可以进行特定的生物转化反应，大规模生产我们所需的药物等。相对于传统的种植有巨大的优势，越来越受到制药公司重视。

目前，国内某大型医药上市公司决定建立植物细胞培养室，着手开发利用植物细胞培养法生产某种药物。首先需要技术人员配合工程人员进行植物细胞培养室设计，技术人员需要掌握植物细胞培养室的功能区域组成，技术要求，规模，需要配备的设备及合理布局知识。

【学习目标】

1. 能力目标

(1)通过完成植物细胞培养室设计任务，学生能运用植物细胞培养室相关知识，完成植物细胞培养室简单设计。

(2)通过完成植物细胞培养室设计前的任务分析，信息搜集、评价和利用，学生能初步具有信息素养。

2. 知识目标

(1)了解植物细胞培养室整体要求。

(2)描述植物细胞培养室的基本分区。

(3)描述各分区的基本设备。

(4)掌握各分区独特要求。

3. 素质目标

(1)建立无菌意识、安全意识、环保意识、成本意识。

(2)建立责任意识、规范意识。

(3)乐学、善思、笃行。

【项目任务】

帮助某大型医药上市公司完成植物细胞培养室初步设计任务。

任务　植物细胞培养室设计

【任务情境描述】

帮助某大型医药上市公司设计植物细胞培养室。培养室需要配备 50 L 植物反应器。

【学习目标】

同项目目标。

【任务书】

根据植物细胞培养室建设的相关要求和培养室需要配备 50 L 反应器的要求,完成植物细胞培养室建设设计,包括实验室建设标准,功能区划分、面积与布局、各功能区仪器设备配置及功能匹配设计。设计注意考虑安全与环保。

【获取信息】

认识植物细胞培养室

植物细胞培养是在严格无菌的条件下进行的,因此植物细胞培养实验室首先要能提供良好的无菌条件,其次需要一定的设备、器材和用具,以实现人工控制温度、光照、湿度等培养条件,从而给培养物提供理想的生长发育环境。

植物细胞培养室设计同样遵循有主有辅的原则。植物细胞培养室作为生物实验室的一个重要分支,对于洁净度有较高的要求。目前新建培养室多采用无菌室建设标准。细胞培养室建筑结构通常包括基本实验室(即消毒实验室、准备室、无菌操作室)和辅助实验室(细胞学鉴定室、生化分析室、摄影室及暗室)两大部分。细胞培养室的平面设计分区主要根据工作内容需要分为六大区域:无菌操作、孵育、制备、清洗、消毒灭菌处理、储藏。植物细胞培养室的主要实验室通常由 5 个部分组成,即无菌操作室、培养室、培养基配制间、洗涤间、消毒间;植物细胞培养室的辅助实验室则分别是鉴定室、生化分析室。

【工作计划】

1. 工作方案

计划表 1　植物细胞培养室设计方案

步骤	工　作　内　容	负责人
1		
2		
3		
4		
5		

【工作实施】

请完成引导问题及相关实训操作。

❖ 引导问题 1:植物细胞培养室建设标准是什么?
❖ 引导问题 2:植物细胞培养室分成几个功能区?每个区应有哪些设备?
❖ 引导问题 3:应如何满足培养室需要配备 50 L 反应器的要求?
❖ 引导问题 4:植物细胞培养室各功能区有什么特殊要求?
❖ 引导问题 5:植物细胞培养室的布局应遵循什么原则?
❖ 引导问题 6:如何绘制细胞培养室平面图?(建议 CAD 制图)
❖ 引导问题 7:植物细胞培养室有何安全要求?
❖ 引导问题 8:植物细胞培养室有何环保要求?

【工作反思】

____

____

____

【案例】

植物细胞培养室设计

植物细胞培养室核心部分采用洁净室建设和洁净室标准。植物细胞培养室建设包含无菌操作室、培养室、培养基配制室、洗涤室、消毒室、生化分析室。无菌操作室、培养室采用 B 级洁净标准,培养基配制室、消毒室采用 C 级标准,洗涤室、生化分析室为非洁净室。其中无菌操作室除了进行无菌操作外,也合并细胞学鉴定功能。

整个洁净区为长方形,一条走廊将洁净区分成左右两部分。各室分布为:左侧依次为培养室、消毒室;右侧依次为缓冲室、无菌操作室、培养基配制室。走廊两侧门错开设置。在洁净区临近位置设置洗涤室和生化分析室。

一、缓冲室

缓冲室面积设计为 2.5 m×4.0 m。进门位置设置水槽和净手器，然后是鞋柜，跨过鞋柜为更衣柜。人员在进入洁净区前需要换穿无菌工作服和无菌防尘拖鞋。

二、无菌操作室

无菌操作室设计面积为 4.0 m×4.0 m。配置超净台、倒置显微镜、离心机等必备设备。

三、培养室

培养室共两间，分别用来进行种子培养及反应器生产。培养室设计面积分别为 3.5 m×4 m、3.0 m×4 m。为控制培养室光照时间及其强度，种子培养培养室不安装窗户，配置有培养架、转床、摇床、光照培养箱、生化培养箱等。反应器生产培养室配置植物细胞反应器，有下水。

四、培养基配制室

培养基配制室设计面积 4.0 m×4.0 m，配传递窗，需要配置冰箱、天平、微波炉、电炉、冰箱、器械柜、药品柜、抽气泵、pH 计、培养基分装器、各种规格培养瓶、培养皿、量筒、烧瓶、容量瓶、储藏瓶、移液管等。

五、消毒室

消毒室面积设计为 4.0 m×4.0 m。配备电炉、试验台、高压灭菌锅、干热消毒柜、灭火设备等。

六、洗涤室

洗涤室面积设计为 4.0 m×4.0 m。在洗涤室的一侧设置专用洗涤水槽。中央试验台还应配置 2 个水槽，用于清洗小型玻璃器皿。需要配置洗瓶机、洗液缸、落水架、干燥箱、样品柜、超声波清洗器等设备，地面铺装设计应考虑防滑耐湿并排水良好。此外，需要准备专门容器，存放有毒有害废液。

七、生化分析室

生化分析室面积设计为 4.0 m×3.0 m。在以培养细胞产物为主要目的的实验室中，应建立相应的分析化学实验室，以便对培养物的有效成分随时进行取样检查。需要使用天平、离心机、PCR 仪、酶联免疫检测仪等。

【学习情境相关知识点】

一、植物细胞培养室

植物细胞培养室每一个组成间都有其特定功能，需要配备专门的仪器设备，其一般的要求如下。

(一)无菌操作室

无菌操作室简称接种室，是进行无菌工作的场所，如材料的灭菌接种、无菌材料的继代、培养物的转移、原生质体的制备等，它是植物细胞培养研究或生产工作中关键的部分，关系到培养物的污染率、接种工作效率等重要指标。因此无菌室要求定期消毒(紫外线照射、气雾熏蒸、药品喷洒)和保持干燥、洁净。无菌操作室主要仪器设备为超净工作台，还需要镊子、剪刀、解剖刀、接种工具(接种针、接种钩及接种铲)、钻孔器、酒精灯、电热接种器械和灭菌器等用具。

无菌操作室的设计应注意以下原则：环境干爽，清洁，位于区域上风位置；空间宜小不宜大，一般为 10 m^2，内置层流设备。便于消毒；地面、天花板及四壁密闭光滑，无卫生死角；室内物品越少越好，并尽可能减少空气流动；设有缓冲室，面积较小，进入前更衣换鞋，减少杂菌进入。缓冲室和操作室的门不能同时开启，以防止杂菌感染。操作室由于有无菌环境需求，按无菌室标准建设。

(二)培养室

培养室是将接种到培养瓶等器皿中的植物细胞组织进行培养的场所。主要设备有培养架、光照培养箱、摇床、光照控制仪、除湿机、生化培养箱、自动控时器、植物细胞反应器(应当配备单独培养室)等。对于生产型企业和有条件的科研单位，培养室也应当按无菌室标准建设。培养室内安装空调机或采用中央空调，可以根据培养材料的需求来调节 24 h 内的温度，一般情况下，培养温度为(25±2)℃。培养室应设计能有效通风的窗户，且室外应有一预备间或走廊。培养室一般分为两间，一间为日光培养室，一间为暗培养室。(需要注意的是，培养室不能配置观察窗，以免阳光直射影响培养室内的温度和光照时间，非中央空调的培养室配通气窗，定期或需要时加强通风散热)。

(三)培养基配制室

内部配置冰箱、药品柜、器械柜、培养基分装器、天平、微波炉、pH 计、抽水泵、电炉、各种规格的培养瓶、培养皿、移液管、烧杯、量筒、容量瓶、贮藏瓶等仪器设备。

(四)洗涤室

植物细胞培养实验室的洗涤室要配备专用洗涤水槽、洗瓶机、洗液缸、落水架、干燥箱、样品柜、超声波清洗器等仪器设备。此外，洗涤室的地面设计要从防滑、耐湿、排水三方面考虑。主要用于器具的洗涤、干燥和保存。洗涤室应配备水池、防尘橱(放置培养容器)、烘箱等。

(五)消毒室

主要用于培养器皿和培养基的灭菌等。植物细胞培养实验室的消毒室要配备电炉、试验台、高压灭菌锅、干热消毒柜、排风灭火设备。

(六)细胞学鉴定室(可以与无菌操作室合并)

植物细胞培养实验室的细胞学鉴定室要配备显微镜、照相系统等仪器设备。且在进行实验室设计时，要从清洁、明亮、干燥三方面考虑。

(七)生化分析室

这类实验室主要用于对培养物的有效成分随时进行取样检查，实验室内要配置离心机、酶联免疫检测仪、天平、PCR仪。

二、植物细胞培养实验室的设备

进行植物细胞组织培养需要一系列的仪器和设备，现将这些仪器和设备及其在植物细胞组织培养中的用途介绍如下。

1. 高压灭菌锅

高压灭菌锅是植物细胞组织培养中最基本的设备之一，用于培养基、蒸馏水和各种用具的灭菌消毒等。目前，主要有大型卧式、中型立式、小型手提式和计算机控制型等几种类型，可根据实际情况选择。大型效率高，小型方便灵活，细胞组织培养室中常使用小型手提式蒸汽灭菌锅。高压蒸汽灭菌时，一般在121℃时，控温15～40 min，即可切断电源，自然冷却降压至读数为0时，方可取出灭菌物。

2. 超净工作台

超净工作台现已成为植物组织培养中最常用、最普及的无菌操作装置，与接种箱及无菌室相比，超净工作台既方便又舒适，无菌效果又好。

3. 培养架

培养架(图5-1)可以是木制的、钢制的或其他材料制成的，培养架的高度要根据培养室的高度来定，以充分利用空间。以研究为目的的培养室，一般架设6层，总高度200 cm，每30 cm为一层，架宽以60 cm较好；如果以扩繁为目的，培养架可以高些，可借助梯子来摆放培养容器。培养架上一般每层要安装玻璃板，可使各层培养材料都能接受到更多的散射光照。通常在每层培养架上安装40 W的日光灯管。日光灯一般安装在培养物的上面，灯管距上层隔板4～6 cm，每层安装2～4个灯管，每管相距20 cm，这种情况下，光照强度2 000～4 000 lx，能够满足大部分植物的光照需求。控制每日光照时间可以采用自动定时器来完成。光周期视培养材料类型而定，采用较多的是16 h光照、8 h黑暗。

图5-1　培养架

4. 酸度计

用来配制培养基时测定和调整培养基的pH时用。一般实验室常用小型酸度计，既可在配制培养基时使用，也可测定培养过程中pH的变化。也可使用pH为4.0～7.0的精密试纸来代替酸度计。

5. 天平

天平用来称取化学试剂。常用的有感量为0.01 g的天平和0.000 1 g的电子分析天平。前者用来称量大量元素、琼脂、蔗糖等，后者用于称量微量元素、植物激素及微量附加物。

6. 低温低速台式离心机

用于分离、洗涤、收集培养的细胞或原生质体，一般转速为2 000～4 000 r/min。

7. 倒置相差显微镜

倒置相差显微镜用于隔瓶观察悬浮培养的未染色的活细胞和标本。倒置相差显微镜一般配有照相装置,可以用来拍摄和记录细胞的分裂、生长和分化的动态过程。

8. 双筒解剖镜

双筒解剖镜(图 5-2)用于观察和解剖切取很小的器官和组织,如剥离植物茎尖、胚乳和幼胚等,也可以用来观察愈伤组织生长和分化的情况。

9. 生物显微镜

生物显微镜(图 5-3)用于植物细胞学、组织学观察。

10. 水浴锅

用于溶解或融化培养基。

11. 摇床

摇床(图 5-4)用于组织和细胞的液体悬浮培养。摇床根据振荡方式分为水平往复式和回旋式两种,振荡速度因培养材料和培养目的不同而不同,一般为 100 r/min 左右。

12. 蒸馏水发生器或超纯水装置

蒸馏水发生器或超纯水装置(图 5-5),用于制备蒸馏水或超纯水。

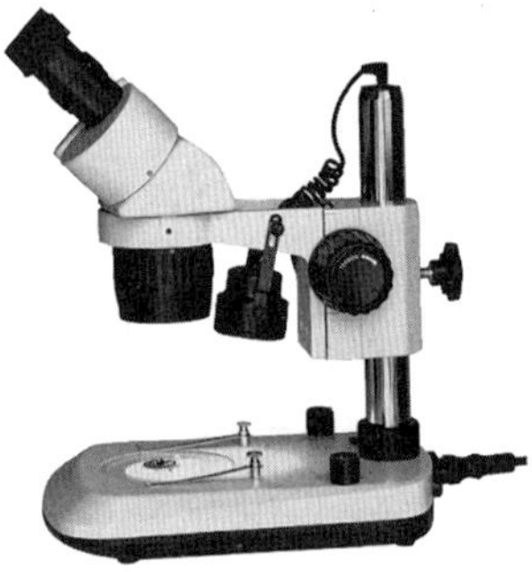

图 5-2　双筒解剖镜

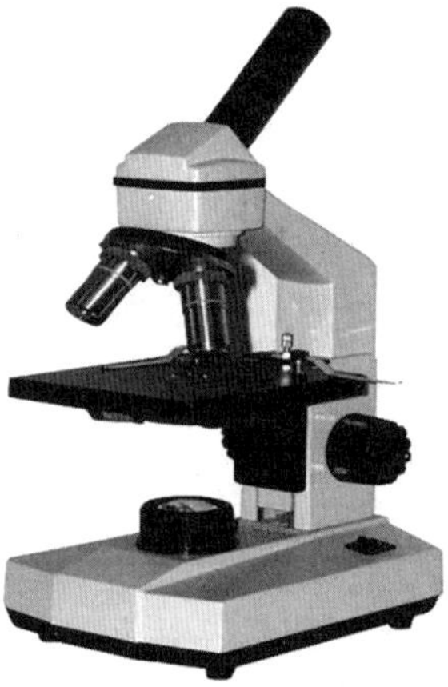

图 5-3　生物显微镜

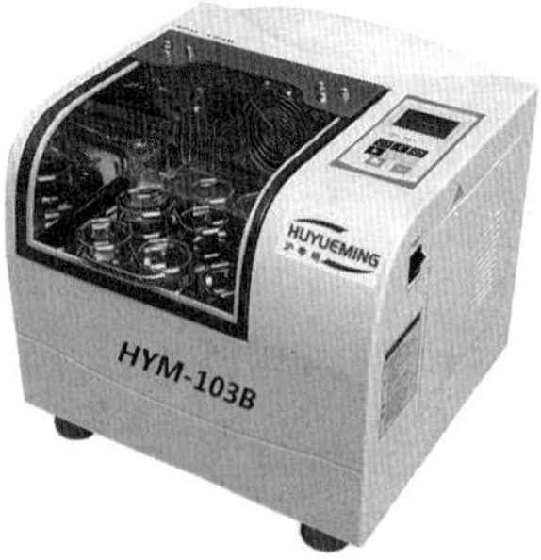

图 5-4　摇床

图 5-5　超纯水仪

13. 电热磁搅拌器

电热磁搅拌器,用于溶解化学试剂。

14. 培养箱

培养箱(图 5-6),用于少量植物材料的培养。根据培养的植物材料、培养目的等不同,可分为光照培养箱、暗培养箱两种类型,每种类型又可有调湿和不调湿两种规格。有条件的话,还可采用全自动的调温、调湿、控光的人工气候箱来进行植物细胞培养。

15. 超声波清洗器

超声波清洗器(图 5-7)可用于清洗容器,也可以用于溶解试剂和提取植物细胞内次生代谢物。

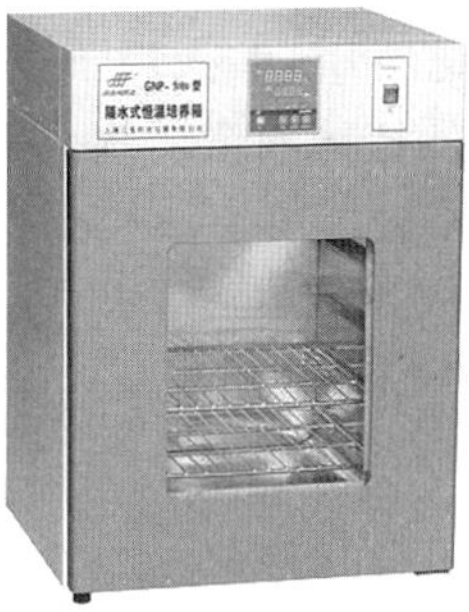

图 5-6　培养箱

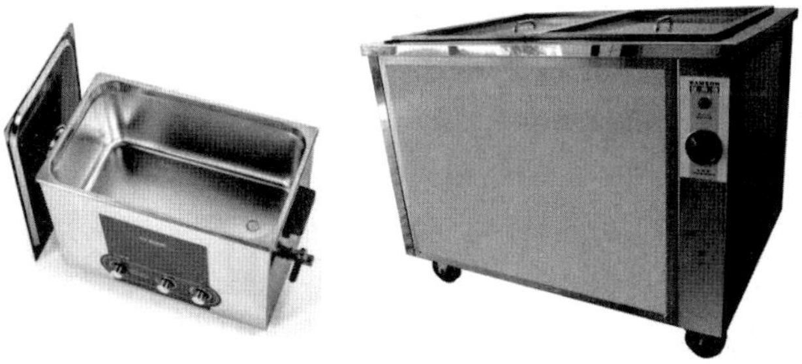

图 5-7　超声波清洗器

三、植物细胞培养的培养器具

在植物细胞组织培养过程中,使用的用具各种各样,如培养基配制用具、培养用具、接种用具等类型。在使用这些用具时,必须要了解它们的基本用途,并学会它们的基本用法。

(一)培养用具

(1)试管,一般选用 2.0 cm×15.0 cm 和 3.0 cm×20.0 cm 规格的试管较适宜。

(2)三角瓶,三角瓶是植物细胞组织培养中最常用的培养器皿,适合进行各种培养,如固体培养和液体培养,常用的规格有 50 mL、100 mL、150 mL 和 300 mL 的三角瓶。具有采光好、瓶口较小、不易失水和污染的特点。

(3)L 形管和 T 形管,为专用的旋转式液体培养试管。

(4)培养皿,适于做单细胞的固体平板培养、胚和花药培养及无菌种子发芽。常用的有直径为 40 mm、60 mm、90 mm 和 120 mm 的培养皿。

(5)广口瓶,常用于试管苗的大量繁殖,一般用 200～500 mL 的规格。

(6)封口用品,培养容器的瓶口需要封口,以达到防止培养基失水和杜绝污染的目的,容器封口所使用的材料尺寸应为被覆盖容器上口直径的 3～4 倍。常用的封口材料有棉花塞、铝箔、聚丙烯膜等。其中棉花塞是我国常用的封口物。首先需用纱布包被,外边再包一层牛皮纸,用线绳或橡皮筋扎好。具有通气性好、价格低等优点,但制作比较费时。当外界湿度大时,易出现部分棉塞污染,培养基水分外逸较快及遮光等缺点。铝箔本身在定型后不易变形,无需使用线绳等固定,使用方便、效率高,但价格较高。耐高温透明塑料薄膜透光性好,但也要对其进行绑扎固定。蜡膜常用于培养皿的封口,具有透光好、透气差的特点。另外,在市场上已有经高压灭菌的“菌膜”,即聚丙烯膜。其可按瓶口大小裁切成块(一般用双层),包扎在瓶口上即可。国外较多地使用耐高温塑料制的连盒带盖的培养容器。实验中可根据自己的实际情况选择适宜的封口材料。

(二)培养基配制用具

有量筒、烧杯、容量瓶、试剂瓶、刻度移液管、微量移液器等。

(三)接种用具

(1)酒精灯、电热接种器械灭菌器,用于金属接种工具的灭菌。

(2)手持喷雾器,手持喷雾器可盛装75%的酒精,用于接种器材、超净工作台面和操作人员手部的表面灭菌,也可以用于无菌接种室的酒精喷雾消毒。

(3)镊子,钝头镊子适合于接种操作及继代培养时移取植物材料用;尖头镊子适合解剖和分离叶表皮时用;枪形镊子[图5-8(c)],其腰部弯曲,适合转移外植体和培养物。

(4)解剖针[图5-8(a)],用于分离植物材料。

(5)解剖刀[图5-8(b)],用来切割植物材料,可以更换刀片。

(6)剪刀,适合剪取植物材料,常用的有弯头剪、平头剪和尖头剪。弯头剪适合于直接在培养容器中剪取材料。

(7)细胞筛,一般多用于实验室细胞培养,杂质过滤,细胞分散,分样等。

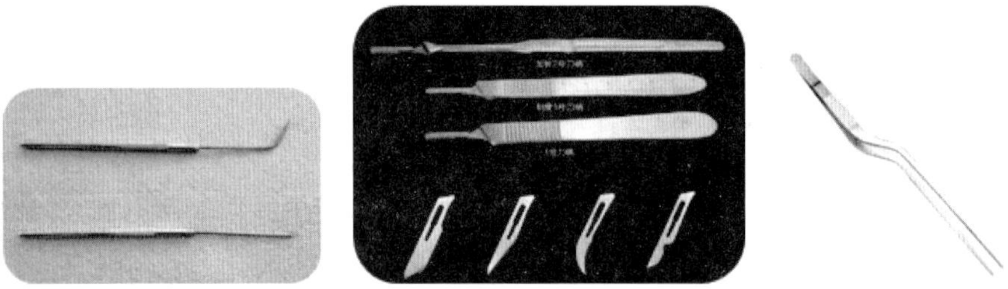

(a) 接种针　　(b) 解剖刀　　(c) 枪形镊子

图5-8　部分接种用具

(四)小型器

(1)分注器[图5-9(a)],用来分装培养基。

(2)血细胞计数器,用于悬浮培养物中植物细胞的计数。

(3)电炉等加热器具,用于溶解生化试剂,固体培养基配制时,加热融解琼脂等。

(4)微孔滤器,用于对液体进行过滤灭菌。

(5)定时器[图5-9(b)],用于培养期间光照时数的控制,有机械控制式和石英电子控制式。

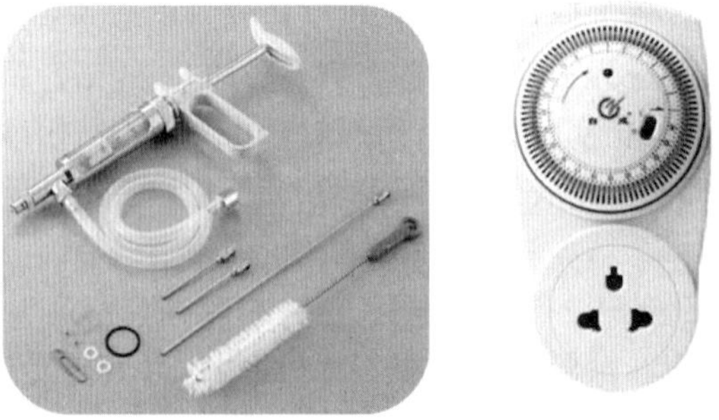

(a) 分注器　　(b) 定时器

图5-9　部分小型器

【知识与技能总结】

____

____

____

____

____

____

【知识拓展】

洁净间与无菌室的区别

洁净间：对其内部空气洁净度、温度、湿度、压力、噪声等参数根据需要都进行控制的密闭性较好的空间。主要分为3种：非单向流洁净间(以前常称为乱流型洁净间)，单向流洁净间(气流的特征是流线平行，以单一方向流动，并且在断截面上风速一致，有垂直单向流洁净间，水平单向流洁净间等)以及矢量洁净间[在房间的一侧上角送风，另一侧的下部设回风口，并按使用要求，组合，如单向流和非单向流组合在一起的混合流型，以在局部区域(单向流部分)实现高级别的洁净间]。在不影响生产工艺正常运行的前提下尽可能地降低参数要求，控制净化面积，缩小高净化级别洁净区的范围，严格控制A级和更高级别单向流洁净区的面积，控制重点。

无菌室：细菌的直径一般在5 μm以上，而洁净室内的空气过滤器能在0.5 μm粒径下达到99.99%的滤过效率，细菌一般是附着在尘埃上的，所以洁净室使用高效空气过滤器就能达到无菌的目的，同时部分无菌室通过使用紫外灯来加强杀菌效果。一般来说，无菌室的标准是A级标准，即洁净区平板杂菌数平均不得超过1个菌落。无菌室一般面积较小，5 m^2左右、同时室内标高在2.5～2.8 m左右，也可在B级洁净区设置百级层流区。无菌室最难的控制要求是如何保持无菌状态，所以控菌能力和控菌稳定性是无菌室的核心指标。一方面是彻底灭菌，另一方面防止污染，是无菌技术的两个方面。还要防止所研究的微生物，特别是致病微生物或经过基因工程改造了的本来自然界不存在的微生物从实验容器中逃逸到外界环境中去。

洁净技术在近20年发展迅速，各种规模、不同等级的洁净间各种行业应用越来越广泛，特别是在电子、精密机械、航天、食品、化妆品、医疗、生物制药等行业发挥着日益重要的作用，为提高产品质量、开发高新产品做出了重要贡献。而所谓的无尘室、无菌室他们在英文都是Clean Room，都只是洁净间。只不过因为应用行业不同，侧重点不同而已。当然，也正因为应用的侧重点不同，对于洁净间内设计的细节还是有差异的。

【考一考】

❖ **第一关：用心思考，正确填写**

1. 植物细胞培养室的主要实验室通常由5个部分组成，即________、________、________、________、________；植物细胞培养室的辅助实验室则分别是________、________。

2. 双筒解剖镜用于观察和解剖切取很小的________，如剥离植物茎尖、胚乳和幼胚等。

❖ 第二关：学以致用，解决问题

植物细胞培养与动物细胞培养相比有什么特别的仪器、设备或器具？

项目六　胡萝卜细胞生产胡萝卜素

【项目情境】

经过公司科研信息部门对市场有潜力的医疗保健药物调研，企业董事会最终决定将细胞法生产胡萝卜素作为科研立项，你部门接到胡萝卜细胞生产胡萝卜素的工艺开发任务。植物细胞培养室已经建设完成，项目相关研究资料搜集工作已经完成，接下来植物细胞培养室将在室主任带领下完成胡萝卜细胞生产胡萝卜素工艺开发工作。

【学习目标】

1. 能力目标

(1)通过完成MS培养基配制任务，学生能运用植物细胞培养的培养基配制相关知识，根据SOP，完成MS培养基配制操作。

(2)通过完成胡萝卜愈伤组织诱导任务，学生能运用外植体的预处理、植物愈伤组织培养、植物愈伤组织培养的无菌操作相关知识，根据相关SOP，完成胡萝卜愈伤组织诱导操作。

(3)通过完成单细胞分离任务，学生能运用单细胞的分离相关知识，根据SOP，完成单细胞分离操作。

(4)通过完成胡萝卜素生产任务，学生能运用植物细胞的大规模悬浮培养、悬浮培养细胞的同步化、悬浮培养细胞的生长和测定相关知识，根据相关SOP，完成胡萝卜素生产工作。

(5)通过完成胡萝卜细胞生产胡萝卜素项目的各个任务的任务分析，信息搜集、评价和利用，学生能初步具有信息素养。

2. 知识目标

(1)说明植物培养基母液的配制和保存方法。

(2)掌握植物培养基的配制及其灭菌方法。

(3)了解植物培养基的组成。

(4)了解常用的植物细胞培养基种类。

(5)描述外植体的预处理。

(6)解释外植体灭菌方法。

(7)描述愈伤组织及继代培养。
(8)描述植物愈伤组织培养的一般程序。
(9)说明愈伤组织的诱导和继代培养。
(10)说明植物愈伤组织培养的无菌操作。
(11)了解如何选择外植体。
(12)掌握理想愈伤组织获得方法。
(13)掌握愈伤组织培养污染检查及预防方法。
(14)掌握单细胞的分离方法。
(15)了解种子细胞的选择方法。
(16)说明植物悬浮培养流程。
(17)解释植物细胞大规模悬浮培养的继代培养方法。
(18)了解悬浮培养细胞的同步化意义。
(19)说明植物悬浮培养细胞的同步化。
(20)掌握细胞生长计量方法。
(21)了解细胞活力测定方法。
(22)掌握细胞活力测定的酚藏红花染色法。
(23)了解植物细胞大规模培养体系的建立方法。
(24)了解植物细胞培养的环境条件。
(25)说明悬浮细胞培养条件控制。
(26)了解植物细胞生物反应器。

3. 素质目标

(1)建立无菌意识、安全意识、环保意识、质量意识、成本意识。
(2)建立责任意识、规范意识、团队意识。
(3)形成严谨细致、争创一流的作风。
(4)建立劳动光荣信念,塑造敬岗爱业精神。
(5)乐学、善思、笃行。

【项目任务】

通过 MS 培养基配制、胡萝卜愈伤组织诱导、胡萝卜单细胞分离、胡萝卜素生产几个任务完成胡萝卜细胞生产胡萝卜素工作。

任务一　MS 培养基配制

【任务情境描述】

清洁组已经完成细胞培养用品的洁净处理工作,已经通知培养液配置组,现在将由培养液配置组成员在组长带领下完成 MS 培养基配制的任务。

【学习目标】

1. 能力目标

(1)通过完成 MS 培养基配制任务，学生能运用植物细胞培养的培养基配制相关知识，根据 SOP，完成 MS 培养基配制操作。

(2)通过完成胡萝卜细胞生产胡萝卜素项目的各个任务的任务分析，信息搜集、评价和利用，学生能初步具有信息素养。

2. 知识目标

(1)说明植物培养基母液的配制和保存方法。

(2)掌握植物培养基的配制及其灭菌方法。

(3)了解植物培养基的组成。

(4)了解常用的植物细胞培养基种类。

3. 素质目标

(1)建立无菌意识、安全意识、环保意识、质量意识、成本意识和创新思维。

(2)建立责任意识、规范意识。

(3)形成严谨细致、争创一流的作风。

(4)建立劳动光荣信念，塑造敬岗爱业精神。

(5)乐学、善思、笃行。

【任务书】

根据 MS 培养基配制的 SOP，结合母液的配制、培养基的配制及其灭菌等相关信息，完成 MS 培养基配制操作，包括明确母液的配制方法及配制要求、培养基的配制及其灭菌要求、注意事项，并开展实训工作。注意操作的安全。

【获取信息】

植物细胞培养的培养基配制

配制植物培养基需要提前准备好母液，然后根据需要，取样配制成固体或液体培养基。

二维码 6-1 植物细胞培养的培养基配制

一、母液的配制和保存

配制培养基前，为了使用方便和用量准确，常将大量元素、微量元素、铁盐、有机物质、激素等分别配成母液，母液浓度比培养基配方需要浓度大若干倍。当配制培养基时，只需要按预先计算好的量吸取母液即可。

1. 大量元素母液的配制

大量元素母液按照配方的用量，把各种化合物扩大 10 倍，分别称取后，用蒸馏水(重蒸水)溶解。如果溶解速度慢，可加热至 60～70℃加速溶解，但不必煮沸。溶解后，将这些盐溶液混合并定容至 1 000 mL。为防止发生沉淀，混合时，钙盐溶液应放在最后加入。大量元素若使用量较大，也可以不配制母液，而采用逐个称取分别溶解的方法。

2. 微量元素母液的配制

微量元素母液可以按照配方用量的 100 倍，用蒸馏水（重蒸水）溶解，可稍加热助溶。然后按照硫酸锰、硫酸锌、硼酸、钼酸钠、碘化钾和氯化钴的顺序混合，并定容于 1 000 mL 容量瓶中。

3. 铁盐母液的配制

铁盐容易发生沉淀，需要单独配制。一般用硫酸亚铁（$FeSO_4 \cdot 7H_2O$）和乙二胺四乙酸二钠（EDTA · 2Na）配成 100 倍浓度的螯合态铁盐比较稳定，不易沉淀。配制方法是用天平分别称取 2.78 g 硫酸亚铁（$FeSO_4 \cdot 7H_2O$）和 3.73 g EDTA · 2Na，分别用蒸馏水溶解，可稍加热，混合冷却后，定容至 1 000 mL。然后，转至棕色玻璃瓶中保存。

4. 有机物质母液的配制

维生素和氨基酸等有机物类，为了使用方便和准确，也应当配制成母液。母液浓度为配方用量的 100 倍。分别称取，溶解后定容至 100 mL，转入棕色试剂瓶置于冰箱中保存。也可将有机成分分别配制，以便配制不同培养基时使用方便。一般配制浓度为甘氨酸 1～2 mg/mL，维生素 B_1 0.5～1 mg/mL，维生素 B_6 0.5～1 mg/mL，烟酸 0.5～1 mg/mL，肌醇 20 mg/mL。

表 6-1　植物组织细胞培养常用培养基的基本成分　　单位：mg/L

培养基构成		White (1963)	MS (1962)	ER (1965)	B_5 (1968)	Nitsch (1969)	NN (1969)	N_6 (1975)	WPM (1984)
大量元素	NH_4NO_3	—	1 650	1 200	—	720	720	—	400
	KNO_3	80	1 900	1 900	2 500	950	950	2 830	—
	$CaCl_2 \cdot 2H_2O$	—	440	440	150	—	166	166	96
	$CaCl_2$	—	—	—	—	166	—	—	—
	$MgSO_4 \cdot 7H_2O$	750	370	370	250	185	185	185	370
	KH_2PO_4	—	170	340	—	68	68	400	170
	$(NH_4)_2SO_4$	—	—	—	134	—	—	463	—
	$Ca(NO_3)_2 \cdot 4H_2O$	300	—	—	—	—	—	—	556
	Na_2SO_4	200	—	—	—	—	—	—	—
	$NaH_2PO_4 \cdot H_2O$	19	—	—	150	—	—	—	—
	K_2SO_4	—	—	—	—	—	—	—	990
	KCl	65	—	—	—	—	—	—	—
微量元素	KI	0.75	0.83	—	0.75	—	—	0.8	—
	H_3BO_3	1.5	6.2	0.63	3	10	10	1.6	6.2
	$MnSO_4 \cdot 4H_2O$	5	22.3	2.23	—	25	19	3.3	—
	$MnSO_4 \cdot H_2O$	—	—	—	10	—	—	—	22.3
	$ZnSO_4 \cdot 7H_2O$	3	8.6	—	2	10	10	1.5	—
	$Zn \cdot Na_2 \cdot EDTA$	—	—	15	—	—	—	—	—
	$Na_2MoO_4 \cdot 2HgO$	—	0.25	0.025	0.25	0.25	0.25	0.25	8.6
	MoO_3	0.001	—	—	—	—	—	—	—
	$CuSO_4 \cdot 5H_2O$	0.01	0.025	0.002 5	0.025	0.025	0.025	0.025	0.25
	$CoCl_2 \cdot 6H_2O$	—	0.025	0.002 5	0.025	—	0.025	—	0.25

续表

培养基构成		White (1963)	MS (1962)	ER (1965)	B_5 (1968)	Nitsch (1969)	NN (1969)	N_6 (1975)	WPM (1984)
铁盐	$Fe_2(SO_4)_3$	2.5	—	—	—	—	—	—	—
	$FeSO_4 \cdot 7H_2O$	—	27.8	27.8	27.8	27.8	27.8	27.8	27.8
	EDTA·2Na	—	37.3	37.3	37.3	37.3	37.3	37.3	37.3
有机物	肌醇	—	100	—	100	100	100	—	100
	烟酸	0.05	0.5	0.5	1	5	5.0	0.5	0.5
	盐酸吡哆醇	0.01	0.5	0.5	1	0.5	0.5	0.5	1.6
	盐酸硫胺素	0.01	0.1	0.5	10	0.5	0.5	1	—
	甘氨酸	3	2	2	—	2	2.0	2	—
	叶酸	—	—	—	—	0.5	—	—	—
	生物素	—	—	—	—	0.05	—	—	—

注:本表不包括生长调节物质、天然提取物、糖和琼脂等。

5. 植物激素母液

植物激素也可以分别配制成母液,储存于冰箱。一般浓度为0.1~2 mg/mL。IAA,NAA,IBA,2,4-D之类的生长素,可先用少量0.1 mol/L的NaOH或95%的酒精溶解,然后再定容到所需要的体积。KT,BA等细胞分裂素则可用少量0.1 mol/L的HCl加热溶解,然后加水定容。GA_3在水中不稳定,因此要用95%的酒精配制母液。ABA不能直接溶于水,可以先用少量丙酮助溶,然后加水溶解。

各种母液配制好后要及时贴上标签,注明母液名称、浓度和配制时间,并保存在4℃冰箱中,以免长霉、变质。当母液出现沉淀或霉菌团时,则不能使用,需重新配制。

表6-2 植物组织细胞培养中常用植物激素、生长调节物质的溶剂

中文名	缩写	溶剂	中文名	缩写	溶剂
2,4-二氯苯氧乙酸	2,4-D	NaOH/乙醇	腺嘌呤	Ade	H_2O
吲哚乙酸	IAA	NaOH/乙醇	激动素	KT	HCl/NaOH
吲哚丁酸	IBA	NaOH/乙醇	玉米素	ZT	NaOH
α-萘乙酸	α-NAA	NaOH/乙醇	赤霉素	GA_3	乙醇
6-苄氨基嘌呤	6-BA	NaOH/HCl	脱落酸	ABA	NaOH

二、培养基的配制及其灭菌

1. 培养基的配制方法

在细胞培养实验中,培养基制备上的错误所造成的问题比任何其他技术过失所造成的要多,因此必须按规定严格认真地进行配制培养基的操作。为了尽可能不出现差错,应当把培养基中各个成分都写在纸上,加进一个成分后及时划掉一个。每个装有培养基的培养器皿都应当清楚地做标记,以免遗忘或混淆。

制备培养基的步骤如下。

(1)称出需要数量的琼脂和蔗糖放入烧杯中,加水到培养基最终体积的3/4,在恒温水浴中或电炉上加热使之溶解。在配制液体培养基时,因不添加琼脂,则无需加热,因为蔗糖在微温的水中也能溶解。

(2)根据配方的要求,按顺序用量筒或移液管吸取需要量的大量元素、微量元素、铁盐、有机物、激素等各种母液,放入干净的烧杯中。顺序不能混乱,否则会出现不可逆沉淀。

(3)把所取的各种母液倒入煮好的琼脂中,再加蒸馏水至培养基的最终体积,同时不断搅动使其混合均匀,用0.1 mol/L NaOH或0.1 mol/L HCl调节培养基pH至所定的数值,一般为5.6~5.8。

(4)把培养基分装到所选用的培养容器中,每个容器中分装的培养基量尽可能大体一致。

(5)将分装好培养基的培养容器用封口膜或盖子盖好。也可用铝箔纸或其他适宜的封口材料封口。注意在培养容器上标明培养基编号。如果所用的培养容器是无菌且不耐高温的塑料容器,可将培养基装在250 mL或500 mL的三角瓶中,以铝箔或牛皮纸封住瓶口,先进行高压灭菌,灭菌后使培养基冷却到大约50℃,然后在超净工作台中将其分装到无菌塑料容器中。

2. 培养基的灭菌

配制好的培养基必须进行灭菌处理后才能使用,培养基灭菌是植物细胞培养中十分重要的环节。培养基灭菌方法有高压蒸汽灭菌和过滤灭菌两种。

(1)高压蒸汽灭菌

高压蒸汽灭菌法是最简单和使用最广泛的培养基灭菌方法,是在121℃和108 kPa下高压灭菌20 min。当然使用这个方法的前提条件是培养基的所有成分都是对热稳定的。为了防止化学物质的变性或降解,灭菌时间不宜过长。同时为了避免高压蒸汽灭菌锅在到达设定压力之前所需的时间过长,灭菌时装锅不能太满,而且每个培养容器里所装培养基的体积不要太多。灭菌前首先要向锅中加入适量的水,高压锅盖要盖紧,然后把放气阀打开,加热直至冒出大量热气,以排出锅内的冷空气。或者关掉放气阀,当看到压力上升到大约49 kPa时,再打开放气阀把冷空气排放掉。一定要注意把冷空气排干净,否则压力上去了,但实际温度达不到要求,因而造成消毒不彻底。当高压锅内的温度达到121℃时,维持20 min(通常由灭菌锅自动控制),然后切断电源,使高压锅内的压力慢慢降下来,当压力下降到49 kPa以下时,可轻轻打开放气阀排气,使锅内压力迅速下降,当压力指针指向0时,即可打开锅盖。

一般情况下,培养基在高压灭菌锅中所需要的温度和时间是121℃下维持15~20 min,具体时间应根据容器内培养基的量来确定。

(2)过滤灭菌

培养基中如果包含热不稳定的成分,则可以采用如下两种方式灭菌:一是培养基全部过滤灭菌,这种方法只适用于不含琼脂的液体培养基;二是将热不稳定的成分单独溶解,然后添加到经过高压蒸汽灭菌后的其他成分中。在后一种方法中,必须保证做到以下几点:

①需要过滤灭菌溶液的pH与设定的培养基最终pH应当相同;

②在过滤之前所有的成分应当完全溶解;

③在添加过滤灭菌的成分之前,经过高压蒸汽灭菌的那部分液体的温度应当尽可能地低,例如对液体培养基来说降至室温比较合适,对琼脂固体培养基来说降到50℃比较合适;

④如果在需要过滤灭菌的成分中有一种或几种成分难溶,这将需要大量的溶剂来使这

些成分完全溶解，因此为了满足预定的培养基最终体积和所有成分的最终浓度，就需要相应地减少可以通过高压蒸汽灭菌的那部分成分的体积。

为防止滤膜被阻塞，可以先用孔径 0.45 μm 的滤膜过滤，然后再用 0.22 μm 除菌滤膜过滤。

灭菌后的培养基应尽快地使其冷却，一般不要立即使用，放置 3 d 后，若没有出现真菌、细菌污染，才可使用。暂时不用的培养基最好储存于 4～5℃低温下，在洁净、无灰尘、遮光的地方储存。含 IAA 和 GA_3 等的培养基应在配制 1 周内使用，其他培养基也应在 2 周内使用完，以免干燥变质。

【工作计划】

1. 工作方案

计划表 1 MS 培养基配制工作方案

步骤	工　作　内　容	负责人
1		
2		
3		
4		
5		
6		
7		
8		
9		

2. 材料设备清单

计划表 2 主要试剂、材料、设备清单

序号	名称	型号与规格	单位	数量	备注
1					
2					
3					
4					
5					
6					
7					
8					
9					
10					
11					
12					

【工作实施】

请完成引导问题及相关实训操作。

❖ 引导问题1:母液有哪几种,分别需要准备哪些试剂?

❖ 引导问题2:各种母液准备配制多大体积?

❖ 引导问题3:各种母液的试剂溶解顺序有什么特别要求?

❖ 引导问题4:各种母液的试剂分别是用什么溶解的?

❖ 引导问题5:配液如何正确定容?

❖ 引导问题6:准备配制多大体积的培养基?需要取各种母液多少体积?

❖ 引导问题7:MS培养基中琼脂的作用是什么?加琼脂和不加琼脂的MS培养基各有什么用途?

❖ 引导问题8:加琼脂的培养基在用电炉融化时需要注意什么?

❖ 引导问题9:调整加琼脂的培养基有哪些注意的地方?

❖ 引导问题10:培养基灭菌条件是什么?

❖ 引导问题11:MS培养基配制程序是什么?

❖ 引导问题12:MS培养基配制过程有什么安全要求?

【工作反思】

____

____

____

【标准操作规程】

一、操作用品

1. 材料和试剂

95%乙醇、1 mol/L NaOH、1 mol/L HCl、MS培养基各成分试剂、植物生长调节剂(2,4-D、6-BA、IAA、NAA等)、洗涤剂。

2. 器材和设备

普通天平(感量0.01 g)和分析天平(感量0.000 1 g)、药匙、玻璃棒、称量纸、吸水纸、滴管、洗瓶、标签纸、烧杯、剪刀、容量瓶、试剂瓶、量筒、移液管、吸耳球、pH计、三角瓶(100 mL)、封口纸、棉绳、定性滤纸、电炉、高压灭菌锅等。

二、操作步骤

(一)MS培养基母液的配制和保存

1. 大量元素母液的配制

按照大量元素母液配方,把各种化合物扩大10倍,按表中的次序分别准确称量后,分别用50 mL烧杯加入蒸馏水30~40 mL溶解(可以加热至60~70℃,促其溶解)。溶解后,按顺序倒入容量瓶中(容量瓶中事先加入约 400 mL 的蒸馏水,目的是避免由于盐浓度过高,使钙离子与磷酸根离子、硫酸根离子形成不溶于水的沉淀),注意氯化钙溶液最后加入,混匀,最后用蒸馏水定容至 1 000 mL。将配制好的母液倒入试剂瓶中,贴好标签,保存于 4℃冰箱中待用。

二维码 6-2
MS 培养基配制操作

2. 微量元素母液的配制

按照微量元素母液配方,将微量元素各种化合物扩大 100 倍,按照表中的次序用万分之一天平分别准确称取,逐个溶解后再混合,最后用容量瓶定容至 1 000 mL。将配制好的母液倒入试剂瓶中,贴好标签,保存于冰箱中。

3. 铁盐母液的配制

常用的铁盐是 $FeSO_4 \cdot 7H_2O$ 和 EDTA · 2Na 的螯合物,必须单独配成母液,使用方便,又比较稳定。配制时,按照表 6-3 中铁盐母液配方中扩大后的用量,分别称取 $FeSO_4 \cdot 7H_2O$ 和 EDTA · 2Na,分别溶解后,将 $FeSO_4$ 溶液缓缓倒入 EDTA · 2Na 溶液(需加热溶解),搅匀使其充分螯合,定容后储放于棕色玻璃瓶中,并保存于冰箱中。

4. 有机物母液的配制

按照有机物母液各成分扩大后的用量,用感量万分之一的天平分别称量各有机物。可以分别溶解定容,分别装入试剂瓶中,也可以混合溶解定容,装入同一试剂瓶中,写好标签,放入冰箱中保存。植物组织培养中常用的有机物一般都溶于水,但叶酸(维生素 B_9)先用少量稀氨水或 1 mol/L NaOH 溶液溶解;维生素 H(生物素)先用 1 mol/L NaOH 溶液溶解;维生素 A、维生素 D_3、维生素 B_{12} 应先用 95%乙醇溶解;然后再用蒸馏水定容。

5. 6-BA 母液和 NAA 母液的配制

激素母液必须分别配制,6-BA 母液浓度为 2 mg/mL,NAA 母液浓度为 0.1 mg/mL,这是根据 MS 培养基需要确定配制的浓度。

称量激素要用感量为万分之一的电子天平。6-BA 和 NAA 用 0.1 mol/L NaOH 溶解。

(二)MS 培养基的配制和灭菌

以配制 1 000 mL 培养基 MS+6-BA 2 mg/L+NAA 0.1 mg/L+蔗糖 2%+琼脂 0.6%,pH 5.8 为例。

(1)清洗三角瓶、烧杯、量筒、移液管等,烘干或自然晾干备用。

(2)取 1 000 mL 量杯一只,称取琼脂 6 g、蔗糖 20 g 加入量杯,并加入适量蒸馏水(约 600 mL),在电炉上加热使琼脂融化。

(3)根据下面公式取用母液,加入上述量杯中。

$$母液取用量(mL)=\frac{配制的培养基体积(mL)}{母液的扩大倍数}$$

配制 1 000 mL 培养基需要加入各种母液的量分别为:大量元素母液 100 mL;微量元素母液 10 mL;铁盐母液 10 mL;有机物母液 10 mL。

(4)按照下式向混合母液中加入不同激素,分别配制不同的培养基。

$$激素母液用量(mL)=\frac{培养基配制量(L)\times 激素使用浓度(mg/L)}{激素母液浓度(mg/mL)}$$

根据上述公式,移取所需要的 6-BA 母液和 NAA 母液。

(5)等琼脂完全融化,各种母液均加入后,加蒸馏水至1 000 mL(因烧杯上所标识的体积值误差较大,应用量筒来测定体积)。

(6)待温度降至50～60℃时,用1 mol/L NaOH溶液或1 mol/L HCl溶液调pH到5.8,注意用玻璃棒不断搅动,用pH试纸或酸度计测试pH。调节中,若加1滴1 mol/L HCl或NaOH溶液,出现pH改变量超过需要值的现象,应改用低浓度的HCl或NaOH溶液(如0.1 mol/L调节pH)。

(7)培养基迅速分装在100 mL的三角瓶中(温度低于40℃以下琼脂就会凝固),每瓶25 mL左右,1 000 mL培养基可以分装40～50瓶,迅速扎好瓶口,写上标记。

(8)用500 mL广口瓶装取300～400 mL蒸馏水,扎口、灭菌后制备无菌水。取干净的9 cm培养皿3套,每套培养皿中放入3～5张定性滤纸,盖好盖子,用报纸包裹,灭菌后,用于植物外植体的接种。

(9)在121℃、108 kPa的恒定条件下,高温高压灭菌约20 min;灭菌时间达到后,将培养基、无菌水、培养皿等放置于接种室中,备用。

注意事项:

(1)培养基各试剂最好使用分析纯。

(2)在称量时应防止药品间的污染,药匙、称量纸不能混用,每种试剂使用一把药匙,多出的试剂原则上不能再倒回原试剂瓶。

(3)母液配制好后,贴上标签,写清母液名称、试剂浓度或扩大倍数、配制日期,并存放在4℃冰箱中。使用前,要进行检查,若发现试剂中有絮状沉淀、长霉或铁盐母液的颜色变为棕褐色,都不应再使用。

(4)融化琼脂时注意不要烧焦。

(5)pH调节要准确。

(6)培养基分装时要注意不要粘到瓶口。

(7)灭菌时要注意时间的控制。

(三)记录

MS培养基的配制工作完成后,操作人员应及时真实填写相应的记录表格。

表6-3　MS培养基的母液

母液	化合物名称	培养基用量/(mg/L)	扩大倍数	称取量/mg	母液体积/mL	1 L培养基吸取母液量/mL
大量元素	KNO_3	1 900	10	19 000	1 000	100
	NH_4NO_3	1 650		16 500		
	$MgSO_4 \cdot 7H_2O$	370		3 700		
	KH_2PO_4	170		1 700		
	$CaCl_2 \cdot 2H_2O$	440		4 400		

续表6-3

母液	化合物名称	培养基用量/(mg/L)	扩大倍数	称取量/mg	母液体积/mL	1 L培养基吸取母液量/mL
微量元素	$MnSO_4 \cdot 4H_2O$	22.3	100	2 230	1 000	10
	$ZnSO_4 \cdot 7H_2O$	8.6		860		
	H_3BO_3	6.2		620		
	KI	0.83		83		
	$Na_2MoO_4 \cdot 2H_2O$	0.25		25		
	$CuSO_4 \cdot 5H_2O$	0.025		2.5		
	$CoCl_2 \cdot 6H_2O$	0.025		2.5		
铁盐	EDTA·2Na	37.3	100	3 730	1000	10
	$FeSO_4 \cdot 7H_2O$	27.8		2 780		
有机物	甘氨酸	2.0	100	20	100	10
	维生素 B_1	0.1		1		
	维生素 B_6	0.5		5		
	烟酸	0.5		5		
	肌醇	100		1 000		

注：表中各成分的扩大倍数与称取量仅为常用的一例，可以根据各自的需要，确定适当的扩大倍数，计算实际称取量。

【学习情境相关知识点】

培养基是植物细胞培养中最主要的部分，除了培养材料本身的因素外，培养基的种类、成分等直接影响培养材料的生长发育，应根据培养材料的种类和培养部位选取适宜的培养基。培养基的种类很多，不同的培养基有其不同的特点，通过分析、了解它们的特点，可便于人们选择适宜的培养基。

一、培养基的组成

植物细胞培养基的主要成分包括水、无机营养、有机成分、有机附加物、植物生长调节物质和琼脂等。

(一)水

培养基中的大部分成分是水，可为植物细胞生长发育提供所需的氢、氧元素，配制培养基时，一般用去离子水、蒸馏水或重蒸水。

二维码 6-3 植物细胞培养基的组成和种类

(二)无机营养

植物细胞和整体植株一样，生长时需要一定的无机元素，若这些元素或多或少以至完全缺乏，都会影响细胞的生长和分化，这些元素称作必需元素。无机元素中有 13 种是植物必需的。根据植物需要量的多少将这些元素分为大量元素和微量元素。

(1)大量元素,大量元素是指在培养基中含量超过 100 mg/L 的元素,包括 N、P、K、Ca、Mg、S 等。

①氮(N)是细胞中核酸的组成成分,也是生物体许多酶的成分,氮被植物吸收后转化为氨基酸再转化为蛋白质,然后被植物利用。氮还是叶绿素、维生素和植物激素的组成成分。氮主要以氨态氮、硝态氮两种形式被使用,常常将两者混合使用,以调节培养基中的离子平衡,利于细胞的生长、发育。一般认为,氨态氮的含量超过 8 mmol/L 时容易伤害培养物,但是这种情况也以植物种类、培养部位、培养类型而定。

②磷(P)参与植物生命活动中核酸及蛋白质的合成、光合作用、呼吸作用以及能量的储存、转化与释放等重要的生理生化过程,增强植物的抗逆能力,促进早熟。组织培养过程中培养物需要大量的磷。磷常常是以盐的形式供给。

③钾(K)是许多酶的活化剂。组织培养中钾能促进器官和不定胚分化,促进叶绿素、ATP 的合成,增强植物的光合作用和产物的运输,能调节植物细胞水势,调节气孔运动,提高植物的抗逆性能。钾常常是以盐的形式供给。

④钙(Ca)、镁(Mg)、硫(S)参与细胞壁的构成,影响光合作用,促进代谢等生理活动。钙、镁和硫的浓度在 1~3 mmol/L 范围内较适宜。常常以 $MgSO_4$ 和钙盐的形式供给。

(2)微量元素,微量元素是指在培养基中含量低于 100 mg/L 的元素,主要有铁(Fe),硼(B),锰(Mn)、锌(Zn)、铜(Cu),钼(Mo)、钴(Co),氯(Cl)等。微量元素在植物生长过程中需要量很少,一般大多为 10^{-10}~10^{-7} mol/L,稍多则会出现外植体的蛋白质变性、酶系失活、代谢障碍等毒害现象。微量元素中,铁对叶绿素的合成和延长生长起重要作用,通常以硫酸亚铁与 EDTA·2Na 螯合物的形式存在于培养基中,避免 Fe^{2+} 氧化产生氢氧化铁沉淀的发生。硼能促进生殖器官的生长发育,参与蛋白质合成或糖类运输,可调节和稳定细胞壁结构,促进细胞伸长和细胞分裂。锰参与植物的光合、呼吸代谢过程,影响根系生长,对维生素 C 的形成以及加强茎的机械组织有良好的作用。锌是各种酶的构成要素,增强光合作用效率,参与生长素的代谢,促进生殖器官发育和提高抗逆性。铜能促进花器官的发育。钼是氮素代谢的重要元素,参与繁殖器官的建成。因此,微量元素在组织培养中是必不可少的。碘(I)虽然不是植物必需的元素,但几乎所有的培养基中都添加碘,有些培养基中还加入钴(Co)、镍(Ni)等元素,这些元素加入培养基利于植物细胞在离体条件下生长和发育。

(三)有机成分

(1)氨基酸是一种重要的有机氮源,是生物大分子(蛋白质、酶)的基本组成。常用的氨基酸有甘氨酸、谷氨酸、精氨酸、丝氨酸、丙氨酸、半胱氨酸以及多种氨基酸的混合物,如水解酪蛋白(CH)、水解乳蛋白(LH)等。

(2)维生素类化合物在植物细胞中主要以各种辅酶的形式参与多项代谢活动,对生长、分化等有很好的促进作用,其使用量一般为 0.1~1.0 mg/L。培养基中常用的维生素主要是 B 族维生素,如盐酸硫胺素(维生素 B_1)、盐酸吡哆醇(维生素 B_6)、烟酸(维生素 B_3,又称维生素 PP)、泛酸(维生素 B_5)、钴胺素(维生素 B_{12})、叶酸(维生素 B_9)以及生物素(维生素 H)、抗坏血酸(维生素 C)等。

(3)肌醇(环己六醇)在糖类的相互转化中起作用,是细胞壁的构成材料。肌醇具有帮助活性物质发挥作用的效果,能使培养物快速生长,对胚状体和芽的形成有良好的促进作用。

(4)糖在植物组织培养中是不可缺少的,它不但作为离体组织赖以生长的碳源,且能使培养基维持一定的渗透压。渗透压对细胞的增殖和胚状体的形成都有十分明显的影响,一般多用蔗糖,其浓度为1%~5%,也可用砂糖、葡萄糖或果糖等。

(5)植物生长调节物质对愈伤组织的诱导、器官分化及植株再生具有重要的作用,是培养基中的关键物质,主要包括生长素和细胞分裂素等。

①生长素,其主要功能是促进细胞伸长生长和细胞分裂,诱导愈伤组织的产生,促进生根。常用的生长素有吲哚乙酸(IAA),吲哚丁酸(IBA),萘乙酸(NAA),2,4-二氯苯氧乙酸(2,4-D)。它们的作用强弱依次为2,4-二氯苯氧乙酸>萘乙酸>吲哚丁酸>吲哚乙酸。

②细胞分裂素,这类激素是腺嘌呤的衍生物,常用的有玉米素(ZT),6-苄氨基腺嘌呤(6-BA)、激动素(KT)等。其中玉米素活性最强,但非常昂贵,常用的是6-苄氨基腺嘌呤。

③脱落酸(ABA)能促进体细胞胚胎发生的频率,促进体细胞胚胎的成熟,减少畸形胚胎发生。针叶树体细胞胚胎经ABA处理后,可产生同步化的高质量成熟体细胞胚胎。

④其他激素,多效唑(PP333)和乙烯等也常在植物组织细胞培养中使用。

(四)抗生素

抗生素在细胞培养中起着重要的作用。如在细胞的转化实验中细菌和植物细胞共培养后需要用抗生素将细菌除去,这时就应当在培养基中添加适当的和适量的抗生素。然而对于一般细胞的培养要避免添加抗生素,因为抗生素对细胞的生长可能会产生一些无法预料的生理效应。在一些有较大风险和比较昂贵的大规模操作中,低浓度的抗生素仍然经常被使用。

(五)pH

培养基的pH因培养材料不同而异,大多数植物都要求在pH 5.0~6.0的条件下进行组织细胞培养。一般来说,当pH在6.0以上时,培养基将会变硬;pH 5.0以下时,琼脂不能很好地凝固。配制培养基时,常需要制备一系列的NaOH和HCl溶液(0.1 mol/L,1 mol/L),以精确地调节培养基的pH。

二、常用的植物细胞培养基种类

按照培养基配方中无机盐的含量可将目前常用植物细胞培养基分为4类:第一类是含盐量较高的培养基,其典型代表是MS培养基和ER培养基等;第二类是硝酸钾含量较高的培养基,如B_5、N_6和SH培养基等,这类培养基的盐浓度也较高,其中SH培养基的NH_4^+和PO_4^{3-}是由$NH_4H_2PO_4$所提供;第三类是无机盐中等含量的培养基,如NN培养基,其大量元素相当于MS的一半,微量元素种类减少,但含量增加,维生素种类比MS含量多;第四类是低盐浓度的培养基,如WPM和White培养基等。一般来说,N_6培养基适用于单子叶植物细胞培养;LS、SL等培养基适用于双子叶植物细胞培养;MS、B_5培养基通用,既适用于单子叶植物细胞,又适用于双子叶植物细胞的培养。

植物组织细胞培养所使用的培养基,还可根据其态相的不同,分为固体培养基与液体培养基,两者的区别是培养基中是否加了琼脂。固体培养基的优点是使用简便,一般用于组织、愈伤组织、短枝、茎尖等材料的培养，特别适合植物的快速繁殖。缺点是一块外植体只能部分接触培养基，不能浸没在培养基中，结果培养物上下部因接受养分不均而形成差异，不易使细胞群体保持一致。液体培养基能大量提供比较均匀的植物细胞，而且细胞的增殖速度快，一般用于细胞、原生质体的培养，也可用于愈伤组织的培养以及胚状体等材料的继代培养。

【知识与技能总结】

____

____

____

____

____

____

____

【考一考】

❖ **第一关：用心思考，正确填写**

1. 植物培养基配制前，为了使用方便和用量准确，常将________、________、________、________、________等分别配成母液。

2. GA_3 在水中不稳定，因此要用________配制母液。ABA 不能直接溶于水，可以先用少量________助溶，然后加水溶解。

3. 为防止滤膜被阻塞，可以先用孔径________μm 的滤膜过滤，然后再用________μm 除菌滤膜过滤。

4. 植物细胞培养基分为 4 类，即________、________、________、________，MS 培养基属于________。

❖ **第二关：学以致用，解决问题**

1. 同事小李将母液配制完成后，发现其中几种有浑浊现象，于是他将浑浊的几种进行了滤纸过滤，然后储存。请问你觉得过滤方法正确吗？如果你来配制将如何操作？

2. 同事小张配制培养基后进行分装，刚分装几瓶培养基就已经有大量固体块出现，倾倒困难，于是其加快速度将剩余培养基勉强分装到各个瓶中。请问小张的工作合格吗？如果你来操作，将如何进行？

任务二　胡萝卜愈伤组织诱导

【任务情境描述】

细胞培养室关于细胞法生产胡萝卜素项目顺利开展，已经完成 MS 培养基配制准备，接下来将要进行胡萝卜愈伤组织诱导工作，进而获得工业生产所需的细胞。胡萝卜愈伤组织诱导是植物细胞生产工艺中一个非常重要的技术。室主任要求严格按照标准操作规程工作，严格无菌操作，注意安全与环保。

【学习目标】

1. 能力目标

(1)通过完成胡萝卜愈伤组织诱导任务，学生能运用外植体的预处理、植物愈伤组织培养、植物愈伤组织培养的无菌操作相关知识，根据相关 SOP，完成胡萝卜愈伤组织诱导操作。

(2)通过完成胡萝卜细胞生产胡萝卜素项目的各个任务的任务分析，信息搜集、评价和利用，学生能初步具有信息素养。

2. 知识目标

(1)描述外植体的预处理。

(2)解释外植体灭菌方法。

(3)描述愈伤组织及继代培养。

(4)描述植物愈伤组织培养的一般程序。

(5)说明愈伤组织的诱导和继代培养。

(6)说明植物愈伤组织培养的无菌操作。

(7)了解如何选择外植体。

(8)掌握理想愈伤组织获得方法。

(9)掌握愈伤组织培养污染检查及预防方法。

3. 素质目标

(1)建立无菌意识、安全意识、环保意识、质量意识和创新思维。

(2)建立责任意识、规范意识。

(3)形成严谨细致、争创一流的作风。

(4)建立劳动光荣信念，塑造敬岗爱业精神。

(5)乐学、善思、笃行。

【任务书】

根据胡萝卜愈伤组织诱导的相关 SOP，结合外植体的预处理、植物愈伤组织培养等相关信息，完成胡萝卜愈伤组织诱导工作，包括明确胡萝卜外植体清洗与无菌处理、植物愈伤组织培养的一般程序、植物愈伤组织培养的无菌操作方法，并开展实训工作。注意操作的安全与废物/液环保处理。

【获取信息】

一、外植体的预处理

外植体是指从植物体上取出的用于无菌培养或直接分离细胞的部分植物组织或器官。植物材料采集回来之后，由于表面携带有各种微生物，在接种处理之前必须进行彻底的清洗和表面消毒，这也是植物细胞培养成功的关键之一。下面介绍外植体清洗和灭菌基本步骤。

(一)冲刷材料

将采来的植物材料除去不用的部分，将需要的部分仔细洗干净，如用适当的刷子等刷洗。置自来水龙头下流水冲洗几分钟至数小时，冲洗时间视材料清洁程度而定。把材料切割成适当大小，即灭菌容器能放入为宜。易漂浮或细小的材料，可装入纱布袋内冲洗。流水冲洗在污染严重时特别有用。洗时可加入洗衣粉清洗，然后再用自来水冲净洗衣粉水。洗衣粉可除去轻度附着在植物表面的污物，除去脂质性的物质，便于灭菌液的直接接触。当然，最理想的清洗物质是表面活性物质——吐温。

二维码 6-4 外植体的选择、预处理和接种

(二)表面浸润灭菌

这一步要在超净台内完成，准备好消毒的烧杯、玻璃棒、75%酒精、消毒液、无菌水、手表等。用 75%酒精浸 5～30 s。由于酒精具有使植物材料表面被浸湿的作用，加之 75%酒精穿透力强，也很易杀伤植物细胞，所以浸润时间不能过长。有一些特殊的材料，如果实、花蕾，包有苞片、苞叶等的孕穗，多层鳞片的休眠芽等，以及主要取用内部的材料，则可只用 75%酒精处理稍长的时间。处理完的材料在无菌条件下，待酒精蒸发后再剥除外层，取用内部材料。

(三)深层灭菌

表面灭菌剂的种类较多，可根据情况选择灭菌剂。灭菌剂应在使用前临时配制，氯化汞可短期内储用。次氯酸钠和次氯酸钙都是利用分解产生氯气来杀菌的，故灭菌时用广口瓶加盖较好；升汞是由重金属汞离子来达到灭菌的；过氧化氢是分解中释放原子态氧来杀菌的，这种药剂残留的影响较小，灭菌后用无菌水刷洗 3～4 次即可；由于用升汞液灭菌的材料，对升汞残毒较难去除，所以应当用无菌水刷洗 8～10 次，每次不少于 3 min，以尽量去除残毒，升汞有剧毒，操作应做好防护。灭菌时，把沥干的植物材料转放到烧杯或其他器皿中，记好时间，倒入消毒溶液，不时轻轻晃动灭菌瓶，以促进材料各部分与消毒溶液充分接触，驱除气泡，使消毒彻底。在快到时间之前 1～2 min，开始把消毒液倾入一备好的大烧杯内，要注意勿使材料倒出，倾净后立即倒入无菌水，轻搅刷洗。灭菌时间是从倒入消毒液开始，至倒入无菌水时为止。记录时间还便于比较消毒效果，以便改正。灭菌液要充分浸没材料，宁可多用些灭菌液，切勿勉强在一个体积偏小的容器中放入很多材料灭菌。

在灭菌溶液中加吐温-80 或 TritonX 效果较好，这些表面活性剂主要作用是使药剂更易于展布，更容易浸入到灭菌的材料表面。但吐温加入后对材料的伤害也在增加，应注意吐温的用量和灭菌时间，一般加入灭菌液的 0.5%，即在 100 mL 中加入 15 滴。

(四)无菌水刷洗

无菌水刷洗每次 3 min 左右，视采用的消毒液种类，刷洗 3～10 次左右。无菌水刷洗的作用是免除消毒剂杀伤植物细胞的副作用。

以上是外植体清洗和灭菌的基本步骤，在对不同的外植体进行清洗和灭菌要进行适当的调整。

二、植物愈伤组织培养

愈伤组织(callus)是指植物体的局部受到创伤刺激后，在伤口表面新生的组织。它由活的薄壁细胞组成，可起源于植物体任何器官内各种组织的活细胞。其发生过程是：外植体中

的活细胞经诱导，恢复其潜在的全能性，转变为分生细胞，继而其衍生的细胞分化为薄壁组织而形成愈伤组织。愈伤组织可以形成新的植株，可以作为细胞悬浮培养的细胞来源。植物愈伤组织培养的一般程序如下。

二维码 6-5
植物愈伤组织
诱导与培养

1. 培养基的配制

愈伤组织培养所使用的培养基一般为含有 0.6%～0.8%琼脂的固体培养基，用于愈伤组织诱导和继代的培养基其基本成分相同，生长激素的种类和含量做适当的调整。

2. 愈伤组织的诱导

将外植体消毒完后，切成适宜大小，如叶片、花瓣等的面积约 5 mm^2，茎段长约 0.5～1 cm，将其接种到配好的培养基中，置于适宜温度和光照(黑暗)条件下培养。愈伤组织(图 6-1)诱导出来后，在适当的时间内要做好继代培养，否则由于培养基营养耗尽和有害物质的积累，愈伤组织会停止生长甚至死亡。

3. 愈伤组织的继代培养

用于继代培养的愈伤组织应当具有结构疏松、生长速度较快、颜色较浅等特点。通常在愈伤组织诱导的 2～3 周左右进行继代培养，并在继代培养的 3～6 周左右进行新一轮的继代培养。继代时，首先在无菌的条件下，用镊子或小刀将选择好的愈伤组织块分割成若干小块，剔除附着在愈伤组织块上的原有培养基，必要时可以用无菌水清洗，然后在无菌条件下将处理好的愈伤组织小块转移到含有新鲜固体培养基的培养器皿中，置于适宜温度和光照条件下培养。

更换一次培养基称为一次继代培养(Subculture)。第一次继代培养的时间取决于愈伤组织的生长速度。一般情况下，初代愈伤组织生长到直径 2～3 cm 时可将其与外植体分离，并将其打散或切成小块转移到新鲜培养基上继代培养。如果愈伤组织的大小或形状不规则，则可选取生长迅速的部位作为继代培养的初始材料。通常情况下，生长迅速的愈伤组织外表多呈浅色、质地松散、易分散。

如果长时间不进行继代培养，因代谢产物的积累而产生毒害作用，就会使愈伤组织变成黑褐色，称为褐化(browning)。如有褐化发生，继代培养时应切除褐色的愈伤组织。

(a) 刚诱导出来的愈伤组织

(b) 生长旺盛的愈伤组织

图 6-1 愈伤组织的生长

三、植物愈伤组织培养的无菌操作

这项工作需要在超净工作台上进行。用灼烧灭菌并冷却的镊子将经灭菌处理的材料放置在无菌的滤纸上吸干水分(滤纸放在培养皿中)。然后一手拿解剖刀，一手拿镊子，根据需要进行适当的切割，一定要把在灭菌中受到灭菌液伤害的部位切除掉，有时材料也可在灭菌前全部切好。用灭菌过的镊子，将切割好的外植体插植到培养基表面。具体操作是左手拿试管，解开并拿走包头纸，将试管几乎水平拿着，靠近酒精灯焰，将管口外部在灯焰上燎数秒，将灰尘、杂菌等固定在原处，此时用右手小指和无名指夹住棉塞头部，在灯焰附近慢慢拔出，以免空气迅速向管内冲击，引起管口灰尘等冲入，造成污染。棉塞始终夹在右手小指和无名指缝中，这时再将管口在灯焰上旋转，使充分灼烧灭菌。主要注意管口附近，包括管口内表面，然后用右手(棉塞还在手上)大拇指、食指、中指拿镊子夹一块外植体送入管内，轻轻插入培养基上，镊子灼烧后放回架上，再轻轻塞上棉塞，这时将管口及棉塞均在灯焰上灼燎数秒，灼燎时均应旋转，避免烧坏，塞好棉塞，包上包头纸，便完成了第 1 管的接种操作，接着再做第 2 管，如此重复接完全部外植体。要注意棉塞不能乱放，手拿的部分限于棉塞膨大的上半部分，塞入管内的那一段始终悬空，并不要碰到其他任何物体。如果是螺旋盖或薄膜，则应注意放置在灭过菌的表面上，螺旋盖或薄膜的里面不可接触任何物体，放置处应随时用酒精棉团涂擦灭菌。

注意解剖刀和镊子每使用片刻，或每切完 1 个材料，或接完 1 管材料，就应蘸 95％的酒精，在酒精灯外焰处灼烧灭菌或插入电热灭菌器中灭菌片刻，放凉备用。常备 2～3 把镊子交换使用，可提高工作效率，并可防止交叉污染的发生。如镊子夹了没有消毒好的材料，再夹其他材料，会造成污染。又如解剖刀或镊子碰到台面、管(瓶)的外壁、棉塞、封口纸膜，以及手拿的部位过近，未能充分灼烧等，或连续使用过久，都易引起交叉污染。经常灼烧操作器械便可防止交叉污染，即便有污染也是独立发生的，不会造成连续成片的污染。每切完一个材料，应更换一张无菌滤纸，用无菌滤纸吸干材料水分也有防止交叉污染的作用。总之，要仔细理解并牢固建立"无菌"的概念，处处严格执行无菌操作的要领。

【工作计划】

1. 工作方案

计划表 1　胡萝卜愈伤组织诱导工作方案

步骤	工　作　内　容	负责人
1		
2		
3		
4		
5		
6		
7		

2. 材料设备清单

计划表 2　主要试剂、材料、设备清单

序号	名称	型号与规格	单位	数量	备注
1					
2					
3					
4					
5					
6					
7					
8					
9					
10					
11					
12					

【工作实施】

请完成引导问题及相关实训操作。

❖ 引导问题 1:胡萝卜外植体表面灭菌酒精的浓度和时间是多少?

❖ 引导问题 2:你的深层灭菌步骤采用什么灭菌试剂,灭菌时间是多少,有什么特别注意的吗?

❖ 引导问题 3:深层灭菌后需要用什么水冲洗残留灭菌剂? 冲洗几次?

❖ 引导问题 4:你切取胡萝卜哪一组织作为愈伤组织培养? 如何确定该组织的位置? 愈伤组织切成多大?

❖ 引导问题 5:胡萝卜愈伤组织培养条件是什么?

❖ 引导问题 6:继代培养培养时间是什么? 继代培养时愈伤组织需要进行哪些选择,如何操作?

❖ 引导问题 7:植物愈伤组织培养的无菌操作方法是怎样的?

❖ 引导问题 8:胡萝卜愈伤组织诱导的程序是什么?

❖ 引导问题 9:什么时候计算污染率与诱导率,如何计算?

❖ 引导问题 10:胡萝卜愈伤组织诱导操作有何安全要求?

❖ 引导问题 11:胡萝卜愈伤组织诱导过程有何环保要求?

【工作反思】

【标准操作规程】

胡萝卜愈伤组织诱导

一、操作用品

1. 材料和试剂

培养基(MS+1.0 mg/L 2,4-D+0.5 mg/L KT,pH 5.7)、75%乙醇、1%次氯酸钠溶液、新鲜的胡萝卜。

2. 器材和设备

超净工作台、解剖刀、刮皮刀、长镊子、烧杯(500 mL)、三角瓶、培养皿、移液管等。

二、操作步骤

1. 将胡萝卜肥大直根用自来水冲洗干净,用刮皮刀除去表皮 1～2 mm,横切成大约 10 mm 厚的切片。以下步骤全部在无菌条件下进行。

2. 胡萝卜片经 75%乙醇处理几秒后,用无菌水冲洗一遍,用 0.1%的升汞消毒 10 min,接着用无菌水冲洗 3～4 次。

3. 将胡萝卜片放入垫有无菌滤纸的培养皿中,一手用镊子固定胡萝卜片,一手用消毒好的解剖刀沿截面横切成厚度为 1 mm 左右的圆片,然后将圆片的韧皮部和木质部切去,留下形成层,再切成长 3 mm、宽 1.5 mm、高 1 mm 的小块。

4. 将切好的小块接种在配制好的 MS 培养基上,室温培养 3～4 周左右,即可诱导出愈伤组织。继代培养时,将老的和生长不良的愈伤组织去掉,将大的生长状态良好的愈伤组织切成小块,接种于含 1.0 mg/L 2,4-D 的 MS 培养基(pH 5.7)上继续培养。

5. 诱导和继代培养均在黑暗条件下进行,培养温度为 25℃,继代培养频率为 3～4 周更换一次培养基,观察并记录继代培养过程中愈伤组织状态的变化。

6. 一周后调查计算污染率,三周后调查计算愈伤组织诱导率。

$$\text{污染率}(\%)=\text{污染的材料数}/\text{接种的材料数}\times 100\%$$

$$\text{诱导率}(\%)=\text{形成愈伤组织的材料数}/\text{接种的材料数}\times 100\%$$

7. 胡萝卜愈伤组织诱导工作完成后,操作人员应及时真实填写相应的记录表格。

三、注意事项

1. 外植体不能太小,否则会影响愈伤组织的形成。

2. 实验所使用的器材要严格灭菌,注意无菌操作,避免因染菌导致实验失败。

3. 材料灭菌时不要在酒精中停留过长时间,以免材料被杀死。

4. 工作台接种时,应尽量避免做明显扰乱气流的动作。操作过程中要不时用 75%的酒精擦拭双手。

【学习情境相关知识点】

一、外植体的选择

目前，从植物体的各个部位都可以成功地获得植物细胞，如根、茎段、茎尖、叶片、皮层等。但是，在进行植物细胞培养时，必须选择合适的外植体，因为不同的植物、不同的器官其脱分化和再分化能力不同，分离细胞的难易和效果也有很大差异。

用于直接分离植物细胞的外植体，必须选择适当生长期的健康植株，并选择细胞之间粘连程度较小的植物组织、器官。叶片组织是直接分离单细胞的最好材料，1965 年，Ball 等首次从花生的成熟叶片中直接分离得到了离体细胞。从外植体直接分离细胞由于受到机械或者酶的作用，细胞会受到一定的伤害，获得完整细胞的数量较少，所以其使用受到限制。

二、深层灭菌注意事项

使用次氯酸钠和次氯酸钙时应戴好口罩或戴上防毒面具。升汞有较好的深层灭菌效果，但有剧毒，升汞废液应进行无害化处理，方法为 1 L 0.1%的升汞，用 0.30 g NaS(硫化钠)来沉淀，后再加入 0.045 g $FeSO_4 \cdot 7H_2O$(硫酸亚铁)沉淀。

三、理想愈伤组织获得方法

为了获得较为理想的愈伤组织，除了进行培养基的优化、控制好培养条件以外，还必须掌握好继代培养的时机，适时地进行继代培养。继代时间间隔过短，愈伤组织的数量太少；继代时间间隔过长，愈伤组织老化、生长速度减慢，对继代培养不利。

四、愈伤组织培养污染检查及预防

1. 接种前的污染现象：若菌类只存在于培养基表面，且主要是真菌时，可能是因培养瓶密封不严或放置培养基的环境不洁净，菌群密度过大所致。若菌类存在于培养基内部，则可能是由使用污染的贮藏母液引起。培养瓶不洁净、灭菌不彻底也是导致接种前培养基污染的原因。

2. 接种后的污染：菌落分布不匀，此种情况主要是接种过程中发生的污染所致。可能是接种室不洁净、菌类孢子过多、镊子带菌、操作人员手未彻底消毒、操作人员呼吸及超净工作台出现故障等原因引起；另外，接种后外植体周围发生菌类污染可能因外植体表面灭菌不彻底所致。

3. 避免方法：保持无菌接种室洁净；在接种前用紫外灯灭菌时间不低于 30 min；用 75%酒精喷雾杀菌降尘；镊子等接种工具严格彻底灭菌；操作过程中经常用 75%酒精等消毒剂擦洗手部等。

4. 如果培养材料大部分发生污染，说明消毒剂浸泡的时间短；若接种材料虽然没有污染，但材料已发黄，组织变软，表明消毒时间过长，组织被破坏死亡；接种材料若没有出现污染，生长正常，即可以认为消毒时间合适。

【知识与技能总结】

【知识拓展】

各种外植体的消毒方法

一、茎尖、茎段及叶片等的消毒

植物的茎、叶部分多暴露于空气中，有的具有茸毛、油脂、蜡质和刺等，在栽培上又受到泥、肥中的杂菌污染，所以消毒前要经自来水较长时间的冲洗。

消毒时要用75%的酒精浸泡数秒，无菌水冲洗2～3次，然后按材料的老、嫩和枝条的坚实程度，分别采用2%～10%的次氯酸钠溶液浸泡10～25 min，若材料有茸毛最好在消毒液中加入几滴吐温-80，消毒后用无菌水冲洗3次后方可接种。

二、果实及种子的消毒

根据清洁度，用自来水冲洗10～20 min，甚至更长时间。再用纯酒精迅速漂洗一下。果实用2%次氯酸钠溶液浸泡10 min后，用无菌水冲洗2～3次，就可取出果实内的种子或组织进行培养。种子则要先用10%次氯酸钠浸泡20～30 min甚至几小时。对难以消毒的还可用0.1%升汞或1%～2%溴水消毒5 min。

进行胚或胚乳培养，对种皮太硬的种子，可先去掉种皮，再用4%～10%的次氯酸钠溶液浸泡8～10 min，经无菌水冲洗后，即可取出接种。

三、花药的消毒

用于培养的花药，实际上多未成熟，由于它的外面有花萼、花瓣或颖片保护，通常处于无菌状态，所以只要将整个花蕾或幼穗消毒就可以了。一般用75%酒精浸泡数秒，然后用无菌水冲洗2～3次，再在漂白粉清液中浸泡10 min，经无菌水冲洗2～3次即可接种。

四、根及地下部器官的消毒

根和地下部器官生长于土中消毒较为困难。除预先用自来水洗涤外，还应用软毛刷刷洗，用刀切去损伤及污染严重部位，吸水纸吸干后，再用酒精漂洗。可采用0.1%～0.2%升汞浸泡5～10 min或2%次氯酸钠溶液浸泡10～15 min，然后以无菌水冲洗3次，用无菌滤纸吸干后可接种。

【考一考】

❖ 第一关：用心思考，正确填写

1. 胡萝卜表面浸润灭菌，用75%酒精浸________s。

2. 由于用升汞液灭菌的材料，对升汞残毒较难去除，所以应当用无菌水刷洗________次，每次不少于________min，以尽量去除残毒，升汞有剧毒，操作应做好防护。

3. ________是指植物体的局部受到创伤刺激后，在伤口表面新生的组织。

4. 愈伤组织培养所使用的培养基一般为含有________%琼脂的固体培养基。

5. 通常在愈伤组织诱导的________周左右进行继代培养。

6. 继代培养时应切除________的愈伤组织。

7. 愈伤组织培养________后调查计算污染率，________后调查计算愈伤组织诱导率。

❖ 第二关：学以致用，解决问题

我国拥有五千年灿烂的文明，中药是这文明皇冠上一颗璀璨的明珠。随着科技飞速发展，传统中药生产也迎来新的变革。请设计一个关于人参的愈伤组织诱导方案。

❖ 第三关：挑战极限，超越自我

愈伤组织培养过程中，将切取的组织块接种于培养基的过程，由于接种数量大，接种瓶较多，比较费时费力，请给出建设性建议。

任务三　胡萝卜素生产

子任务一　单细胞分离

【任务情境描述】

在胡萝卜细胞生产胡萝卜素项目工作中，愈伤组织诱导已经进行了3周继代培养，生长状态良好，可以展开下一步单细胞分离工作。室主任要求培养室迅速开展愈伤组织单细胞分离工作，并要求同时进行从正常组织细胞中分离单细胞的工作，以进行对比实验。要求严格按照标准操作规程工作，严格无菌操作，注意安全与环保。

【学习目标】

1. 能力目标

(1)通过完成单细胞分离任务，学生能运用单细胞的分离相关知识，根据SOP，完成单细胞分离操作。

(2)通过完成胡萝卜细胞生产胡萝卜素项目的各个任务的任务分析,信息搜集、评价和利用,学生能初步具有信息素养。

2. 知识目标

(1)掌握单细胞的分离方法。

(2)了解种子细胞的选择方法。

3. 素质目标

(1)建立无菌意识、安全意识、环保意识、质量意识和创新思维。

(2)建立责任意识、规范意识。

(3)形成严谨细致、争创一流的作风。

(4)建立劳动光荣信念,塑造敬岗爱业精神。

(5)乐学、善思、笃行。

【任务书】

根据植物单细胞分离操作的相关SOP,结合单细胞的分离方法等相关信息,完成胡萝卜单细胞分离操作,包括明确从培养愈伤组织中游离单细胞的方法、从完整植物器官中分离单细胞方法,并开展实训工作。注意操作的安全与废物/液环保处理。

【获取信息】

单细胞的分离

植物细胞悬浮培养首先要从植物组织或离体培养的愈伤组织中游离出单细胞,游离植物单细胞的方法主要有以下几种。

一、从培养愈伤组织中游离单细胞

大多数植物细胞悬浮培养中的单细胞都是通过这一途径获得的。分离单细胞时,首先要将经过表面灭菌的离体组织,置于含有适当激素的培养基,诱导出愈伤组织。一般情况下,最初诱导出的愈伤组织质地较硬,不易建立分散的细胞悬浮体系。为了获得高度分散的悬浮单细胞,一般将新诱导出的愈伤组织,转移到成分相同的新鲜固体培养基上继续培养,让其继续增殖。通过在培养基上反复继代培养,不但可使愈伤组织不断增殖,扩大数量,更重要的是能提高愈伤组织松散性。这一过程对于大多数植物通过愈伤组织获得悬浮细胞是非常必要的。经过愈伤组织诱导、继代培养获得松散性良好的愈伤组织,就可制备细胞悬浮液。操作程序示例如下。

用镊子夹取出生长旺盛的松软愈伤组织,放入三角瓶中并轻轻夹碎。每100 mL三角瓶含灭过菌的培养基10～15 mL,每瓶接种1～1.5 g愈伤组织,以保证最初培养物中有足够量的细胞。将已接种的三角瓶置于旋转式摇床。在90～130 r/min,25～28℃条件下,进行振荡培养。6～10 d后,若细胞明显增殖,可向培养瓶中加新鲜培养基10 mL(若细胞无明显增殖,可能是起始材料不适当,应考虑用旺盛增殖期的愈伤组织重新接种),连续振荡培养2～3周。用100～300目筛网过滤除去大的细胞团。将滤液离心,收集游离细胞,弃去上清液,加入适当体积的液体培养基使细胞悬浮制成单细胞悬液。

二、从完整植物器官中分离单细胞

机械研磨法　将植物组织取下，经常规灭菌后在无菌条件下置于无菌研钵中轻轻研碎，再通过过滤和离心的方法把细胞净化。研磨法分离单细胞时，必须在研磨介质中进行，研磨介质主要是一些糖类物质缓冲液和对细胞膜有保护作用的金属离子等，如甘露醇、葡萄糖、Tris-HCl 缓冲液、$MgCl_2$、$CaCl_2$ 等。不同的研究目的使用的研磨介质有一定的差异，但主要功能一样，都是使细胞在游离过程中和游离出来后不受或者少受伤害。研磨法是机械分离中使用最广的一种方法，其程序如下。

(1)研钵清洗消毒：用中性肥皂清洗表面，蒸馏水洗 3 次，2%次氯酸钠消毒，最后无菌水冲洗 3 次。

(2)离体植物材料处理：用流水冲洗干净植物材料，75%酒精迅速漂洗几秒，0.1%升汞消毒 7～12 min，最后无菌水冲洗 3 次。

(3)将离体植物材料切成小块，将组织小块放入无菌研钵中，加研磨介质 0.6～0.7 mol/L 甘露醇或 5%葡聚糖轻轻研磨，研磨液经 100～120 目网过滤，滤液离心，弃上清液。

(4)沉淀加入培养基使细胞悬浮，离心，弃上清液。再加入培养基使细胞悬浮在一定体积培养液中。

三、果胶酶分离法

利用果胶酶降解细胞壁之间的果胶物质可使单细胞游离。用于分离细胞的果胶酶不仅可以降解果胶层，还能软化细胞壁，因此，用酶法离析细胞时，必须给细胞予以渗透压保护。在烟草细胞分离中，若甘露醇的浓度低于 0.3 mol/L，烟草原生质体将会在细胞壁内崩解。在离析液中加入硫酸葡聚糖钾，能提高游离细胞的产量。果胶酶分离法的程序为植物小块加入 0.5%果胶酶，0.8%甘露醇，1%硫酸葡聚糖钠，解离 2 h，每 30 min 换液，减轻果胶酶对细胞的伤害；120 目网过滤、除渣；收集滤液离心、弃上清；用培养基悬浮、洗涤细胞 2～3 次；离心收集细胞；悬浮在一定体积的培养基中。

【工作计划】

1. 工作方案

计划表 1　单细胞分离工作方案

步骤	工　作　内　容	负责人
1		
2		
3		
4		
5		
6		

2. 材料设备清单

计划表 2　主要试剂、材料、设备清单

序号	名称	型号与规格	单位	数量	备注
1					
2					
3					
4					
5					
6					
7					
8					
9					
10					
11					
12					
13					
14					

【工作实施】

请完成引导问题及相关实训操作。

❖ 引导问题 1:什么样的愈伤组织可以用于单细胞的分离?

❖ 引导问题 2:如果每个锥形瓶装入 40 mL 培养基,应取多少愈伤组织接种? 如何进行无菌称量?

❖ 引导问题 3:愈伤组织接种后震荡培养的转速是多少? 培养多长时间?

❖ 引导问题 4:机械研磨法中研钵清洗消毒程序是什么?

❖ 引导问题 5:离体植物材料处理程序是什么?

❖ 引导问题 6:组织小块研磨应注意什么?

❖ 引导问题 7:培养愈伤组织中游离单细胞的程序是什么?

❖ 引导问题 8:机械研磨法从完整植物器官中分离单细胞的程序是什么?

❖ 引导问题 9:机械研磨法操作有何安全要求?

❖ 引导问题 10:机械研磨法操作有何环保要求?

【工作反思】

【标准操作规程】

一、操作用品

1. 材料和试剂

胡萝卜愈伤组织、MS液体培养基、甘露醇、75%酒精、次氯酸钠(1%、2%)溶液。

2. 器材和设备

分析天平(0.000 1感量)、三角瓶(250 mL)、摇床、细胞筛(100目)、研钵、超净工作台、解剖刀、刮皮刀、长镊子、烧杯(50 mL)、火焰枪、离心机、无菌离心管(50 mL)、吸管(10 mL)、助吸器。

二、操作步骤

(一)培养愈伤组织中游离单细胞

1. 挑选4.0 g分散性好、致密、鲜黄色或乳白色、生长旺盛的胡萝卜愈伤组织,置入装有40 mL液体培养基的250 mL三角瓶,用镊子轻轻夹碎愈伤组织(注意不要损伤愈伤组织)。

2. 90～130 r/min,25℃条件下,进行振荡培养。

3. 经6～10 d培养后,若细胞明显增殖,可向培养瓶中加新鲜培养基25 mL,必要时,可用大口移液管将培养物分装成两瓶,继续培养,连续振荡培养2～3周。

4. 用100～300目网过滤除去大的细胞团,滤液离心,收集游离细胞,弃上清液。

5. 加入适当体积的液体培养基使细胞悬浮。

(二)从完整植物器官中分离单细胞

1. 研钵清洗消毒

中性肥皂清洗研钵表面,纯化水洗3次(30 s/次),2%次氯酸钠消毒,无菌水冲洗至少3次(30 s/次)。

2. 外植体处理

离体植物材料流水冲洗干净,75%酒精迅速漂洗几秒,1%次氯酸钠消毒10 min;无菌水冲洗至少3次(30 s/次),切成小块。

3. 制备单细胞

将组织小块放入无菌研钵中,加研磨介质0.6～0.7 mol/L甘露醇轻轻研磨,研磨液经100～120目网过滤,滤液离心,弃上清液,加入培养基使细胞悬浮,离心,弃上清液,再加入培养基使细胞悬浮在一定体积培养液中。

【学习情境相关知识点】

种子细胞的选择

植物细胞规模化培养的目的是生产天然产物。要达到提高天然产物产量的目的,必须从培养初始就选择具有较高生产潜力的细胞系,然后通过一系列技术控制,最终达到尽可能高的天然产物产量。下面介绍植物细胞大规模培养体系建立的主要技术环节。

不同植物产生的天然产物是不同的,这是因为它们具有不同的遗传基础。因此,在确定生产某一种化合物以后，首先必须准确选择那些能够产生目的产物的植物种类及其单株。由于天然产物一般为次生代谢产物，而植物次生代谢产物的积累具有组织器官特异性，因此，在起始细胞培养时应尽量选择自然状态下产生天然产物的器官、组织为外植体。在起始材料选择好后，一般经过前述的细胞培养过程，从外植体分离单细胞，建立培养细胞系。由起始材料建立的细胞系如果目的产物符合要求，即可进入下一个环节的生产。

在大多数情况下，来自起始材料的细胞系通常是一个异质细胞群体，细胞间在次生产物积累能力上有很大差异。

从实验材料里筛选高产细胞株是提高生产率，降低生产成本的重要因素。研究表明单细胞克隆结合诱变和压力筛选，是获得高产种子细胞常用的方法。

高产种子细胞克隆的方法是采用单细胞培养方法，将每个单细胞扩增形成的愈伤组织取一半进行成分含量分析，另一半保留培养。当选择出高产细胞系后，即对相应的组织进行增殖培养，再进入悬浮培养过程，为进一步规模化培养提供种子细胞。在高产细胞筛选中，为了提高筛选效率，还可根据后续的培养条件适当增加选择压力，也可采用一些突变的方法进行高产突变细胞系筛选。近年来，在红豆杉细胞培养中采用胁迫筛选，已获得一批高产紫杉醇的细胞系。此外，有的细胞株不稳定，还应定期监测，更新细胞株。

【知识与技能总结】

【知识拓展】

从单细胞分裂、繁殖得到的细胞团和细胞系，可以认为具有相同的基因和特性，用这种细胞系进行大规模细胞培养，有利于进行细胞特性、细胞生长规律、细胞代谢过程及其调节控制规律等方面的研究。

一、植物单细胞的培养方法

植物细胞具有群体生长的特性，单细胞往往难以生长、繁殖。为此，需要采用一些特殊的培养方法，常用的有看护培养、微室培养、平板培养、条件培养、双层滤纸植板培养等进行单细胞培养，才能达到培养目的。

（一）看护培养法

看护培养是指用一块活跃生长的愈伤组织或植物离体组织看护单细胞使其生长增殖的一种单细胞培养方法。单细胞看护培养法是 Muir 等设计的植物单细胞培养方法，其主要特点是把单细胞置于一块活跃生长的愈伤组织上进行培养，单细胞与愈伤组织间用一片滤纸隔开[图 6-2(a)]。为什么愈伤组织可以促进单细胞的生长繁殖？可能是由于愈伤组织的存在给单细胞传递了某些生物信息，或为单细胞的生长繁殖提供了某些物质条件，例如植物激素等内源化合物。单细胞看护培养简单易行且效果较好，易于成功，已被广泛采用。缺点是不能在显微镜下直接观察细胞生长过程。

(二)微室培养法

人工制造一个小室，将单细胞培养在小室中的少量培养基上，使其分裂增殖形成细胞团的方法，称微室培养[图 6-2(b)]。此技术最早由 De Ropp 在 1955 年建立。他将接种有单细胞的一小滴液体培养基，在微室中进行单细胞悬浮培养。虽然未见到单细胞生长和增殖，但在显微镜下观察到细胞团中的细胞分裂现象。此后，有不少学者对微室培养方法进行了改进。1957 年，Torry 用一滴固体培养基滴在盖玻片中央，中间接种一小块愈伤组织，再将单细胞接种于固体培养基周围，然后将盖玻片翻转，置于有凹槽的载玻片上，培养基正对凹中央，用石蜡将盖玻片密封、固定，然后置于培养箱中，在一定的条件下进行培养。这种培养方法将微室培养与看护培养技术结合在一起，由于有愈伤组织块的看护，单细胞得以生长、分裂和繁殖，称为微室看护培养。在培养的过程中可以看到，接近愈伤组织块的单细胞首先分裂，然后按照单细胞与愈伤组织块的距离，由近至远相继看到单细胞分裂现象。这个现象表明，看护愈伤组织确实可以促进单细胞分裂繁殖，可能是植物愈伤组织可以分泌某些促进细胞分裂的物质，它透过细胞后，逐渐向四周扩散，先接受这些物质的单细胞首先进行分裂和生长繁殖。

微室培养的优点是培养基用量少，可以通过显微镜观察单个细胞的生长、分裂、分化、发育情况，有利于对细胞特性和单个细胞生长发育的全过程进行跟踪研究。

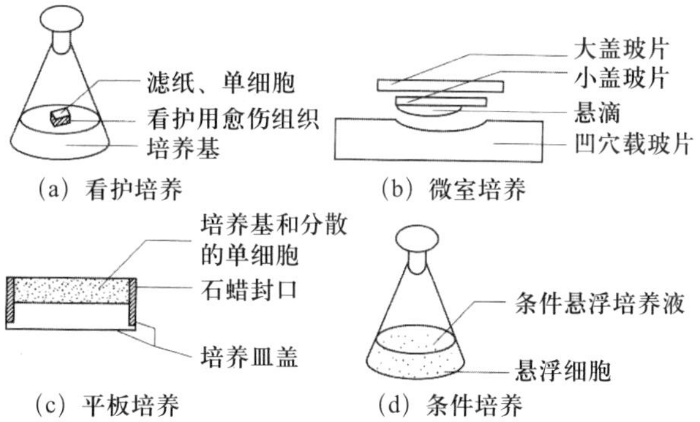

图 6-2 植物单细胞培养常用的四种培养方式

(引自：周维燕，植物细胞工程原理与技术，2001)

(三)平板培养法

将制备好的单细胞悬浮液，按照一定的细胞密度，接种在 1 mm 左右的薄层固体培养基上进行培养，称之为平板培养[图 6-2(c)]。平板培养法是单细胞培养最常用的方法。其主要技术要点如下。

1. 单细胞的分离　一般采用酶分离法，小细胞团不能超过 6 个细胞，因此过滤时网筛的网眼要选择合适。

2. 单细胞悬浮液制备　分离的单细胞经培养基洗涤2次以后，调整密度为 5×10^5 个/mL。

3. 植板　将1份已调整好密度的单细胞悬浮液与4份50℃的含有0.8%～1.4%琼脂的固体培养基充分混合均匀，然后均匀地平铺于培养皿中，其厚度为1～2 mm。待植板后的培养基完全凝固后，用石蜡或封口膜将培养皿封严以防污染。在25℃黑暗条件下培养3周即可长出肉眼可见的愈伤组织。

单细胞平板培养的效率可以通过植板率来表示。植板率是指通过平板培养后形成细胞团的单细胞数与接种细胞总数的比值，其计算公式如下：

$$\text{植板率}(\%)=\frac{\text{平板中形成的细胞团数}}{\text{平板中接种的细胞总数}}\times100\%$$

计算式中每个平板新形成的细胞团数的计数方法有两种：一是直接计数法，注意计量时要掌握合适的时间，即细胞团肉眼已能分辨，但尚未长合到一起的时候；二是感光法，在暗室的红光下将一印相纸放于欲计数的培养皿下，其上放一光源使培养皿中细胞团印到相纸上，冲洗照片计数。

如果植板率低，表明有较多的细胞未能生长繁殖形成细胞团，就要从培养基、培养条件、细胞的分散程度、接种的单细胞密度等方面进行调节，以提高植板率。

(四)条件培养法

单细胞的条件培养是指将单细胞接种于条件培养基中进行培养，获得由单细胞形成的细胞系的培养方法，如图6-2(d)所示。条件培养基是指植物细胞悬浮培养的上清液或静止细胞悬浮液配制而成的固体或液体培养基。该培养基含有单细胞生长繁殖所需的内源化合物。

条件培养接种方法有多种，有的先将小片滤纸放在条件培养基上，然后再在滤纸上接种单细胞进行培养，这种培养法具有看护培养和平板培养的特点；有的则是把单细胞接种在液体条件培养基中。

二、影响植物单细胞培养的因素

植物单细胞培养比愈伤组织培养和悬浮细胞培养更为困难和复杂，对培养条件的要求更加苛刻，因此，必须根据需要控制好各种培养条件。影响植物单细胞培养的因素主要有以下几点。

(一)细胞密度

单细胞培养要求接种的细胞达到一个临界密度，低于此密度，不利于细胞的生长繁殖；高于此密度，则形成细胞团混杂在一起，难于获得单细胞系。一般要求临界细胞密度为 10^4 个/mL。

(二)培养基

不同种类的植物细胞生长特性各不相同，对营养成分的要求也不一样，如有的细胞喜碳而有的喜氮，还有一些细胞需要某种特殊成分才能正常生长繁殖，要根据不同的要求配制好培养基。

(三)pH

单细胞培养基的 pH 一般控制在 5.2～6.0 的范围，根据情况适当调节培养基的 pH，可提高植板率。

(四)CO_2 含量

植物细胞一般在通常的空气中(CO_2 含量约为 0.03%)就能正常生长繁殖；如果人为地降低培养系统中 CO_2 的含量，细胞分裂就会减慢甚至停止；如果稍微提高培养系统中的 CO_2 浓度，则对细胞的生长有促进作用；如果 CO_2 的浓度过高(超过 2%)，则对细胞生长有抑制作用。

【考一考】

❖ **第一关：用心思考，正确填写**

1. 经过愈伤组织诱导、继代获得________的愈伤组织，就可制备细胞悬浮液。

2. 取________mg 生长旺盛的愈伤组织，加入装有________mL 液体培养基的三角瓶中，90～130 r/min 连续振荡培养________周，用________目筛网过滤除去大的细胞团。

3. 用于分离细胞的果胶酶不仅可以降解果胶层，还能软化细胞壁，因此，用酶法离析细胞时，必须给细胞予以________保护。

❖ **第二关：学以致用，解决问题**

公司的新员工小亮接到分离单细胞的任务，小亮根据愈伤组织分离单细胞 SOP 操作，结果得到的单细胞很少，无法进行下一步操作。小亮请你帮忙找出原因，下面就请你来给他列出可能原因吧。

❖ **第三关：挑战极限，超越自我**

如果将机械的研磨法与胶原酶法连用会有什么效果？

子任务二 胡萝卜素生产

【任务情境描述】

胡萝卜细胞生产胡萝卜素项目进展顺利，通过愈伤组织分离单细胞法获得的单细胞各方面质量符合要求。室主任要求反应器生产组马上启动胡萝卜素生产工作，要求严格按照标准操作规程工作，严格无菌操作，保质保量完成生产过程，为分离纯化工艺开展提供第一批丰收液。要求注意安全与环保。

【学习目标】

1. 能力目标

(1)通过完成胡萝卜素生产任务，学生能运用植物细胞的大规模悬浮培养、悬浮培养细胞的同步化、悬浮培养细胞的生长和测定相关知识，根据相关 SOP，完成胡萝卜素生产工作。

(2)通过完成胡萝卜细胞生产胡萝卜素项目的各个任务的任务分析，信息搜集、评价和利用，学生能初步具有信息素养。

2. 知识目标

(1)说明植物悬浮培养流程。

(2)解释植物细胞的大规模悬浮培养的继代培养方法。

(3)了解悬浮培养细胞的同步化意义。

(4)说明植物悬浮培养细胞的同步化。

(5)掌握细胞生长计量方法。

(6)了解细胞活力测定方法。

(7)掌握细胞活力测定的酚藏红花染色法。

(8)了解植物细胞大规模培养体系的建立方法。

(9)了解植物细胞培养的环境条件。

(10)说明悬浮细胞培养条件控制。

(11)了解植物细胞生物反应器。

3. 素质目标

(1)建立无菌意识、安全意识、环保意识、质量意识、成本意识和创新思维。

(2)建立责任意识、规范意识、团队意识。

(3)形成严谨细致、争创一流的作风。

(4)建立劳动光荣信念，塑造敬岗爱业精神。

(5)乐学、善思、笃行。

【任务书】

根据胡萝卜素生产操作的相关SOP，结合悬浮培养流程、悬浮细胞继代培养、悬浮培养细胞的同步化、悬浮培养细胞的生长计量和活力测定等相关信息，完成胡萝卜素生产工作，包括明确悬浮培养流程、继代培养的成批培养方法、同步化体积选择法、细胞计数法、酚藏红花染色法，并开展实训工作。注意操作的安全与废物/液环保处理。

【获取信息】

一、植物细胞的大规模悬浮培养

自20世纪50年代Muir、Steward及Nickell等分别采用一些植物的愈伤组织实现液体悬浮培养以来，植物细胞悬浮培养技术至今已得到不断的发展和完善。培养方式也已从分批培养到连续培养。培养方式上的改进为细胞悬浮培养的应用开辟了更加广阔的前景。在应用上多采用连续培养方式，进行某些植物有效成分的工业化生产。

1. 悬浮培养流程

悬浮培养通常是将已建立的愈伤组织转移到液体培养基中开始的。种子细胞体系的增殖与放大培养，是建立植物细胞规模化培养体系的中间环节。在这一环节中，主要目的之一是要获得大量的活跃生长的细胞群体，为细胞大批量生产准备基础材料。种子细胞增殖初期一般采用液体振荡培养，也称摇瓶培养。其摇瓶体积一般从几百毫升到几升逐级放大。在此过程中，应不断检测细胞放大培养中因培养体积的增加所引起的细胞生长特性和目的产物含量的变化情况。当细胞数量增加到一定程度时，应转移至体积较小的生物反应器培养，最终转移到生产反应器中。

悬浮培养物并不是完全由单个细胞组成的，其多半是游离的单个细胞与大大小小的细胞团块相混合。构成这种团块的细胞与游离的细胞在生长速度及其他性质上存在差异时，其整体的生长方式就显得非常复杂。理想的悬浮培养要求其组成的细胞在形态和生理生化上都应一致。而培养细胞之间在形态上的不均一性和由聚集程度不同造成的细胞生理生化特性的差异是显而易见的。另外，一个不可避免的情况是：在长期的体外培养条件下，除了产生细胞大小、形态和代谢的不均一外，不同细胞也会出现遗传上的不一致性。

因此，选择易于分散的细胞类型，以及在培养过程中创造利于分散的条件都是很重要的。许多因素都会影响愈伤组织的脆性，以及它在液体培养基中的分散程度。①一般选用很疏松的愈伤组织材料进行悬浮培养，因为这些愈伤组织能最大限度地分散开并产生悬浮培养物。例如，有人把菜豆、豌豆、大豆和甘薯的愈伤组织块转移到液体培养基中，得到初始的悬浮培养材料后，每隔 7 d 处理一次并保留容器上部含悬浮细胞的液体，经过 40 d 连续培养后，培养液中只有游离细胞和很小的细胞团块，形成新细胞的速率也比最初的悬浮培养液显著提高。因此，优先选择游离细胞和小的细胞集聚块进行再培养可以显著提高细胞的分散度。②培养基组成影响细胞的分散程度。适合于双子叶植物（如蔷薇和番茄）的培养基，并不一定适合于单子叶植物（如玉米）和裸子植物（如银杏）的培养；对于不容易分散开的组织，可以通过调整培养基成分来改进。培养基中植物激素及其浓度也常常会明显地影响细胞的分散度。生长素较多则分散得好，较少则差。

2. 继代培养

随着培养时间的延长，常常要更换新的培养液以满足细胞生长的需要。根据在培养过程中是否更换新鲜培养液，将悬浮细胞继代培养分为成批培养和连续培养。

(1)成批培养

在植物细胞培养中，进行细胞生长和细胞分裂的生理生化研究工作时，常常应用成批培养(batch culture)的方法。成批培养是指在除了气体和挥发性代谢产物可以同外界空气交换以外的密闭容器中，进行分散细胞的培养。离散的细胞生长在一个含有固定体积的液体培养基中。液体培养基需要进行适当搅拌或振荡以维持游离细胞和细胞团的均匀分布，并促进它们与大气进行气体交换。在一个含有固定体积的液体培养体系中，一定时间内培养细胞的数量将迅速增加，并达到一个最大产量程度。此时，液体培养基营养的消耗或某些其他因子（如有毒物质）的积累会使细胞的增殖生长停止，只有通过更换新的液体培养基才能维持培养细胞的持续增殖生长。成批继代培养的方法是将一定量的含有悬浮细胞的液体，转接到含有新鲜液体培养基的容器中进行下一批的悬浮细胞培养。

在成批培养的整个过程中，随着培养时间的不同，细胞数目会不断发生变化，呈现出一定的细胞生长周期。培养细胞的生长周期是指从细胞悬浮培养开始，到细胞分裂增长停止为止。在整个生长周期中，细胞数目的增加情况大致呈 S 形曲线。初期是细胞数增长缓慢的时期，称为延迟期(lag phase)，此期间是代谢变化最激烈的时期。已经知道在细胞数量增加之前，蛋白质和 DNA 的合成旺盛，其含量在细胞内显著提高。中期为生长最快时期，称为指数生长期(exponential growth phase)，这是一个相对持续时间较短的时期，但是总的细胞数、细胞干重和细胞蛋白质都是以一定的速率增长着，以细胞数增长最快。随着细胞数目的增加和代谢物质的积累，培养基中营养物质逐渐消耗尽。最后细胞的增殖生长趋于停止时就进入了成批培养的后期，即静止期(stationary phase)。进入静止期后，细胞数目不再增加，细胞的生物产量也不再上升；细胞中小液泡彼此汇合成大液泡，占据着细胞的绝大部分容积；这时的细胞利用细胞内的储存物或利用自溶细胞中释放出的代谢产物，进行非常弱的细胞代谢活动，并仍可在此培养液中存活一段时间。若要重新恢复细胞的增殖生长，则必须更换新鲜液体培养基进行继代培养。

(2)连续培养

连续培养(serial culture)是指在培养过程中，以不断抽取悬浮培养物并注入等量新鲜培养基，使培养物在培养液中不断得到营养物质补充和保持其恒定体积的培养。这种培养具有与成批培养不同的特点。连续培养的营养物质得到不断更换，保证了养分的充分供应，从而使悬浮培养物不会发生营养不足的现象；这种悬浮培养物产生新细胞的速率正好补偿了被排出的细胞，从而使细胞长久地保持在对数生长期中；在此情况下，细胞的密度、生长速度、化学成分和细胞的代谢活性都维持恒定，因此，可以产生一个稳定的培养状态；还可以把培养基流动与培养特点(如光密度及培养基 pH 等)的改变直接联系起来建立稳定系统，用于大规模工业化生产。

二、悬浮培养细胞的同步化

在植物细胞悬浮培养的过程中，如果细胞所处的生长期各不相同，其在液体培养基中的悬浮状态就不一样，生长繁殖的能力和新陈代谢的水平也就有很大差别。为了使植物细胞在悬浮培养时处于比较均一的状态，需要进行同步化处理。同步培养是指在培养中大多数细胞都能同时通过细胞周期的各个阶段。其方法主要有以下几种。

(一)体积选择法

体积选择法是根据细胞团体积的大小进行筛选，以使悬浮在液体培养基中的细胞团体积比较接近。可在无菌条件下将培养一段时间的细胞悬浮液，用一定孔径的筛网过滤，除去大细胞团，然后，滤液再用较小孔径的筛网过滤，除去滤液中的小细胞团或单个细胞，从而获得颗粒大小较均匀的小细胞团，再悬浮于新鲜的液体培养基中进行培养。

(二)低温处理法

将收集得到的细胞或小细胞团，先低温条件下处理 1～3 d，然后再悬浮于新鲜的液体培养基中，在 25℃左右的温度下培养，这样细胞几乎同时开始生长繁殖，处于同步状态。

(三)饥饿法

将细胞或小细胞团悬浮在缺少一种或几种细胞分裂所必需的营养成分的培养液中培养一段时间，使细胞停滞在细胞周期的 G1 或 G2 期，然后再将细胞转移到新鲜的培养液中进行培养，静止细胞就会同步进行分裂。

(四)抑制法

在植物细胞悬浮培养过程中，通过向细胞培养液中添加一定量的某种细胞分裂抑制剂处理一段时间，所有的细胞都停止分裂而滞留在 G1 期和 S 期的边缘上，然后将细胞转移到新鲜的液体培养基中，在一定的条件下进行悬浮培养，则所有的细胞几乎同步地开始生长繁殖。

在实际使用过程中，通常是两种或两种以上的方法同时使用。例如，先采用体积选择法得到大小较为均一的小细胞团，再采用低温法或分裂抑制法等进行处理，以获得较为理想的效果。

三、悬浮培养细胞的生长和测定

由于植物细胞悬浮培养生长速度快，因此要及时掌握其生长状态以更换培养基，否则因营养成分缺乏及代谢物积累细胞就会停止生长甚至死亡。一般包括两方面的指标，一是计量方面，包括细胞计数、确定细胞总体积（细胞密实体积，PCV）、细胞与细胞团干鲜重的增加；另一方面是细胞活力测定。

（一）细胞生长计量

1. 细胞计数

在悬浮细胞培养中，使悬浮培养细胞能够增殖的最少接种量称为最低有效密度或者临界的起始密度。最低有效密度由于培养材料、原种培养条件、原种保存时间以及培养基的成分不同而有差异，一般为$(0.5\sim2.5)\times10^5$ 个/mL。

要保证细胞培养的最低有效密度，在细胞游离后要对分离的单细胞进行计数。由于在悬浮培养中总存在着大小不同的细胞团，直接取样很难进行可靠的细胞计数，因而应对细胞和细胞团进行处理（如用酶液进行处理），使其分散，以提高细胞计数的准确性。一般用血细胞计数板计数。

二维码 6-6
植物细胞数量和活性测定

2. 细胞密实体积

将一定量的悬浮细胞培养液放入一个有刻度的离心管中，在一定的离心力下离心收集细胞。细胞密实体积是以每毫升培养液中的细胞总体积(mL)来表示。

3. 细胞鲜重

将一定量的悬浮细胞培养液离心收集细胞，纯水冲洗，再离心收集细胞，通过膜真空抽滤以除去细胞上沾着的多余水分，再称重，即可求得细胞鲜重。

4. 细胞干重

上法收集到的细胞在 60℃下干燥 12 h，再称重即得细胞干重。细胞的干重是以每毫升培养物或每 10^6 个细胞的重量表示。

（二）细胞活力测定

细胞活力测定一般有以下几种方法。

1. 相差显微术法

根据细胞质环流和正常细胞核的存在与否，利用相差显微镜观察，即可鉴别出细胞的死活。利用亮视野显微镜也可得到较好的图像。

2. 四唑盐还原法

有活力的细胞可以还原 2,3,5-氯化三苯基四氮唑（TTC）成红色三苯基甲，三苯基甲可以用分光光度计进行测定，从而测定细胞的活力。这个方法使观察结果定量化，但单独使用时在有些情况下不能得到可靠的结果。

3. 荧光素双醋酸酯（FDA）法

FDA 本身无荧光，无极性，可自由通过原生质体膜进入细胞内部，进入后由于受到活细胞内脂酶的分解,而产生有荧光的、不能自由出入原生质体膜的极性物质荧光素,在荧光显微镜下观察到荧光的是有活力的细胞,反之是无活力的细胞。具体操作为:取 0.5 mL 细胞悬浮液放入小试管中,加入 FDA 溶液,使最后浓度达到 0.01%,混匀,室温下作用 5 min,荧光显微镜观察。

4. 伊凡蓝染色法

这种方法可用作 FDA 的互补法。当以伊凡蓝的稀薄溶液(0.025%)对细胞进行处理时,只有活力已受损伤的细胞能够摄取这种染料,而完整的活细胞不能摄取这种染料。因此,凡不染色的细胞皆为活细胞。

5. 酚藏红花染色法

先配制 0.1%的酚藏红花溶液,溶剂为培养液。检查时将悬浮细胞取一滴放在载玻片上,滴一滴 0.1%的酚藏红花液,盖上盖玻片,染成红色的是死细胞、无色的是活细胞。

【工作计划】

1. 工作方案

计划表 1　胡萝卜素生产工作方案

步骤	工　作　内　容	负责人
1		
2		
3		
4		
5		
6		

2. 材料设备清单

计划表 2　主要试剂、材料、设备清单

序号	名称	型号与规格	单位	数量	备注
1					
2					
3					
4					
5					
6					
7					
8					
9					
10					
11					
12					

【工作实施】

请完成引导问题及相关实训操作。

❖ 引导问题1:由愈伤组织分离的单细胞接种密度是多少?
❖ 引导问题2:摇瓶培养转速、温度是多少?是否需要光照?
❖ 引导问题3:什么时候开始继代培养?接种量是多少?
❖ 引导问题4:采用什么继代培养方法?继代培养频率如何?
❖ 引导问题5:胡萝卜素生产接种量是多少?
❖ 引导问题6:采用什么方法测量生长量和细胞活力?具体操作是什么?
❖ 引导问题7:悬浮培养流程是什么?
❖ 引导问题8:胡萝卜素生产操作有何安全要求?
❖ 引导问题9:胡萝卜素生产操作有何环保要求?

【工作反思】

____

____

____

____

____

【标准操作规程】

胡萝卜素生产

一、操作用品

1. 材料和试剂

胡萝卜单细胞、MS液体培养基(含1.0 mg/L 2,4-D,pH 5.7)、0.1%的酚藏红花、表达培养基。

2. 器材和设备

超净工作台、摇床、锥形瓶、吸管(10 mL)、助吸器、枪形镊、离心机、无菌离心管(15 mL)、倒置显微镜、血细胞计数板、植物反应器。

二、操作步骤

(一)悬浮细胞系的起始

将由愈伤组织分离的单细胞接种于配制好的液体培养基中,接种密度约为0.5×10^5个/mL。置于转速100 r/min,弱散射光照条件下振荡培养。取一瓶离心测量压缩细胞体积(PCV)。根据细胞密度及状态确定是否继代培养。

(二)悬浮系的继代与选择

用手动吸管泵吸取已建立的悬浮系的细胞小颗粒悬液,吐出培养液,保留2 mL压缩体积的细胞，转至 25 mL 新鲜培养液中。最初几代要勤换培养液，以防止褐化，一般 3 d 左右更换一次新鲜培养液，两周后即可恢复正常的继代频率，即 1 周更换一次新鲜培养液。每次继代，要用一定孔径的细胞筛来选择细胞团，留下生长旺盛的小细胞团，弃去大的细胞团。如此反复多代选择，建立较理想的悬浮系。

(三)胡萝卜素生产

当得到稳定悬浮系后，将悬浮细胞逐级扩大培养，最后按 1.0×10^5 个/mL 的细胞密度接种于植物细胞反应器中。当反应器中细胞达到表达密度要求后，更换表达培养基，开启胡萝卜素生产。

(四)生长量测量

无菌取出细胞，用血细胞计数板计数。由于在悬浮培养中总存在着大小不同的细胞团，直接取样很难进行可靠的细胞计数，因而应用酶液对细胞和细胞团进行处理，使其分散，以提高细胞计数的准确性。

(五)细胞活力测定

采用酚藏红花染色法。先配制 0.1%的酚藏红花溶液，溶剂为培养液。检查时将悬浮细胞取一滴放在载玻片上，滴一滴 0.1%的酚藏红花液，盖上盖玻片，染成红色的是死细胞、无色的是活细胞。

【学习情境相关知识点】

一、大规模培养体系的建立

植物细胞大规模培养体系的建立主要采用以下两种方法。

(一)一步法逐级放大

对于细胞生长与目的产物合成同步的类型，一般采用此方法建立大规模培养系统。在放大的过程中同时回收目的产物。

(二)两步法

用于目的产物合成在细胞生长发育到一定时期进行，细胞生长和产物合成需要不同的培养基的类型。先在细胞生长培养基中培养大批量细胞，当细胞生长至合成产物的阶段时，再将其转入到产物合成培养基中培养。如果采用固相培养方式生产次生产物，一般均需采用两步法建立体系。

二、植物细胞培养的环境条件

植物细胞培养的环境与栽培的环境一样，同样受到温度、光照、湿度、氧气、pH 等各种因素的影响，因此在培养过程中要严格控制培养条件。

(一)湿度

植物细胞培养过程中对湿度的要求并不十分严格，因为在培养组织周围微小的环境中(试管、三角瓶)相对湿度常达到 100%。培养瓶以外环境的相对湿度，对培养外植体没有直接影响，但是存在间接影响。周围环境的相对湿度低于 60%时，培养基容易干涸，培养基的干涸会改变培养基的渗透压，而渗透压的改变必然会影响培养细胞的脱分化、分裂和再分化；相反，周围环境湿度过高时，培养室潮湿，具备各种细菌和霉菌的滋生条件，易造成培养基和培养材料的污染。周围环境较适宜的相对湿度为 70%～80%。湿度不够可利用增湿机；湿度过高可利用去湿机或通风除湿。

二维码 6-7
植物细胞培养的环境条件

(二)温度

植物细胞在离体培养条件下，培养温度与植物细胞的脱分化、细胞分裂和再分化有着密切的关系。这一点已被许多植物如烟草、菊芋、向日葵、胡萝卜、常春藤等的实验所证实。

温度控制主要依据植物种的起源和生态类型来决定。依植物的生活习性将其分为喜温性植物和冷凉性植物两大类型。

喜温性植物：茄科、葫芦科、兰科、无患子科（荔枝属、龙眼属）、蔷薇科、禾本科（水稻、小麦、玉米）等，培养温度一般控制在 26～28℃ 比较适宜。

冷凉性植物：百合科、十字花科、鸢尾科、菊科等，通常培养温度控制在 18～22℃ 或低于 25℃ 较为适宜。

一般培养温度低于 15℃ 或高于 35℃ 对植物细胞的分裂、分化十分不利。在细胞脱分化阶段（诱导期）和愈伤组织增殖期（分裂期），温度要求高一些。

温度的调节一般采用热水升温、冷水降温的方法。

(三)光照

植物细胞在离体培养条件下，光是相当重要的环境因子，光的影响包含光周期、光量、光质三个方面。光周期指的是光照与黑暗交替的时间，光量指的是光照强度，光质指的是光的波长。

1. 光周期

植物细胞在离体培养中是否需要光周期，有人认为培养材料的诱导过程，并不依赖于光，黑暗中培养的烟草花药，其胚状体的分化与幼苗的生长，同经光照培养的一样多。但在黑暗中培养的植物幼苗是黄化的，进一步生长则需要光。植株的成苗率，在光照条件下稍高。但也有截然不同的观点，有人观察，短日照敏感的葡萄品种，它的茎切段仅在短日照条件下才能分化形成根；而对日照不敏感的葡萄品种，可在任何光周期下分化形成根；两则实例说明光周期的需要与否，应根据植物种类以及培养目的来决定，对大多数植物而言，每日要求光照 12～16 h。

2. 光照强度

植物细胞在离体培养条件下常用的光量，一般为 2 000～3 000 lx。

3. 光质

植物细胞在离体培养条件下，一般用白炽荧光灯（日光灯）进行光照。

光照条件对培养细胞次生代谢产物的合成具有明显的影响。光照对黄酮、黄酮醇、花色素苷、萘醌、多酚、挥发油、萜烯和其他次生代谢物的合成和积累具有重要的影响。光照影响长春花细胞中阿玛碱/蛇根碱积累的比率。Drapeau 等（1987）发现蛇根碱在 15 h 光照比 24 h 全光照下积累多，在无光条件下长春花碱合成完全受到抑制。此外，光照还影响代谢产物积累的位置，暗中培养的长春花细胞有 79% 的蛇根碱和 78% 的阿玛碱分泌到培养基中；

光照条件下，分泌比率分别下降到14%和18%。同样，培养细胞中多酚化合物、挥发油和其他次生代谢产物的数量和成分也受到光质和光量的调节。

(四)气体

培养容器中的气体成分主要指氧气、二氧化碳和乙烯。氧浓度低于10%时，细胞生长受到抑制。同时氧浓度还影响细胞分化。Preil等(1998)报道，当O_2浓度低于10%时，培养器中的一品红悬浮细胞生长停止；当O_2水平由40%提高到80%时，细胞数从3.1×10^5个/mL上升到4.9×10^5个/mL。当O_2浓度为5%～10%时，胡萝卜细胞生长和体细胞胚分化都被抑制，而60%的O_2使其细胞无分化生长，O_2浓度为20%最利于体细胞胚形成。

CO_2对细胞增殖和分化的作用目前还存在争论，生物反应器中CO_2水平从0.3%提高到1.0%，百合科植物兰春花细胞生物产量无变化，但仙客来的原胚性细胞团随CO_2浓度升高而增加。

继代培养接种时，用酒精灯烤瓶口时间过长、培养基中生长素浓度过高等，都可诱导乙烯合成。乙烯能抑制生长和分化，趋于使培养的细胞无组织结构地增殖。气体成分在液体培养或生物反应器中的影响比固体培养中的大。

一般培养容器(如三角瓶、试管、培养器等)常用棉塞、铝箔、专用盖等封口物来封口。容器内外的空气是流通的，不必专门充氧，但在液体静置培养时，不要加过量的液体培养基，否则会引起氧气供给不足，导致培养物死亡。

(五)pH

植物细胞的生长和次级代谢物的生产都要求一定的pH范围。植物细胞培养的pH一般控制在微酸性范围，即pH为5～6。培养基配制时，pH一般控制在5.5～5.8范围。常用的培养基都具有一定的缓冲能力，培养过程中pH变动较小。培养过程中，培养基pH下降是由于产生有机酸或氮源中NH_4^+被利用；培养基pH升高则是由于NO_3^-被利用，氨基酸脱氨后铵离子释放到培养基中，或是由于硝酸和亚硝酸还原酶的作用使硝酸盐还原所致。此外，培养细胞分泌较大量酚类物质容易导致培养基pH下降，短叶红豆杉细胞培养4周后，pH会下降1.2左右。在培养过程中，若培养基pH出现较大波动，常常有害于细胞或低密度培养细胞的生长和存活，可以在培养基中添加1 mmol/L的2-(N-吗啉代)乙烷磺酸(MES)增加缓冲能力。

三、悬浮细胞培养条件控制

植物细胞大规模悬浮培养的基本原理与实验室悬浮培养方法一致。但进行大规模植物细胞悬浮培养时，由于植物细胞的自身特点，会使得植物细胞培养液的特性发生变化，因此在气体的调节、泡沫的控制、剪切力的影响等方面比实验室小规模悬浮培养要复杂得多。

(一)悬浮培养中的植物细胞的特性

与微生物细胞相比，植物细胞具有以下特性：

1. 植物细胞要比微生物细胞大得多，其平均直径为微生物细胞的30～100倍。

2. 植物细胞有纤维素细胞壁，细胞耐拉不耐扭，抵抗剪切力差。

3. 植物细胞很少以单细胞形式悬浮存在，通常是以细胞数在2～20之间的细胞团的方式存在。在相同的浓度下，大细胞团的培养液的表观黏度明显大于小细胞团的培养液的表观黏度。另外，不少细胞在培养过程中容易产生黏多糖等物质，因此植物细胞培养液黏度大。培养液黏度使氧传递速率降低，影响了细胞的生长。

4. 植物细胞的生长速度慢，即使间歇操作也要 2～3 周，半连续或连续操作更是长达 2～3 个月。另外，植物细胞培养培养基的营养成分丰富而复杂，很适合真菌的生长。因此，在植物细胞培养过程中，保持无菌的任务更艰巨。

由于植物细胞有其自身的特性，尽管人们已经在各种微生物反应器中成功地进行了植物细胞的培养，但是植物细胞培养过程的操作条件与微生物培养是不同的。

(二)植物细胞大规模悬浮培养过程中的 O_2 和 CO_2 调节

所有的植物细胞都是好气性的，需要连续不断地供氧。与微生物培养过程相反，植物细胞培养过程并不需要高的气液传质速率，而是要控制供氧量，以保持较低的溶解氧水平。如长春花细胞培养时，当通气量从 0.25 L/(L · min)上升至 0.38 L/(L · min)时，细胞的相对生长速率可从 0.34 d^{-1} 上升至 0.41 d^{-1}；而当通气量再增加时，细胞的生长速率反而会下降。这就说明过高的通气量对植物细胞的生长是不利的，会导致生物量的减少。这一现象很可能是在高通气量条件下，由气泡带来的扰动使细胞处于更强的剪切环境下。其次，高通气量下 CO_2 和其他对细胞生长、代谢有利的气体从培养液中挥发，导致细胞生长减慢，因此植物细胞应生长在各种气体成分相协调的环境中。另外，通气、搅拌及细胞外蛋白质的分泌能导致反应器中产生大量泡沫，而这有时能对植物细胞的培养产生不利影响。

CO_2 的含量水平对细胞的生长同样相当重要。研究发现，植物细胞能非光合地固定一定浓度的 CO_2，如在空气中混以 2%～4%的 CO_2 能够消除高通气量对长春花细胞生长和次级代谢物产率的影响。因此，对植物细胞培养来说，在要求培养液充分混合的同时，CO_2 和氧气的浓度只有达到某一平衡时，才会很好地生长，所以植物细胞培养有时需要通入一定量的 CO_2 气体。

(三)植物细胞大规模悬浮培养过程中泡沫的控制

植物细胞大规模培养中易产生大量的泡沫，且覆盖有蛋白质和赫多糖，因而黏性大，细胞极易被包埋在泡沫中，形成非均相培养。尽管泡沫对于植物细胞来说，其危害性没有微生物细胞那么严重，但如果不加以控制，随着泡沫和细胞的积累，也影响培养系统的稳定性和生产率。目前通常采用化学和机械两种方式控制泡沫。

化学法通常采用一些表面活性剂以消除泡沫。用于植物细胞培养泡沫控制的化学消泡剂需满足以下条件：具有较低的表面张力和一定的亲水性，以使消泡剂对气/液界面的分散系数足够大，消泡作用迅速有效；化学性质稳定，在水中溶解度小，不与次生产物起任何化学反应，对植物细胞无毒害；不影响气体在营养液中的传递和溶解；来源方便，价格便宜。常用的化学消泡剂包括天然油脂类、高级醇类、聚醚类和硅酮类，实际应用中必须根据所培养的植物种类、次生产物特性等具体选择。

机械消泡不同于化学消泡，它是靠机械装置实现的。机械消泡的优点是不需在培养液中加入其他物质，从而减少了由于消泡剂所引起的污染和对后续分离工艺的影响。但机械消泡效果常不如化学消泡迅速彻底，同时机械消泡也会增加培养装置的复杂性。

(四)植物细胞大规模悬浮培养过程中剪切力的影响和控制

在大规模培养中，植物细胞对剪切力的敏感性一直是力求解决的主要技术问题之一。

流体剪切力对植物细胞的影响包括正负两个方面。适当的剪切力可以增加培养系统的通气性,保持良好的混合状态和分散性,从而提高细胞的生物量和增加次生产物的积累。剪切力对植物细胞的伤害,主要是机械损伤,表现为细胞团变小、细胞破损等。由于这些损伤,使细胞内含物释放到培养基中,从而改变培养系统的物理特性如 pH、流变特性等,进而影响整个培养系统的细胞生长和产物积累。影响植物细胞的剪切力主要来自搅拌力。在机械搅拌式反应器中,搅拌力取决于搅拌桨的形式和搅拌速度,气升式反应器的剪切力则主要取决于通气速率。不同细胞对剪切力的忍耐度是不同的,在选择反应器时对脆弱的细胞宜选用低剪切环境的反应器。

四、植物细胞生物反应器

植物细胞培养反应器最初大多采用微生物反应器。但植物细胞较微生物细胞大,对剪切力耐受性差,而且对氧的要求相对微生物要低得多,因此微生物反应器并不完全适合于植物细胞生长与生产。目前,出现了许多有别于传统微生物反应器的植物细胞培养反应器并在不断完善。

二维码 6-8 生物反应器类型

目前用于植物细胞培养的反应器主要有搅拌式、非搅拌式(鼓泡式、气升式),另外还有植物细胞固定化反应器等。

(一)搅拌式生物反应器

搅拌式生物反应器由一个两头封闭的圆柱形筒和中心具有叶轮的搅拌轴组成,有自动调节 O_2、CO_2 和 pH 的装置,搅拌轴转动即可搅拌细胞。机械搅拌式生物反应器有很多优点,如混合性能好、传氧效率高、操作弹性大、可用于细胞高密度培养等,因此搅拌式生物反应器在细胞悬浮培养中广泛使用,已成为植物细胞培养的首选反应器。然而,由于植物细胞对搅拌时所产生的剪切力的忍耐性较差,传统的搅拌式反应器通常易对植物细胞产生伤害。为了适应植物细胞培养的要求,植物细胞生物反应器在微生物发酵罐的基础上做了如下改进:

1. 改变叶轮结构与类型,一般改叶轮式为螺旋式(图 6-3)。

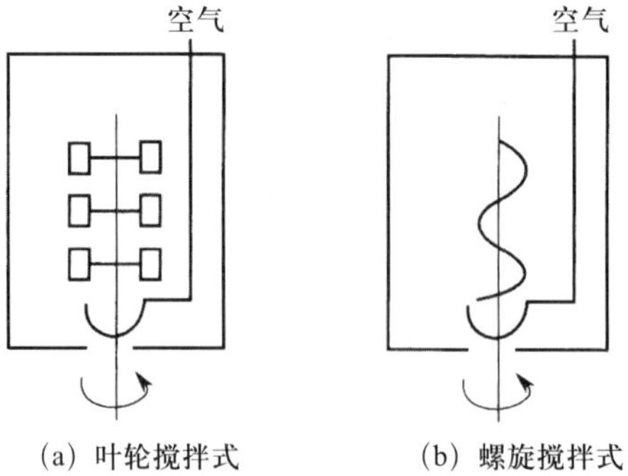

图 6-3 叶轮结构与类型

(引自:兰蓉,细胞培养技术,2017)

2. 改变搅拌形式,在较低的搅拌速度下变换搅拌的方向可以降低剪切力,搅拌器的搅拌方向每 10 s 变换 1 次时,30 r/min 的搅拌速度就可以有较好的混合性能。

(二)非搅拌式生物反应器

相对于传统的搅拌式反应器,非搅拌式反应器所产生的剪切力较小,结构简单,因此被认为适合植物细胞培养,其主要类型有鼓泡式反应器、气升式反应器等。

1. 气升式生物反应器

植物细胞生长较慢,所用的生物反应器应具有极好地防止杂菌污染的能力。搅拌式生物反应器搅拌轴和罐体间的轴缝往往容易因泄漏而造成染菌源,气升式生物反应器在这方面有比较大的优越性,它由一个两头封闭的圆柱形筒和小内筒组成。它依靠大量通气造成上升液体和下降液体的静压差来实现气流循环,以保证反应器内培养液良好的传热、传质,具有结构简单、没有泄漏点、剪切力小、氧传递速率较高、在长期的植物细胞培养过程中容易保持更好的无菌状态,且运行成本和造价低等优点。因而从 20 世纪 70 年代后期开始,较多采用气升式生物反应器进行植物细胞培养。气升式生物反应器的缺点是操作弹性小,低气速在高密度培养时,其混合效果较差,植物细胞生长较慢。通气量的提高会导致产生泡沫和较高的溶解氧,且泡沫会夹带一些有用的挥发性物质(如 CO_2),这会严重影响植物细胞的生长。为加强气升式反应器的混合效果,带有低搅拌速度的气升式反应器在培养某些植物时已获得了较好的效果,另外,利用分段的气升管,也有利于氧的利用和混合。

2. 鼓泡式生物反应器

鼓泡式生物反应器,又称鼓泡柱生物反应器,是最简单的气流搅拌生物反应器。鼓泡式生物反应器的罐体为一个较高的柱形容器,气体作为分散相由反应器底部的气体分布器进入,以气流的动力实现反应体系的混合(图 6-4)。

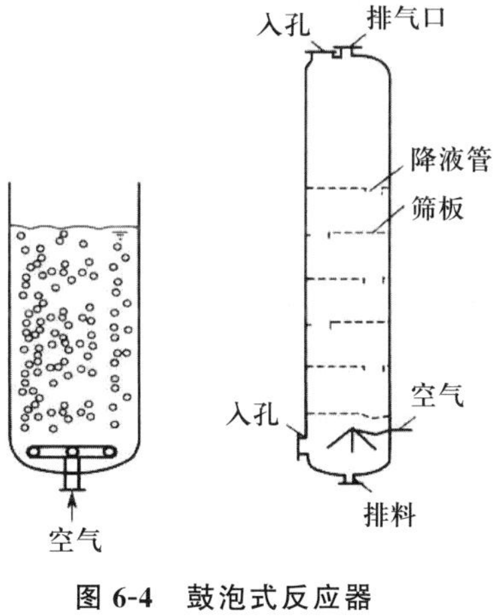

图 6-4　鼓泡式反应器

(引自:兰蓉,细胞培养技术,2017)

鼓泡式生物反应器没有活动的搅拌装置,整个系统密闭,容易长期保持无菌操作,气体从底部通过喷嘴或孔盘穿过液池实现气体的传递和物质的交换,培养过程中无需机械能的消耗,适合于培养对剪切力敏感的细胞。但鼓泡式生物反应器混合性能差,对氧的利用率较低,对于高密度及黏度较大的培养体系,反应器的培养效率会降低。为增加氧含量需采用较大通气量,而增加通气量所产生的湍流会提高反应器的剪切力,这样会造成对细胞生长的不利影响。因此鼓泡式生物反应器的应用不尽理想。

(三)植物细胞固定化培养生物反应器

目前,植物细胞固定化培养生物反应器主要有填充床反应器、流化床反应器和膜反应器三种类型。

1. 填充床反应器

填充床生物反应器为一圆筒体,一般内部无换热构件,下部装有一块支撑细胞或载体的多孔板,板上均匀铺上生长细胞或供细胞在上面生长的载体,床层可以是单层或几层。一般从反应器下端输入培养基或待反应的原料液,上端流出含较高浓度产品的发酵液或反应液。填充床反应器如图 6-5(a)所示。填充床生物反应器已被用于植物细胞的培养。此法的优点在于单位体积固定细胞量大,反应速率较大。但填充床反应器存在混合不均匀、床内氧传递速率低等主要缺点。

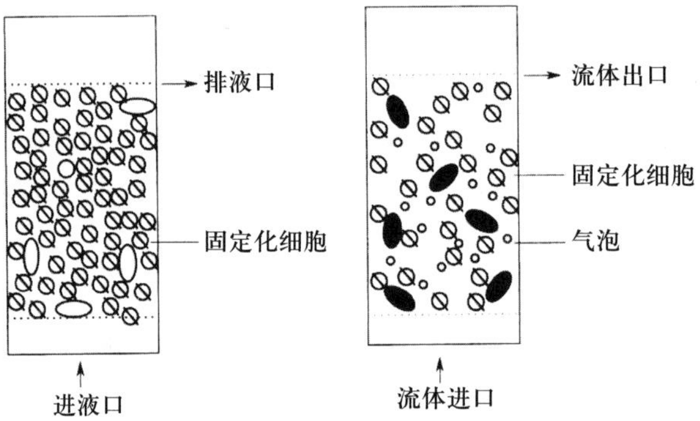

(a) 填充床反应器　　(b) 流化床反应器

图 6-5　填充床反应器和流化床反应器

(引自:兰蓉,细胞培养技术,2017)

2. 流化床反应器

流化床反应器一般由壳体、气体分布器(液体分布器)、内部构件(挡板、挡网)、内部换热器等以及固体颗粒加入和卸出装置组成,是通过流体的上升运动使固体颗粒流态化[图 6-5(b)],因此通常采用小固定化颗粒。反应器中利用流质的能量使支持物颗粒处于悬浮状态,混合效果较好。但流体的切变力和颗粒的碰撞常造成颗粒破损使细胞外流,同时流体力学的复杂性也使其放大困难。

3. 膜反应器

膜反应器采用的是具有一定孔径和选择性透性的膜来固定植物细胞,营养物质可通过膜渗透到细胞中,细胞生产的目的产物通过膜释放到培养基中。相对于其他两种固定化反应器,膜反应器具有容易控制、易于放大、产物易分离以及简化了下游工艺等特点。但由于膜材料的限制,构建膜反应器的成本较高。

【知识与技能总结】

____

____

____

____

____

____

____

____

____

【知识拓展】

植物细胞或原生质体的固定化培养

经过多年的研究发现，与悬浮培养相比，固定化培养具有很多优点，如提高了次生物质的合成和积累、能长时间保持细胞活力、抗剪切能力强、耐受有毒前体的浓度高、遗传性状较稳定、换液方便等。这些优越性使固定化细胞培养具有很大的吸引力。现在植物细胞的固定化培养在植物细胞的大规模培养中得到不断的发展，逐步显示其优势。

大规模植物细胞的固定化，原则上可根据实验室的植物细胞固定化方法进行，但其固定化装置需要进行改进。如用海藻酸钙凝胶包埋法固定植物细胞时，小规模的植物细胞固定化可用无菌的塑料注射器进行；大规模的细胞固定化不能再用塑料注射器，而需要采用大规模细胞固定化装置进行细胞的固定化。

原生质体比完整的细胞更脆弱，因此，只能采用最温和的固定化方法进行固定化，通常是用海藻酸盐、卡拉胶和琼脂糖进行固定化。

【考一考】

❖ **第一关：用心思考，正确填写**

1. 悬浮培养物多半是游离的单个细胞与大大小小的________相混合。
2. 根据在培养过程中是否更换新鲜培养液，将悬浮细胞继代培养分为________和________。
3. 悬浮培养细胞的同步化主要有________、________、________、________。
4. 细胞生长计量方法有________、________、________、________。
5. 悬浮培养细胞最低有效密度由于培养材料、原种培养条件、原种保存时间长短以及培养基的成分不同而有差异，一般为________个/mL。
6. 酚藏红花染色法，染成红色的是________细胞、无色的是________细胞。
7. 植物细胞大规模培养体系的建立主要采用________、________。

❖ **第二关：学以致用，解决问题**

1. 同是从事植物细胞研究的一个朋友遇到了一个问题，在每次进行继代培养时，细胞总是出现严重的褐化。他向你征求意见，你来帮帮他吧。

2. 某制药公司准备开发狭瓣鹰爪花细胞培养，细胞培养条件为 24℃，避光，100 r/min。可是细胞生长状态很不好，该公司向你公司提出协助请求，你公司将任务交给了你，你来帮他们解决一下吧。

❖ **第三关:挑战极限,超越自我**

植物细胞培养过程中,容易形成细胞团,你有什么好办法可以减轻细胞聚集吗?

附录　评价反馈表

表 1　学生自评表

班级：　　　　姓名：　　　　学号：			
任务名称			
评价项目	评价标准	分值	得分
工作态度	态度端正、无无故缺勤、迟到、早退现象	20	
工作质量	能按计划完成工作任务，获得成果	20	
工作规范	能按规范要求操作	20	
协调能力	与小组成员、同学之间能合作交流，协调工作	10	
职业素质	无菌意识、关注安全与环保、注重质量和成本、严谨细致、敬岗爱业	20	
创新意识	能提出建设性意见，能完成考一考第三关	10	
合计		100	

表 2　学生互评表

任务名称															
评价项目	分值	等级								评价对象（组别）					
										1	2	3	4	5	6
计划合理	10	优	8	良	7	中	6	差	4						
团队合作	10	优	8	良	7	中	6	差	4						
组织有序	10	优	8	良	7	中	6	差	4						
工作质量	10	优	8	良	7	中	6	差	4						
工作效率	8	优	8	良	7	中	6	差	4						
工作完整	10	优	8	良	7	中	6	差	4						
工作规范	16	优	8	良	7	中	6	差	4						
实训报告	16	优	8	良	7	中	6	差	4						
成果展示	10	优	8	良	7	中	6	差	4						
合计	100														

表 3　教师综合评价表

班级：　　　　　　姓名：　　　　　　学号：

评价项目		评价标准	分值	得分
任务名称				
考勤(10%)		无无故迟到、早退、旷课现象	10	
工作过程(90%)	实训操作	规范、准确	20	
	实训报告	完整、规范、准确、整洁	10	
	工作态度	态度端正、工作认真、主动	5	
	工作质量	按计划完成工作任务，获得成果	10	
	工作完整	能按时完成任务	5	
	工作规范	能按规范要求操作	10	
	团队合作	与小组成员、同学之间能合作交流，协调工作	5	
	职业素质	无菌意识、关注安全与环保、注重质量和成本、严谨细致、敬岗爱业	15	
	创新意识	能提出建设性意见，能完成考一考第三关	5	
	成果展示	能准确表达、汇报工作成果	5	
合计			100	

综合评价	自评(20%)	小组互评(30%)	教师评价(50%)	综合得分

参考文献

[1]徐永华．动物细胞工程．北京:化学工业出版社,2003.

[2]周珍辉．动物细胞培养技术．北京:中国环境科学出版社,2006.

[3]高平,刘书志．生物工程设备．北京:化学工业出版社,2005.

[4]刘玉琴．细胞培养实验手册．北京:人民军医出版社,2009.

[5]庞俊兰．细胞工程．北京:高等教育出版社,2012.

[6]R. I. 弗雷谢尼．动物细胞培养:基本技术指南．5 版．章静波,徐存拴,等,译．北京:科学出版社,2008.

[7]王永芬,杨爽．动物细胞培养技术．武汉:华中科技大学出版社,2012.

[8]兰蓉．细胞培养技术．2 版．北京:化学工业出版社,2017.

[9]刘玉堂．动物细胞工程．哈尔滨:东北林业大学出版社,2003.

[10]郭立达,陈鸣丽．动物细胞分离培养．重庆:重庆大学出版社,2015.

[11]杨新建．动物细胞培养技术．北京:中国农业大学出版社,2013.

[12]刘小玲,孙鹏．动物细胞培养技术．北京:化学工业出版社,2013.

[13]周燕,刘宝林,杨波,等．微载体培养技术的研究与进展．中国组织工程研究与临床康复,2010,14(16):2945-2948.

[14]赵龙．动物细胞大规模培养技术研究进展．吉林农业,2011,(2):178.

[15]梅建国,庄金秋,王金良,等．动物细胞大规模培养技术．中国生物工程杂志,2012,32(7):127-132.

[16]武昱孜,张旭,华利忠,等．支原体对细胞培养污染的研究概况．动物医学进展．2013,34(9):112-117.

[17]周怡,杨美等．动物细胞培养生物反应器研究进展．贵州畜牧兽医,2019,43(04):27-30.

[18]喇文军,蒋伟,王妍．大规模细胞培养技术与公共技术服务平台实验室建设浅谈．生物化工,2017,3(04):71-76.

[19]叶星,毛晓燕．以 CHO 细胞为基质的重组单克隆抗体生产中无血清培养基的优化．中国生物制品学杂志,2016,29(03):315-322.

[20]毕军,王强,孙文．Vero 细胞微载体放大培养技术研究．中国医药生物技术,2016,11(03):275-277.

[21]赵玉平,杨夏高,峰丽．植物细胞制药的研究进展．中国中医药现代远程教育,2012,10(12):163-164.

[22]李晓蕙,陈蕾．植物细胞培养技术的发展与应用．安徽农学通报,2006,12(5):74-75.

[23]王娟,高文远,尹双双,等．药用植物细胞悬浮培养的研究进展．中国中药杂志,2012,37(24):3680-3683.

[24]黄卫文,李忠海等．植物细胞悬浮培养及其在白藜芦醇研究中的应用．中南林业科技大学学报,2011,31(04):104-108.

[25]陈书安,王晓东等．应用鼓泡塔式反应器生产藏红花素的研究．中国医药生物技术,2011,6(02):141-144.

[26]郭勇,崔堂兵,谢秀祯．植物细胞培养技术与应用．北京:化学工业出版社,2004.

[27]元英进．植物细胞培养工程．北京:化学工业出版社．2004.

[28]尹文兵,李丽娟,黄勤妮,等．胡萝卜愈伤组织的诱导及细胞悬浮培养研究．山西师范大学学报(自然科学版),2004,18(2):71-76.

[29]申斓,周爱东,吴小芹．植物细胞培养生物反应器的种类特点及展望．中国生物工程杂志,2015,35(08):109-115.

[30]陈文庆,王建超,刘华杰,等．生物反应器技术手册．北京:北京清大天一科技有限公司,2010.

[31]Vikram Gossain,Ph. 应用搅拌罐式生物反应器的细胞培养技术．吴晨译．上海:NBS公司,2008.

[32]苗景赞．WAVE 细胞培养手册．上海:GE Healthcare,2008.

[33]微载体细胞培养原理与方法手册．孙李靖译．上海:GE Healthcare,2012.